U0014974

Prologue

作者序

從小就喜愛手工藝的我，在求學的路上都是就讀與藝術不相關的科系，直到大學畢業後才意識到對藝術和設計的熱情不曾退卻。決定朝時尚設計的方向邁進，幸運地前往美國就讀服裝設計研究所。幾乎是從零開始學習設計和縫紉，雖然辛苦卻也充實滿足。回台灣上班幾年後，漸漸發覺自己所學在職場上發揮的有限，一路走來對縫紉和設計的熱忱卻漸漸消失。決定離開職場，重新出發。

經過一段時間的摸索，慢慢將重心放在袋物的製作。2010 年在想品牌名稱時，發現好多老師也都叫「凱莉 Kelly」；但自己又很喜歡原本的英文名字，於是用中譯的方式，將品牌取名為「Kaili Craft」。

在凱莉的創作中，多以實用性為出發點，並盡量以詳細的圖文解釋來說明。相信即便是新手，只要按部就班，也能完成書中每個作品。在步驟中，也嘗試放入不同的縫紉技巧或製作方式，希望這些小巧思可以讓讀者運用在不同的袋物上，創作出真正屬於自己的作品。

能有機會將想法轉化成一系列的作品，要感謝一路相挺和默默支持的家人朋友。因為你們的鼓勵，才讓凱莉有勇氣朝夢想前進。感謝維文、小毅與南西，因為有你們，今天才有這些作品分享給大家。最後，更要感謝凱莉的讀者們，希望大家都可以在製作中得到樂趣，在完成後感到幸福！

Kaili Craft 凱莉

Contents
目次

製作前須知

牛奶盒小包

牛奶盒般的俏皮外型，把全世界的色彩繽紛都穿上了身。不論是當作大包裡的小物包，或是擺在桌上置物用，都散發著喝牛奶時的濃濃幸福感！

✢ 短短的拉鍊，內藏大大的容量。

✢ 內收的三角形側邊，是包型挺直的關鍵。

✢ 背面的小布環，用來裝吊飾或把包掛起來皆宜。

牛奶盒小包

材料

部位名稱	尺寸	數量	燙襯	備註
A 表布	27.5×15cm ↑	1	薄襯	
B 裡布	27.5×15cm ↑	1	雙面膠襯	膠襯約裁 27×14.5cm
C1 包邊條	約 3.5×45 cm ↗	1	X	裁成 16cm×2、5cm×1、7cm×1（斜紋或直紋皆可）
C2 包邊條	4.5×11 cm ↗	1	X	

※ 數字尺寸已加縫份 0.7cm。

其他材料

5”（13cm）拉鍊 1 條、1cm 旋轉鉤釦 1 個

裁片示意圖 單位：cm

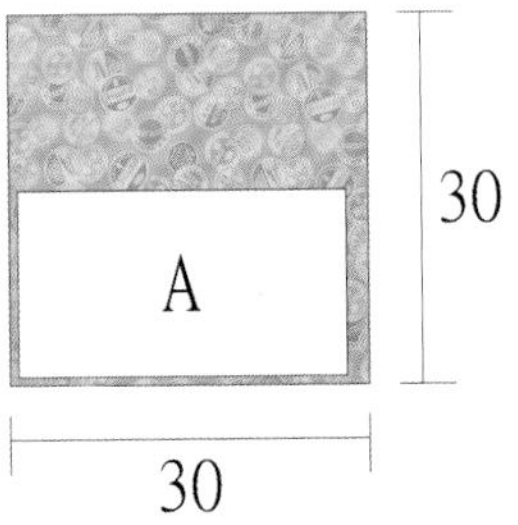

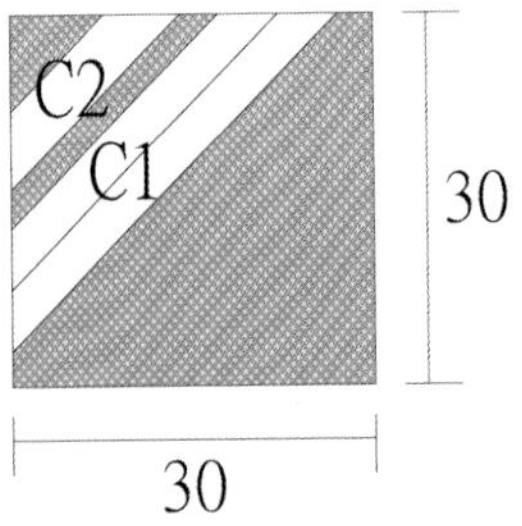

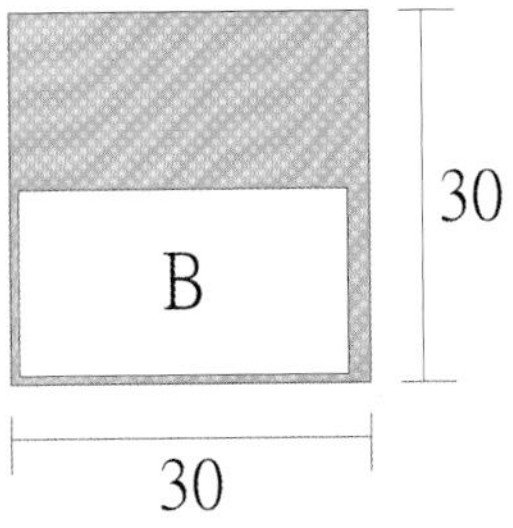

How to make ▸▸▸

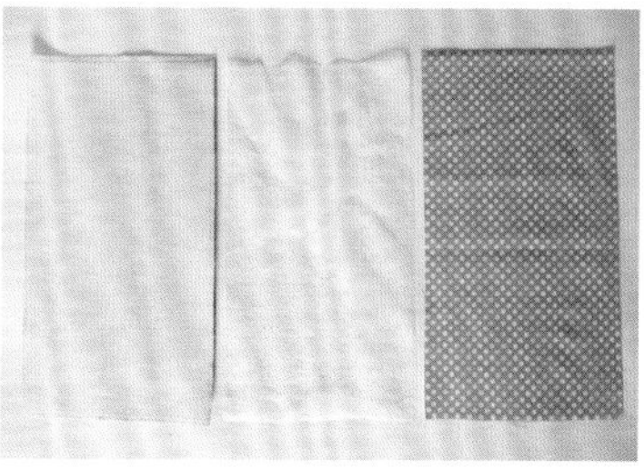

01 表布 A 燙上薄襯後，再依序放上雙面膠襯，裡布 B 一起熨燙。

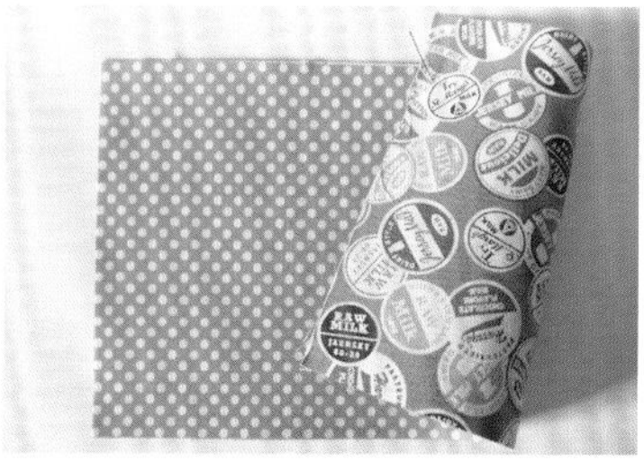

02 熨燙在一起後，須平放到布冷卻後，再使用。

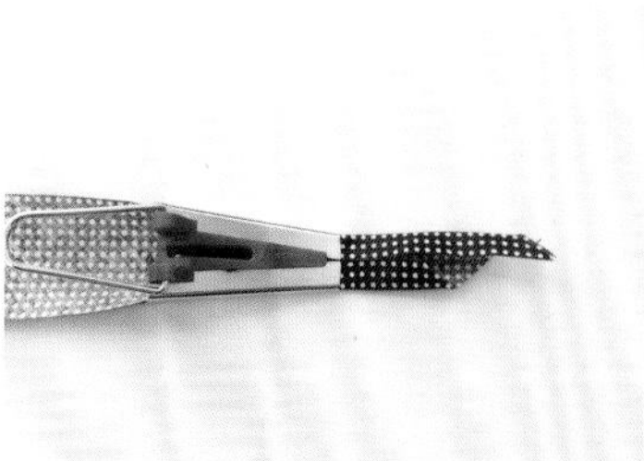

03 利用滾邊器和熨斗燙好包邊條。

04 2 條 16cm 包邊條 C1 與裡布正面相對車縫 0.7cm。

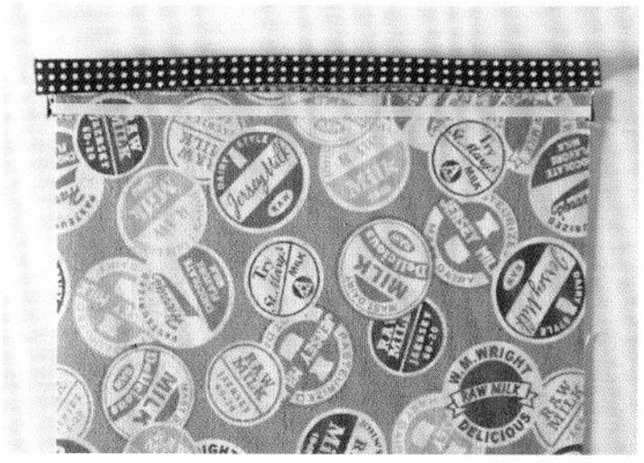

05 利用 3mm 布用雙面膠帶固定包邊條。

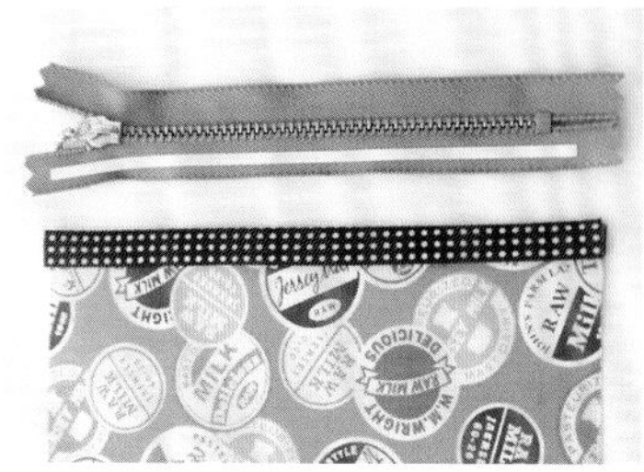

06 剪掉包邊條多餘的部分。拉鍊貼上布用雙面膠帶，固定在包邊條往內 0.7cm 處。

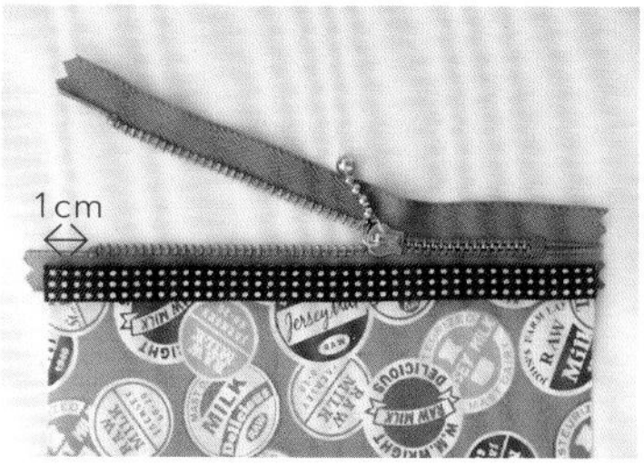

07 拉鍊上端留約 1cm，壓一 Z 形線在包邊條上。(選用縫紉機上任何的造型壓線都可。)

08 往上捲至另一邊，包邊條也用布用雙面膠先和拉鍊固定。

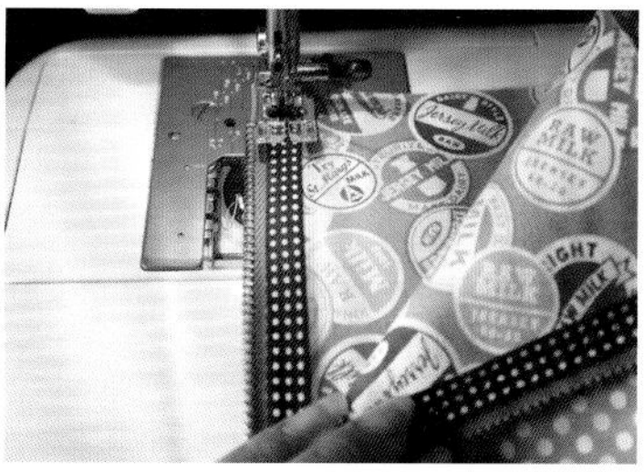

09 以同樣的方向放上縫紉機，壓一 Z 形線到底。

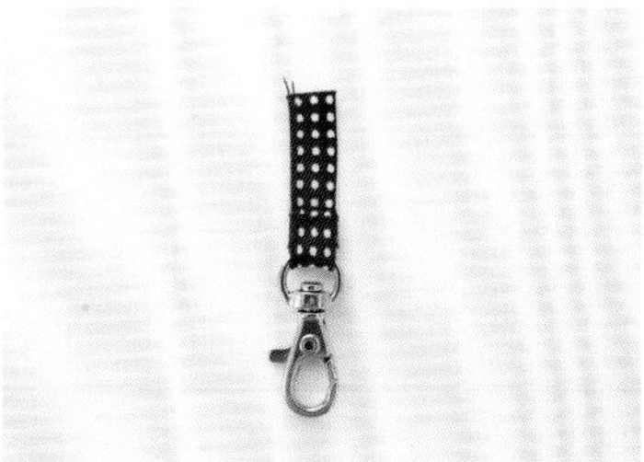

10 5cm 長的包邊條 C1 對車，套入 1cm 旋轉鉤釦後內折 2 次來回車縫固定。

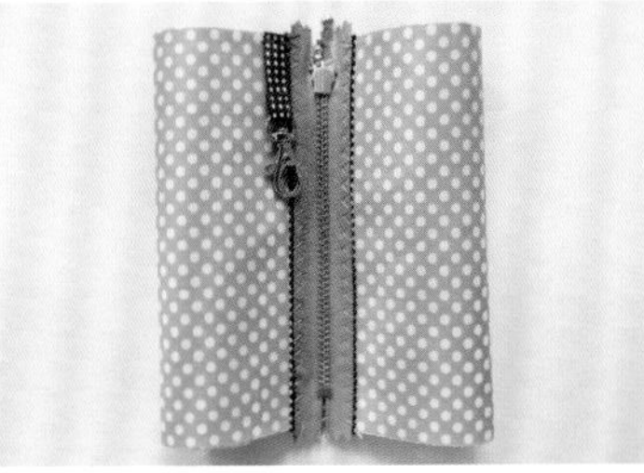

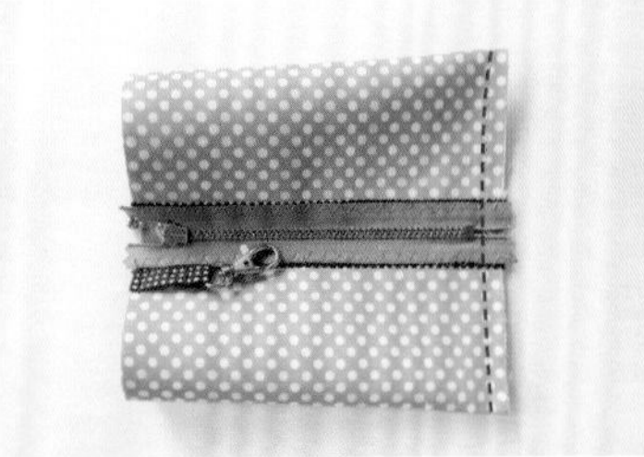

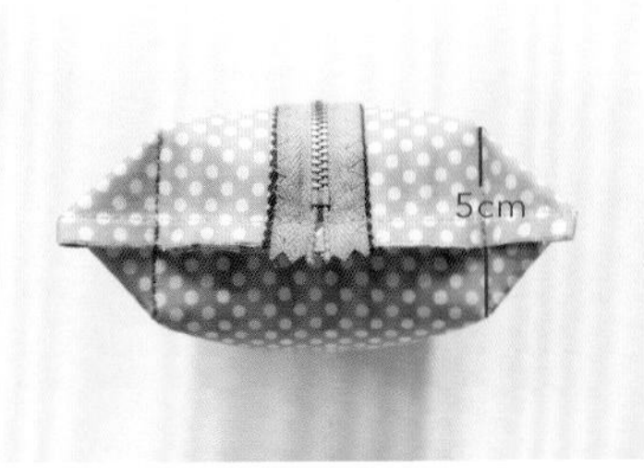

11 將鉤釦靠在拉鍊旁邊，向下 0.5cm 處疏縫。

12 下端拉鍊對齊中心位置車縫 0.7cm。

13 兩邊打 5cm 的底角並車縫。

14 兩邊底角向內摺入，手縫固定在縫份上。

15 將袋身翻至正面，把 7cm 的包邊條 C1 對車後，疏縫固定在上方中心位置。

16 用夾子將中心位置固定，兩邊平均向內摺入（止點在包邊條外側）。

17 疏縫 0.7cm 固定，並將拉鍊上端多餘的部分剪掉。

18 將包邊條 C2 與後袋身正面相對，在 1cm 的位置車縫固定。

19 依序對摺滾邊條。

20 摺好用夾子固定後，三邊用藏針縫收邊。

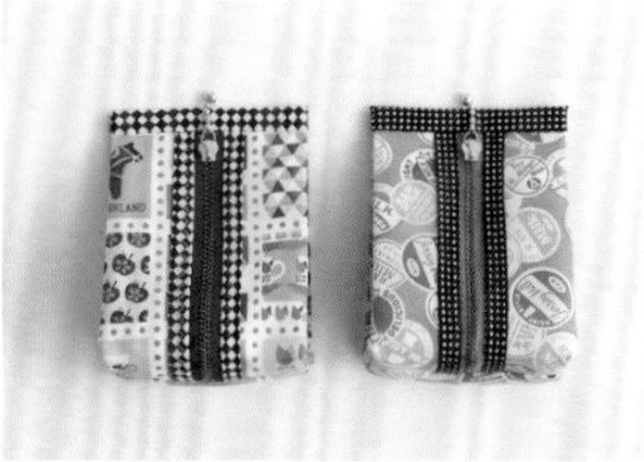

21 完成。

I hope the following
year will be another
wonderful one.

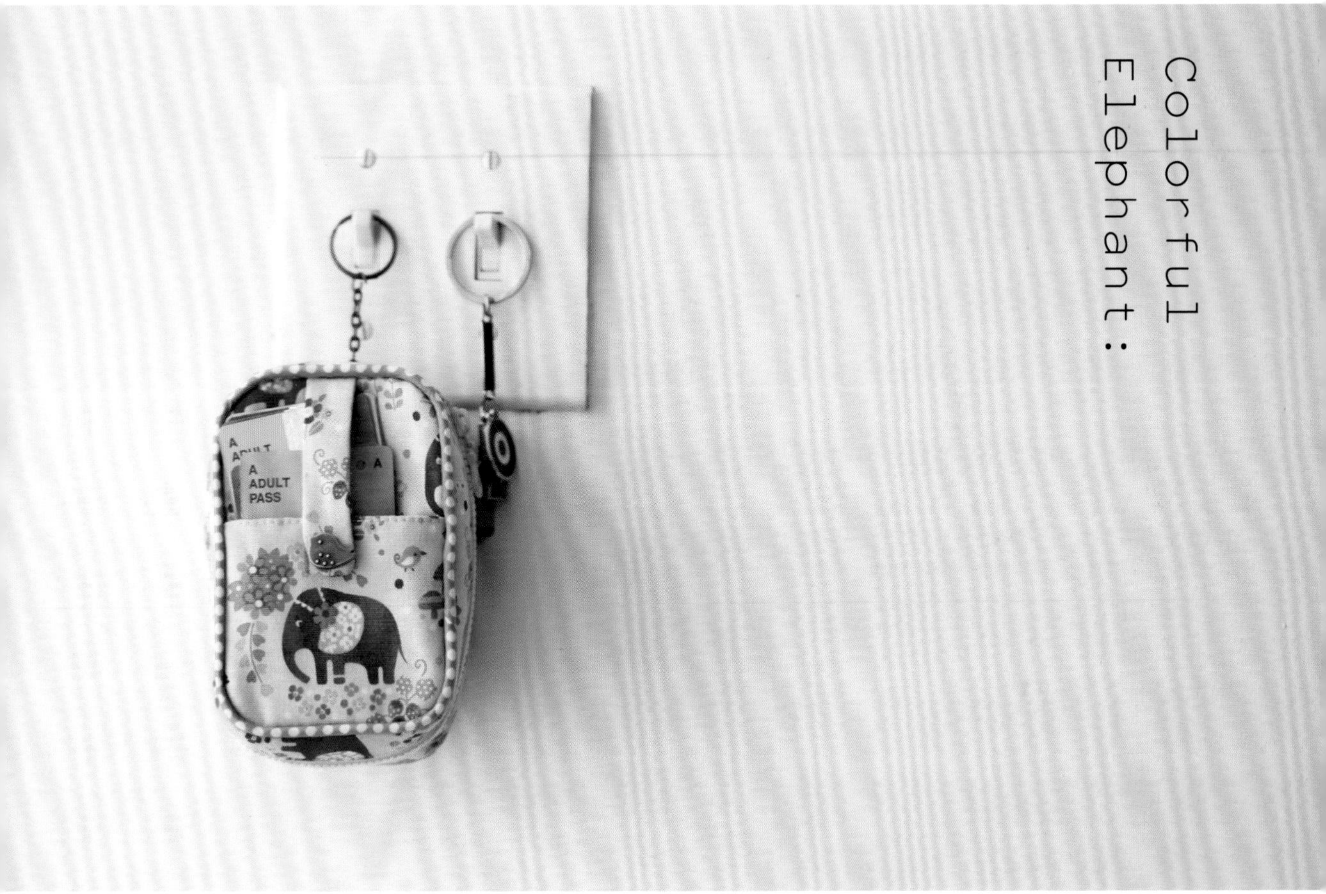

象不象鑰匙包

取一個喜愛的圖案做爲小包的重點視覺，每天隨身攜帶著，像幸運星隨行般，有了存在感強烈的鑰匙包，省去翻找鑰匙的時間，出門跟返家的心情都更好了。

表面的貼式口袋，放置常用的通勤卡片剛剛好。

充分的厚度及長度，不同尺寸的鑰匙都能使用。

象不象鑰匙包

pattern ▸▸▸ A面

材料

部位名稱	尺寸	數量	燙襯	備註
A1 表袋身	紙型	2	輕挺襯	輕挺襯同紙型大小
B1 裡袋身	紙型	2	薄襯	薄襯同紙型大小
A2 前表口袋	紙型	1	輕挺襯	輕挺襯同紙型大小
B2 前裡口袋	紙型	1	X	
A3 拉鍊側身	3×33 cm ↑	2	輕挺襯	輕挺襯尺寸 :1.5×31.5cm
B3 拉鍊裡側身	3×33 cm ↑	2	薄襯	薄襯尺寸 :1.5×31.5cm
A4 拉鍊表絆布	7×9.5cm ↑	1	輕挺襯	輕挺襯尺寸 :5.5×8cm
B4 拉鍊裡絆布	7×9.5cm ↑	1	輕挺襯	輕挺襯尺寸 :5.5×8cm
A5 釦絆布	5×8.5cm ↑	1	薄襯	薄襯尺寸 :3.5×7cm
B5 包繩布	約 2.5×37cm ↗	2	X	

※ 數字尺寸已含縫份，紙型需再外加 0.7cm。

其他材料

12”(31cm) 塑鋼拉鍊 1 條、40cm 的 3mm 腊繩 2 條、四合釦 1 組、17mm 雞眼釦 1 組、單鍊鑰匙圈 1 個、鉤釦 1 個、6 勾鑰匙釦 1 組、80cm 的 2mm 人字帶

裁片示意圖 單位：cm

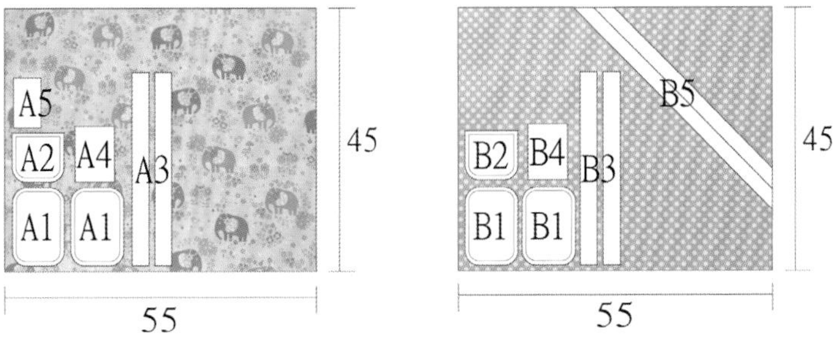

How to make ▸▸▸

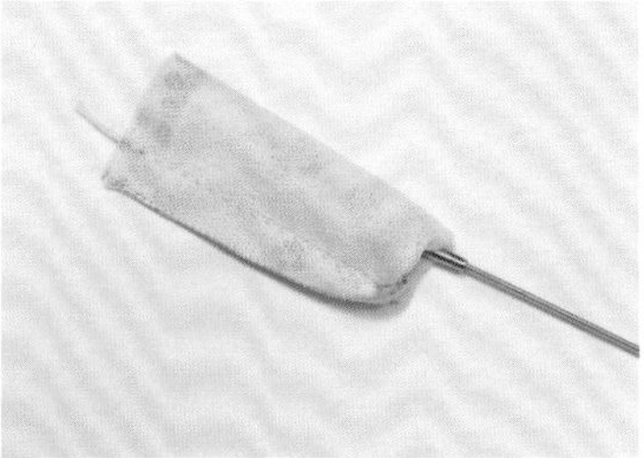

01 前表口袋 A2 和前裡口袋 B2 正面相對車縫，翻面整燙後車壓固定裝飾線。

02 釦絆布 A5 左右對折車縫，剪掉邊角後，用穿帶器（頂端圓弧狀）翻至正面整燙。

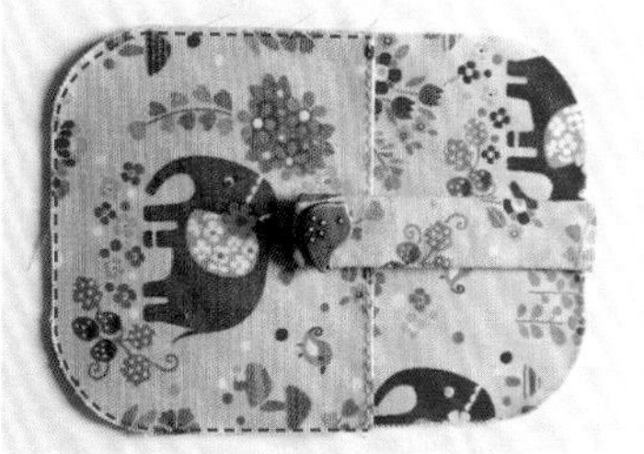

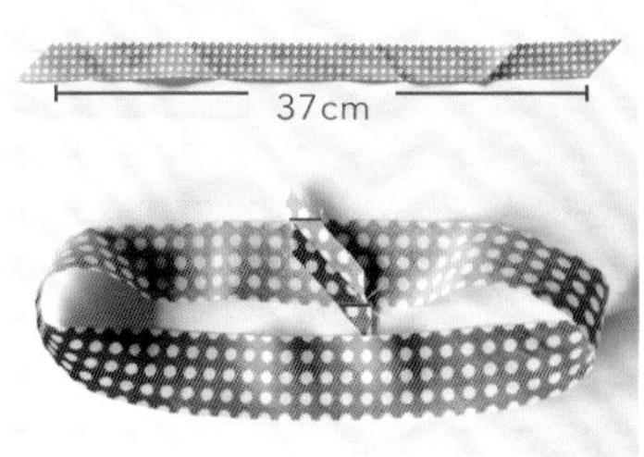

03 釦絆布 A5 尾端釘入四合釦母釦，前口袋中心向下 1.2cm 處釘入公釦。

04 將前口袋和釦絆布疏縫固定在表袋身 A1 上。

05 將包繩布 B5 剪成 2 條各 37cm 長，頭尾正面相對車縫；打開縫份熨燙後，剪掉凸出的部分。

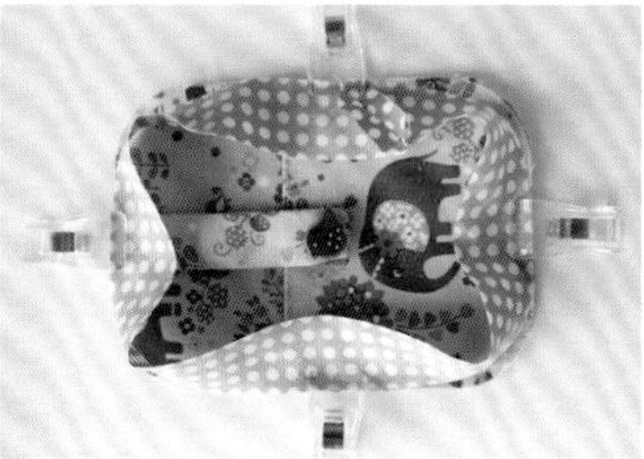

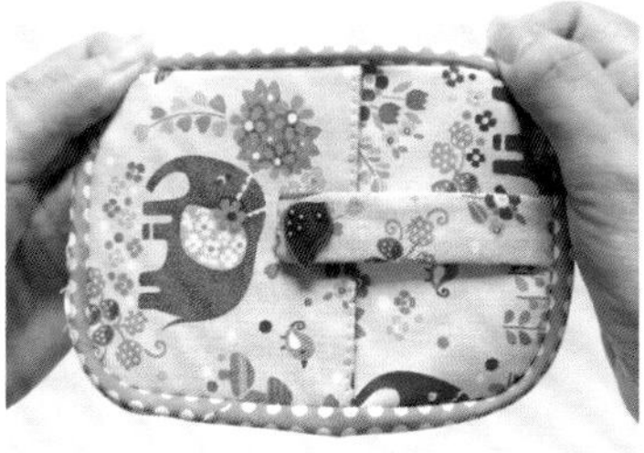

06 裡袋身 B1 與表袋身疏縫固定後，再與包繩布疏縫一圈。

07 使用單邊壓布腳將腊繩包入再疏縫一圈，留約 4cm 先不車縫，將包繩轉角的地方稍微往外翻（組合翻面後，包繩的長度才會正確）。

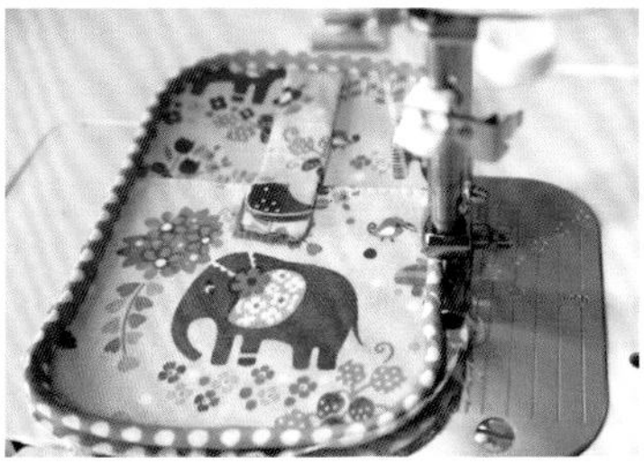

08 剪掉多餘的腊繩後，再將包邊完成。

09 另一片以相同做法包邊。

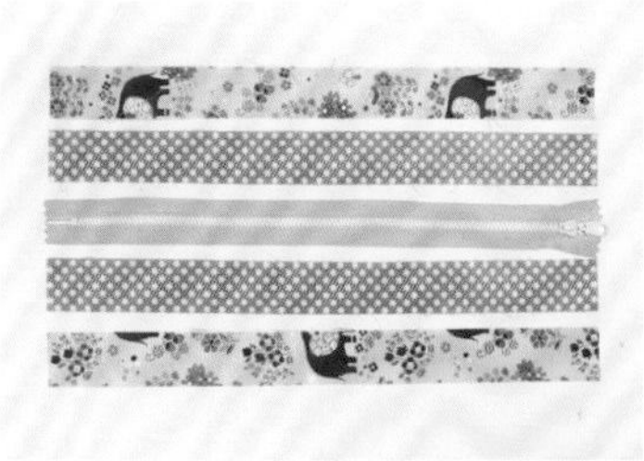
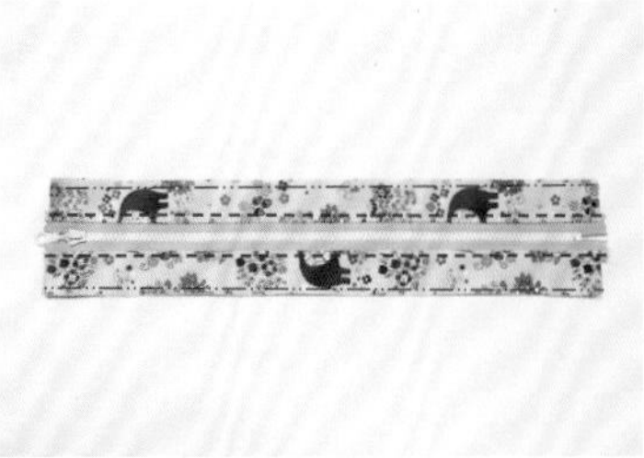

10 取拉鍊側身 A3 和拉鍊裡側身 B3 夾車拉鍊兩邊 0.5cm；翻至正面整燙後，沿邊車壓固定線，外側車壓疏縫線。

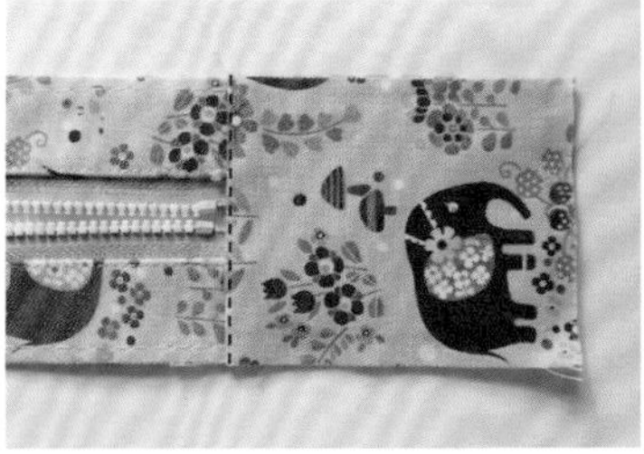

11 拉鍊表裡絆布 A4、B4 夾車組合好的拉鍊側身後，翻至正面整燙並車壓固定線。

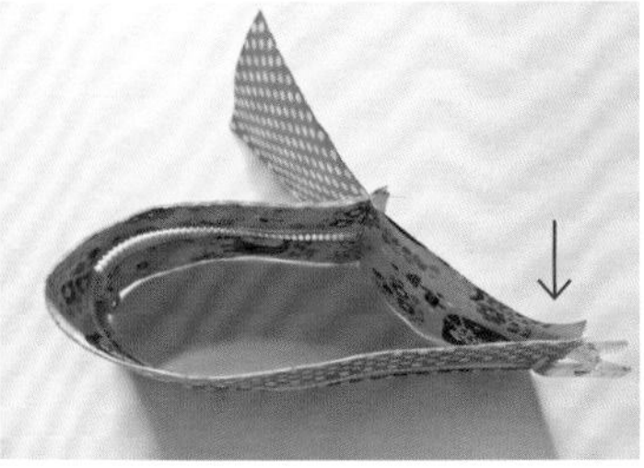

12 拉鍊表絆布 A4 另一邊與組合好的拉鍊側身尾端先車縫。

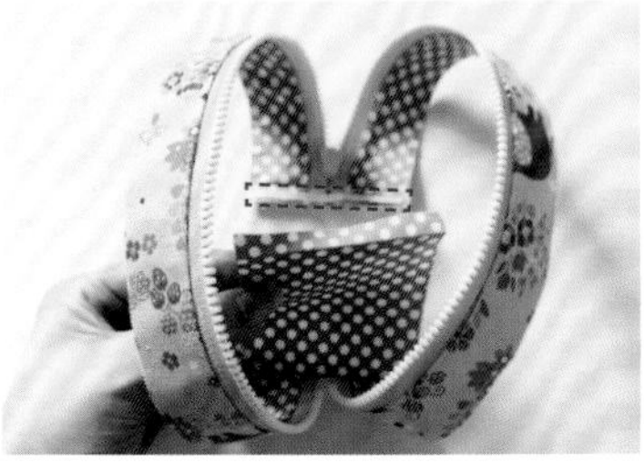

13 拉鍊裡絆布 B4 另一邊將縫份燙入，將其與步驟 12 的縫份位置（虛線處），用布用雙面膠先固定在一起。

14 從正面車壓固定線（要確認下方裡布有一起車入）。

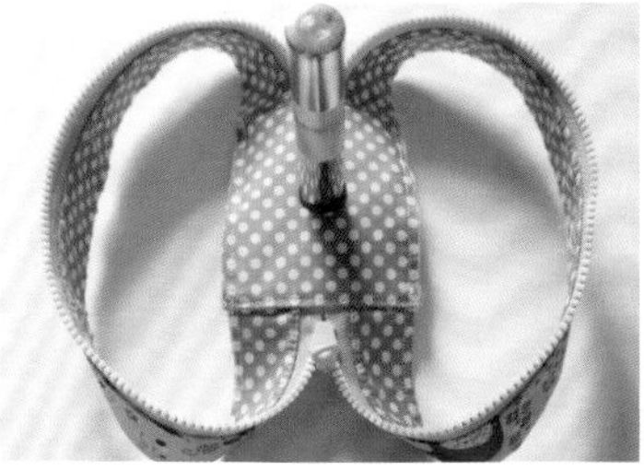
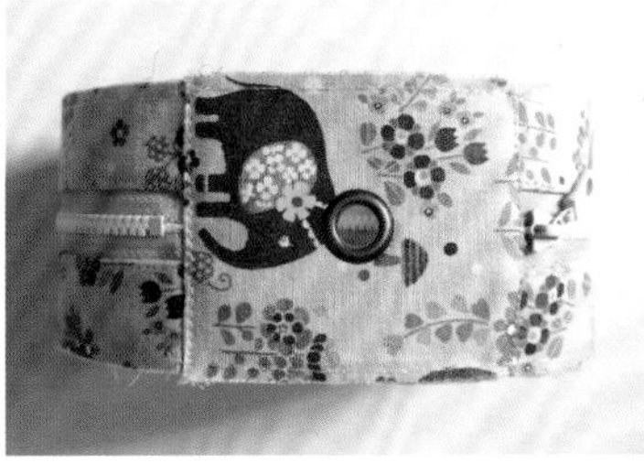

15 在拉鍊絆布中心處釘入 17mm 雞眼釦。

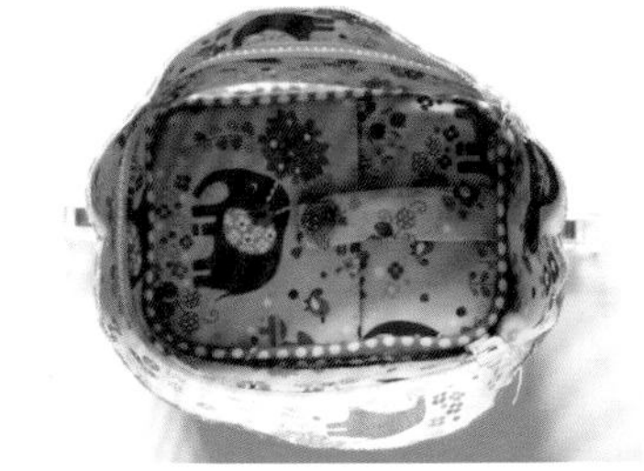

16 袋身的上下中心位置做記號，拉鍊絆布以雞眼釦為中心對折做記號。

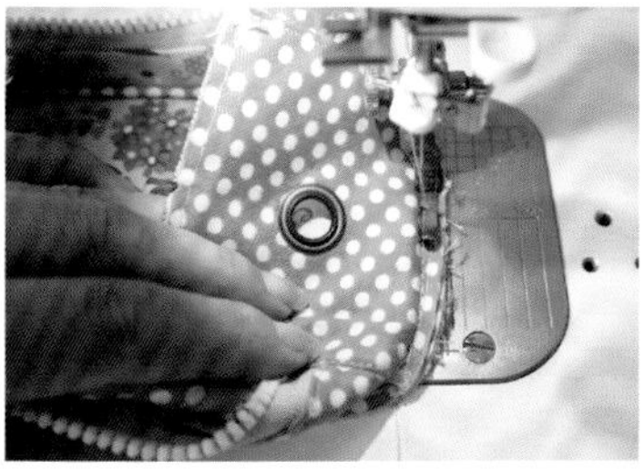

17 對齊記號處，使用單邊壓布腳組合前後袋身，袋身即完成。

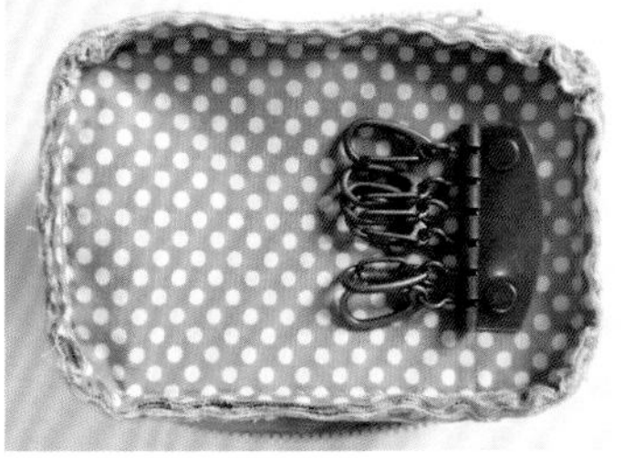

18 在後片的裡袋身上釘入 6 勾鑰匙釦。

19 單鍊鑰匙圈穿過雞眼釦，與鉤釦組合在一起。

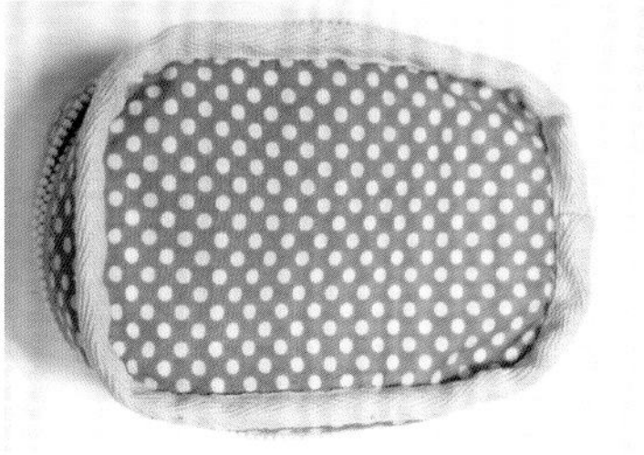

20 兩邊用人字帶滾邊收尾。

21 完成。

I hope the following
year will be another
wonderful one.

Cupcake
Pen case:

甜在心筆袋

洋溢著滿滿幸福感的甜點圖案，視覺的豐盛好像也讓心靈變得滿足了，隨身攜帶著小小的幸福，不論走到哪兒，都會有好事發生。

拉開拉鍊時有輔助作用的布耳，除了常見的布標外，也可利用蕾絲做變化。

色鉛筆長度的尺寸，可以輕鬆放得下各類文具。

甜在心筆袋

材料

部位名稱	尺寸	數量	燙襯	備註
A 表布	25.5×21.5cm ↑	1	厚襯	厚襯尺寸：24×20cm
B 裡布	25.5×11cm ↑	2	薄襯	薄襯尺寸：24×10cm

※ 數字尺寸已含縫份 0.7cm。
※ 將確實裁好的貼襯尺寸燙壓在表裡布的中間，利用貼襯的邊緣取代拉鍊邊的壓線，讓拉鍊兩端更為平整。

其他材料

7”(17.8cm) 拉鍊 1 條、2×4cm 蕾絲 1 條、皮標 1 個、固定釦 2 組

裁片示意圖 單位：cm

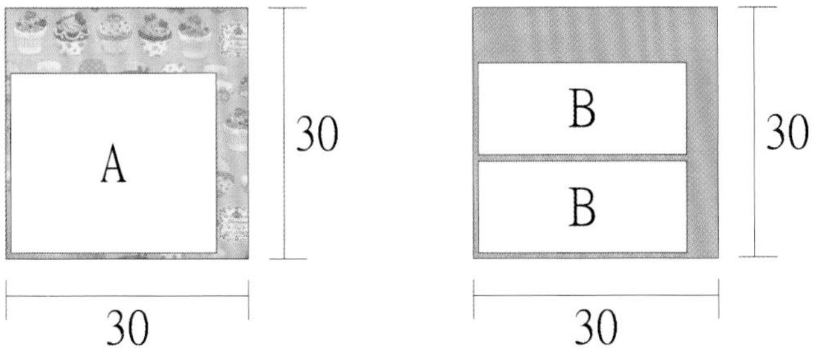

How to make ▸▸▸

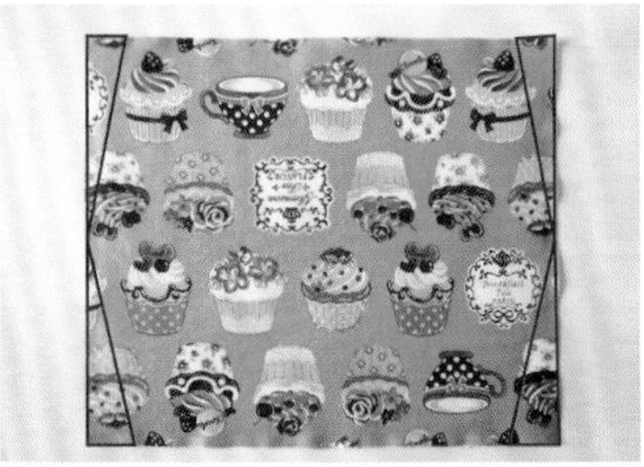

01 表布 A 上下對摺，標出中心位置，左右兩邊向內 2.5cm 處做記號，裁掉 4 個角落的三角形。

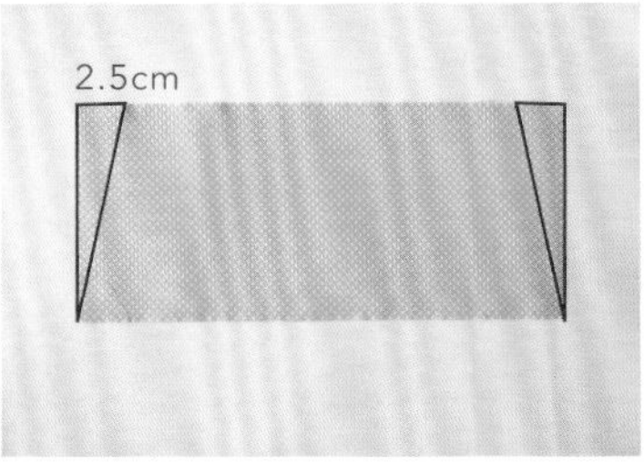

02 裡布 B 兩邊向內 2.5cm 處做記號，剪掉兩邊的三角形。

03 單邊向下 3cm 用消失筆畫記號線。

04 皮標對齊記號線置中，用消失筆做固定釦位置的記號，錐子打洞後，釘入固定釦。

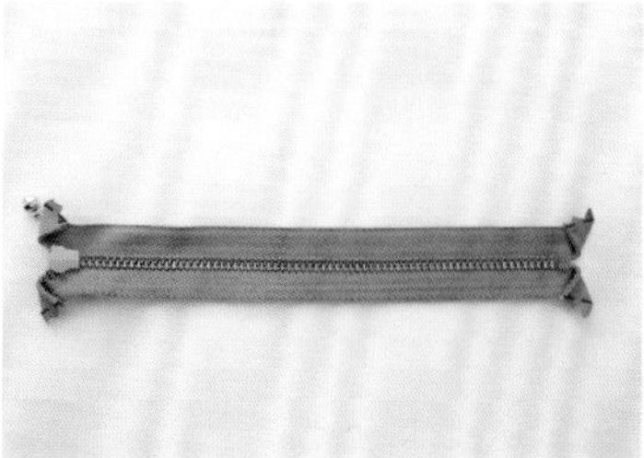

05 拉鍊 4 邊斜角下折固定，剪掉多餘的角。

06 蕾絲對折疏縫在左上角。

07 拉鍊置中於表布上，換上單邊壓布腳車縫 0.7cm。

08 放上裡布 B 夾車拉鍊，只需車縫 0.5cm。

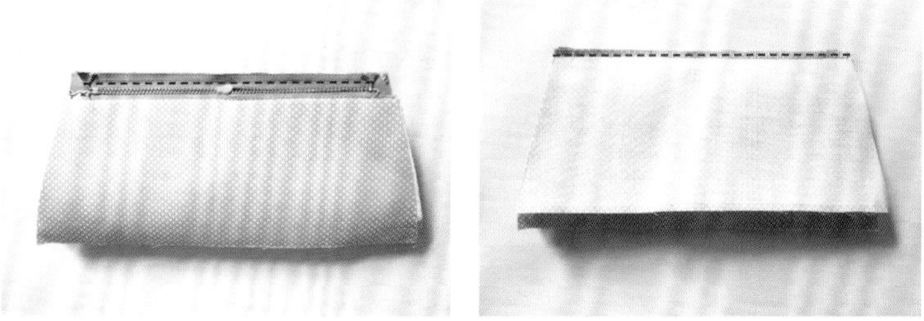

09 拉鍊另一邊同步驟 7 和 8。

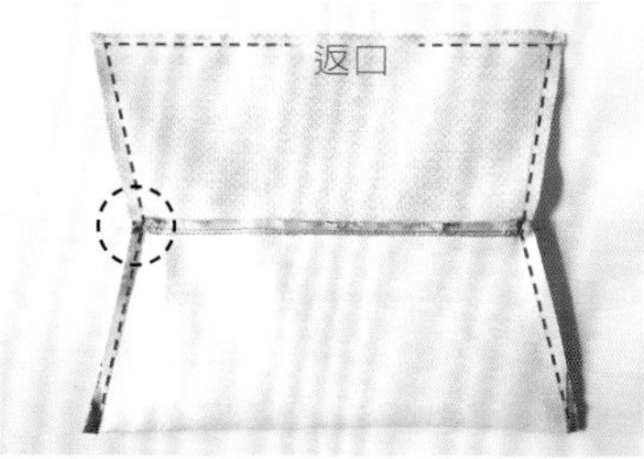

10 表布對表布，裡布對裡布車縫（注意拉鍊頭那端一定要對齊好，翻面後才漂亮），裡布下方留返口。

11 尖角修掉（縫份較容易燙開），燙開縫份。

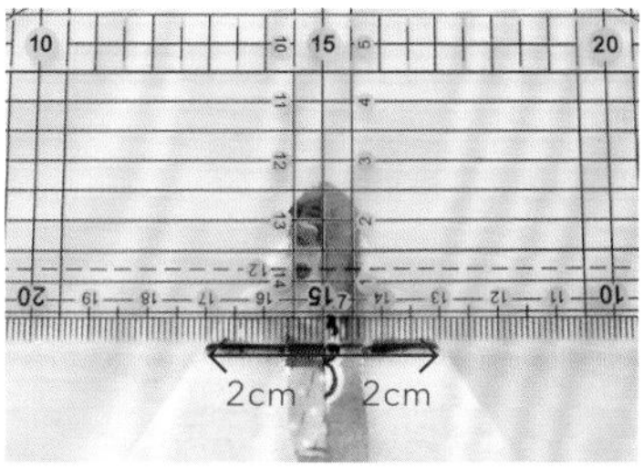

12 表布兩角打 4cm 的底角並車縫。

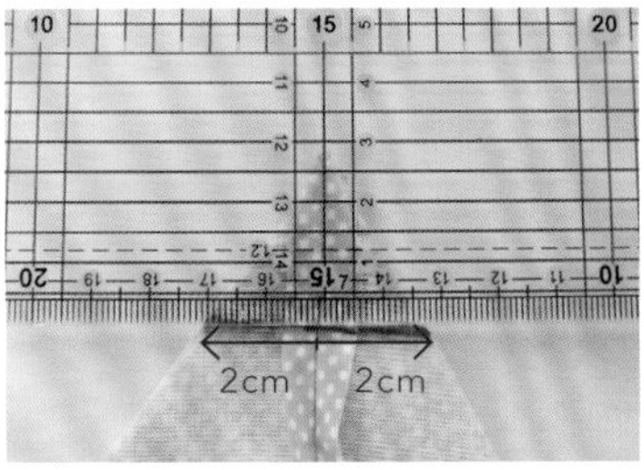

13 裡布兩角同步驟 12。

14 剪掉多餘的三角形。

15 從返口翻回正面，縫合返口後整燙。

16 完成。

I hope the following year will be another wonderful one.

水玉兔拉鍊扁包

一層一層分隔的拉鍊口袋，平整俐落的設計，是讓你只裝重要東西就能輕便出門的貼身包款，小小卻很重要的吊耳，可隨喜好自由更換不同款式的背帶。

三個分隔的拉鍊口袋，能有條不紊地收納。

扁平的袋身貼合著身體，顯得靈巧精緻。

水玉兔拉鍊扁包

材料

部位名稱	尺寸	數量	燙襯	備註
A1 表布	8.5×23cm ↑	1	薄襯	薄襯尺寸：7×21cm
B 表布(條紋)	12.5×23cm ↑	1	薄襯	薄襯尺寸：11×21cm
A2 表布	16.5×23cm	2	薄厚襯各 1 片	薄厚襯尺寸：15×21cm
C1 裡布	8.5×23cm ↑	1	X	
C2 裡布	12.5×23cm ↑	1	X	
C3 裡布	15.5×23cm ↑	2	X	
C4 裡布	20×23cm ↑	1	薄襯	薄襯尺寸：9×21cm

※ 數字尺寸已含縫份 0.7cm。

其他材料

8”(20.8cm) 拉鍊 3 條、25cm 蕾絲 3 條 (其中兩條蕾絲寬度需少於 1cm)、1×3cm 緞帶 2 條、1cm D 型環 2 個、背帶 1 條

裁片示意圖

單位：cm

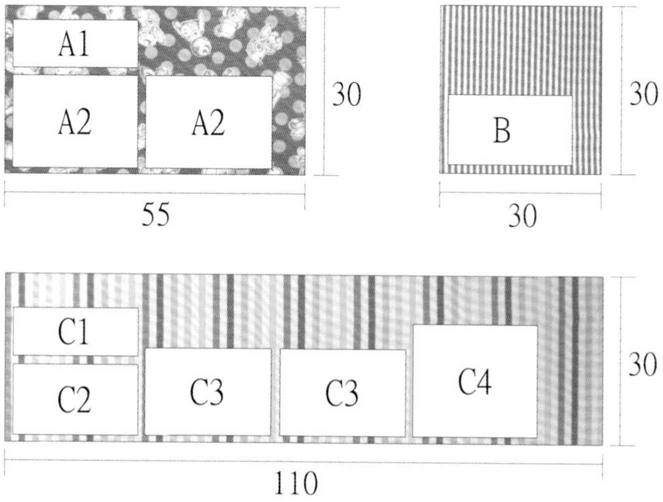

How to make ▸▸▸

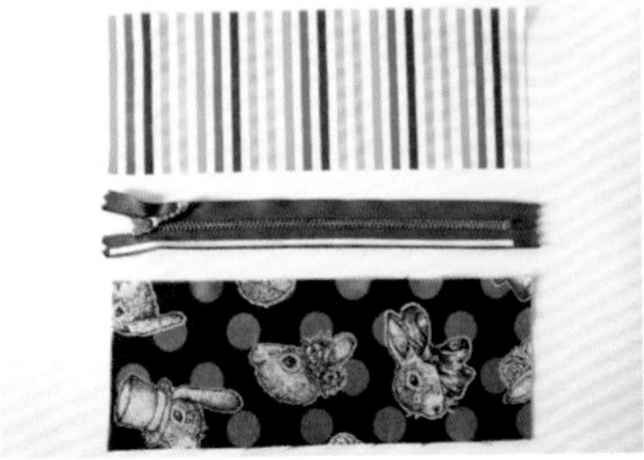
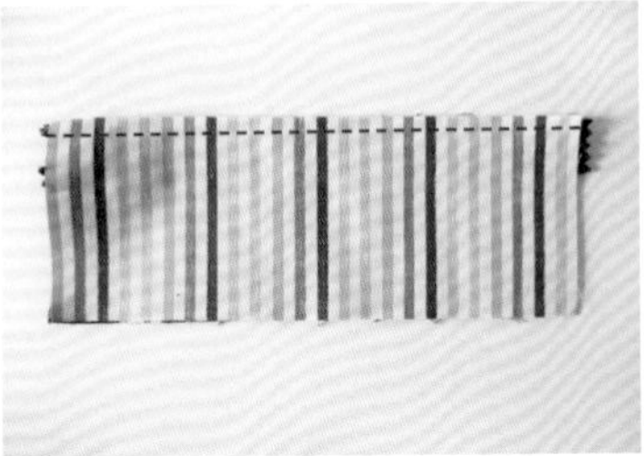

01 拉鍊貼上布用雙面膠帶，置中固定在表布 A1 上，再放上裡布 C1 夾車拉鍊。

02 翻到正面整燙表裡布後，沿邊車縫固定裝飾線。

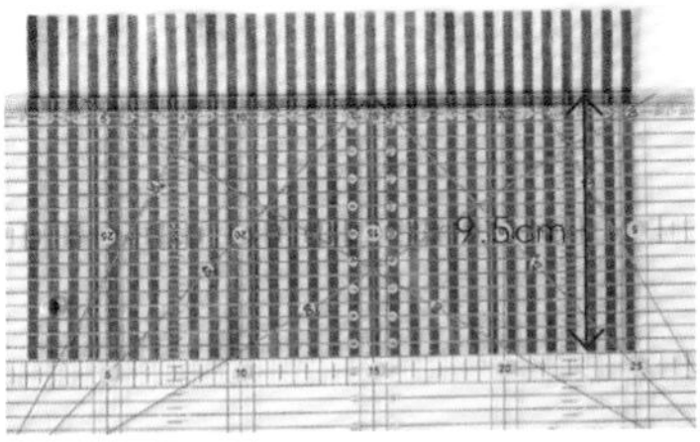

03 表布 B 由下往上 9.5cm 處，使用消失筆做記號。

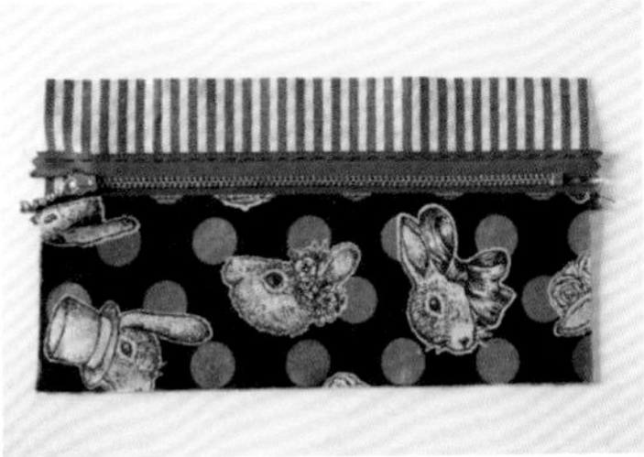

04 拉鍊沿消失筆記號固定，在拉鍊 0.5cm 的位置，車一直線固定。（注意上下拉鍊的位置是否對應）

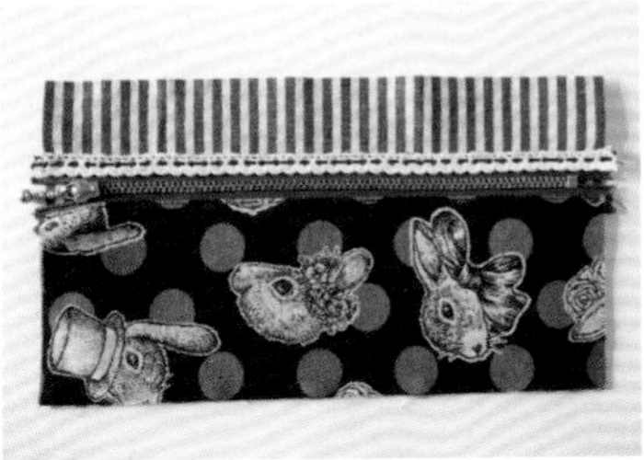

05 取 25cm 的蕾絲蓋住拉鍊的邊緣後，壓裝飾線固定。

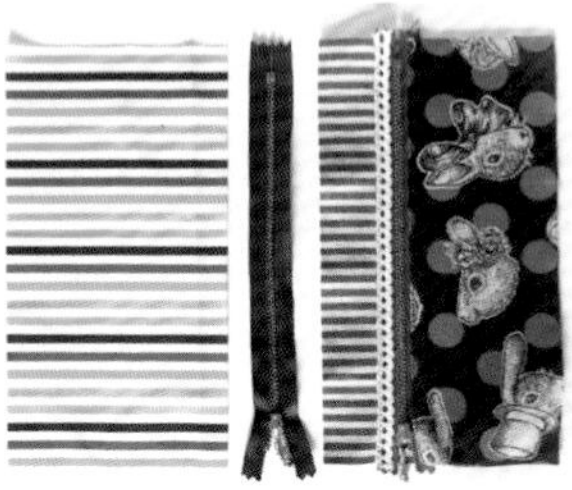
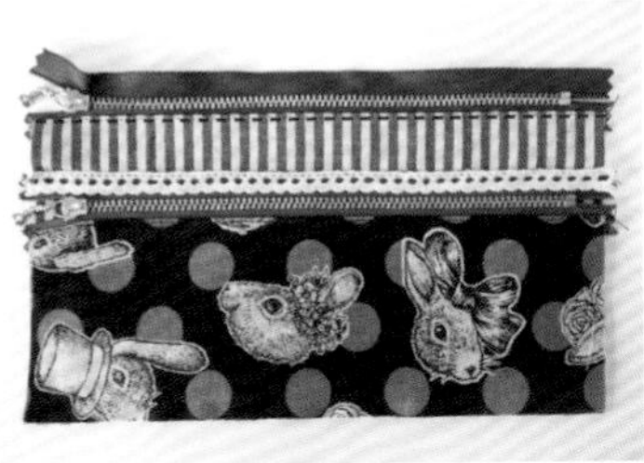

06 取裡布 C2 夾車拉鍊，同步驟 1 跟 2。

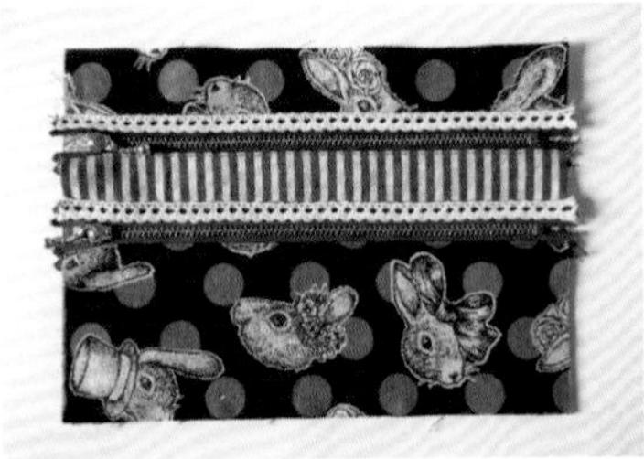

07 取貼薄襯的表布 A2 由下往上 13.5cm 畫線。同步驟 4 跟 5，固定拉鍊，壓上裝飾蕾絲。

08 將拉鍊拉到中間，疏縫（0.5cm 處）三邊後，將多餘的拉鍊布和蕾絲剪掉。

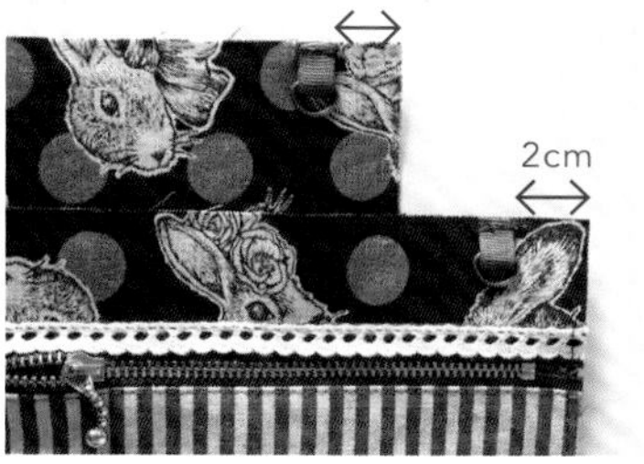

09 1×3cm 緞帶套入 D 型環對摺後，各疏縫固定在表布 C 右上向左 2cm 處。

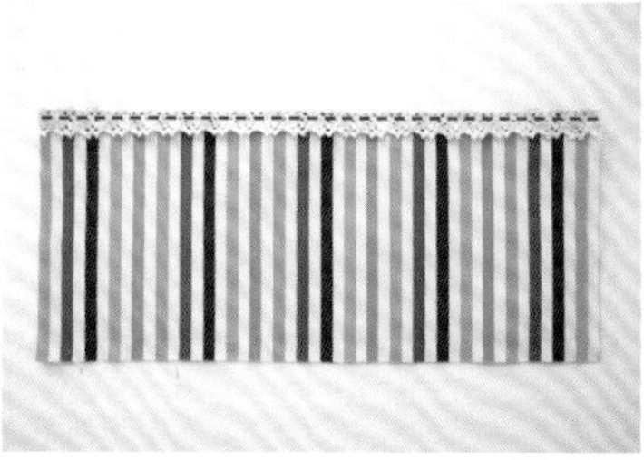

10 裡布 C4 對摺並燙上半邊的薄襯後，將蕾絲車縫固定。

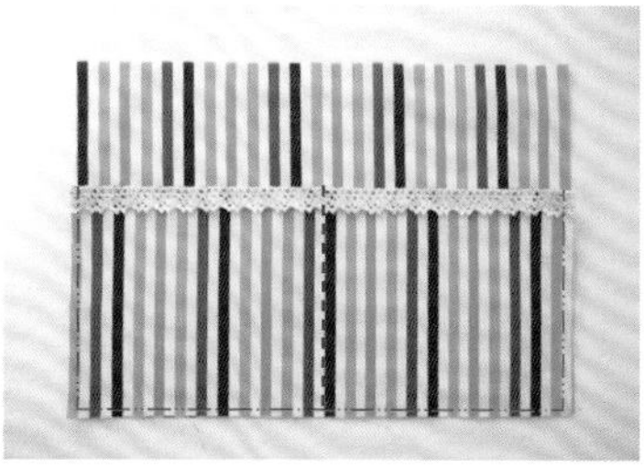

11 放置在其中一片裡布 C3 上，疏縫固定三邊。在喜歡的位置車縫上分隔線。

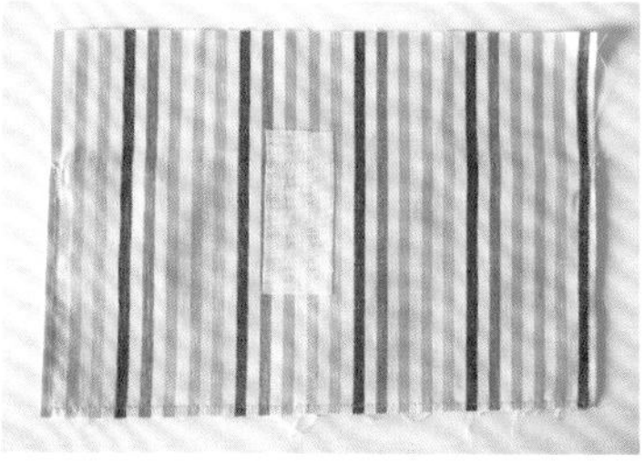

12 可以在分隔線位置的棉布背面先貼上襯，以局部加厚的方式加強點的固定。

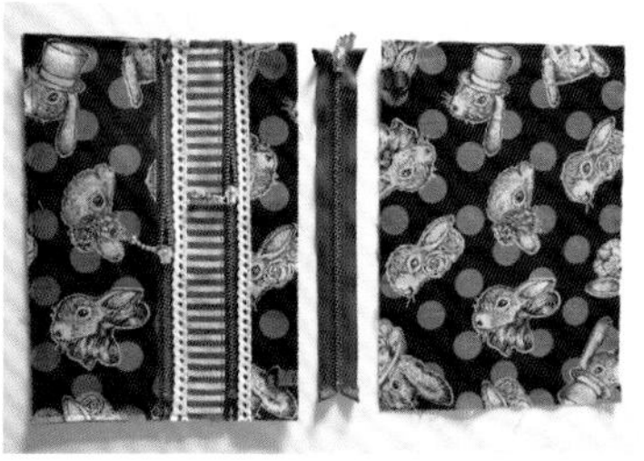

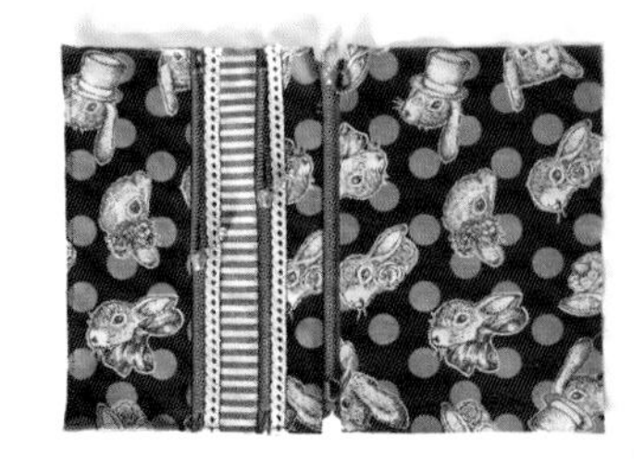

13 拉鍊 4 邊斜角縫入固定，在拉鍊和表布 A2 中心處做記號後，正面相對車縫。

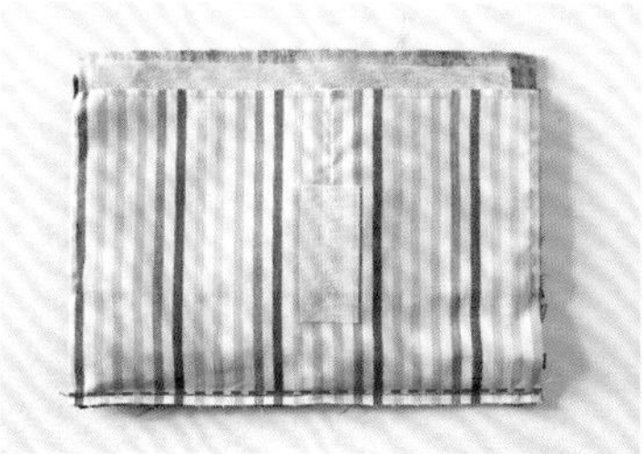

14 拉鍊另一側與裡布 C3 相接，2 邊各車縫在 0.5cm 的位置。

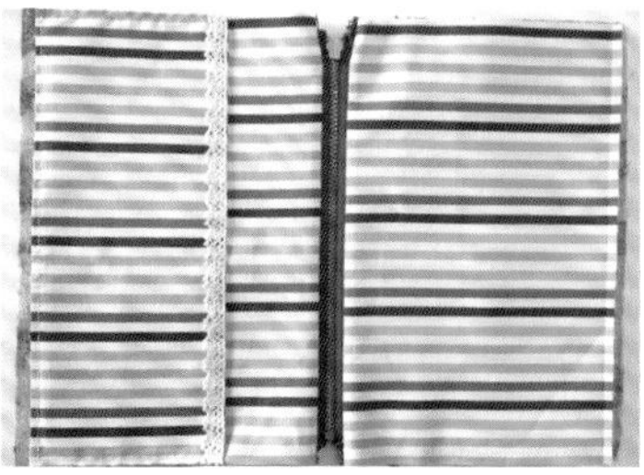

15 整燙拉鍊兩側。

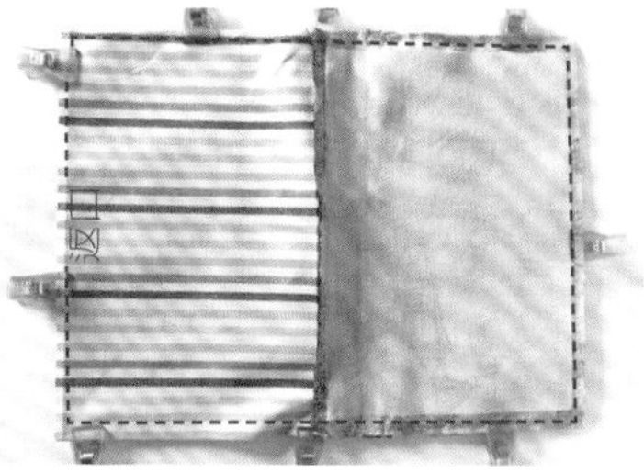

16 表裡布正面相對車縫，車縫一圈，留返口。（裡布縫份車縫 1cm）

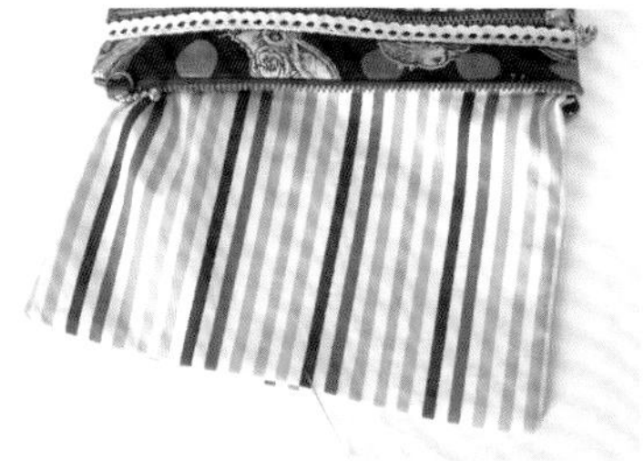

17 從返口翻至正面，手縫藏針縫將返口縫合。

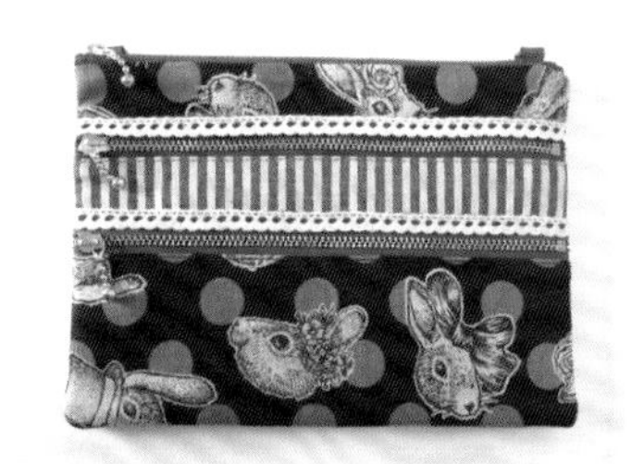

18 整燙後即完成。

法式香頌護照夾

旅行時最重要的東西，用喜歡且醒目的保護夾收好，不僅僅是爲了提升存在感能避免丟失，更是守護自己每次出遠門的愉快順利。

充足的卡片夾層及兩種尺寸的拉鍊袋，能統一收納各種票券。

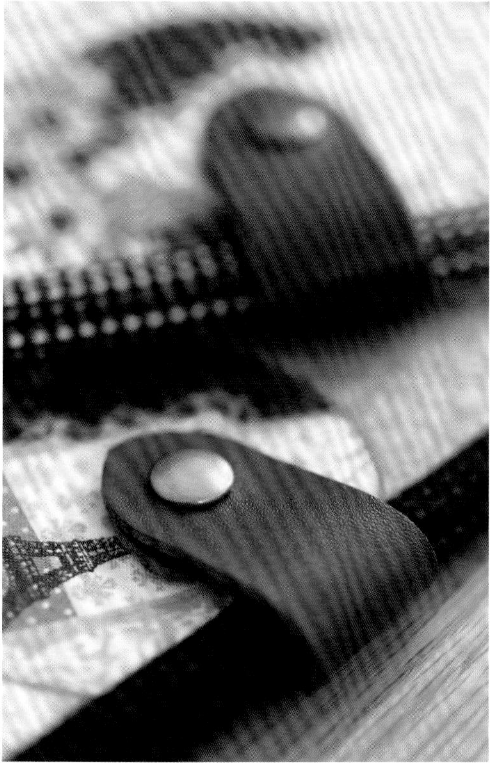

皮釦固定的位置非常重要，扣合時才能準確緊密。

法式香頌護照夾

材料

部位名稱	尺寸	數量	燙襯	備註
A1 表布 (棉布)	26×17.5cm ↑	1	厚襯 + 輕挺襯	
B1 裡布 (棉布)	26×17.5cm ↑	1	雙面膠襯	膠襯尺寸：25.5×17cm
C1 夾層塑膠片	11.5×7cm	1	X	
A2 夾層表布	11.5×12cm ↑	1	厚襯	厚襯尺寸：10×11cm
B2 夾層裡布	11.5×12cm ↑	1	X	
C2 卡層塑膠片	6.5×15cm	1	X	
A3 卡層表布	8×15cm ↑	1	厚襯	厚襯尺寸：7×13.5cm
B3 卡層裡布	8×15 cm ↑	1	X	
B4 拉鍊夾層裡布	19×15cm ↑	1	薄襯	薄襯尺寸：9×13.5cm
B5 夾層裡布	23×15cm ↑	2	薄襯	薄襯尺寸：11×13.5cm
B6 口袋裡布	25.5×30cm ↑	1	薄襯	薄襯尺寸：24×14cm
B7 拉鍊絆布	2.5×6cm ↑	2	X	
D1 直紋包邊條	約 5×27cm ↑	1	X	
D2 直紋包邊條	約 4×88cm ↑	1	X	約裁成 16cm×4、12cm×2
D3 斜紋包邊條	約 4×88cm ↗	1	X	

※ 數字尺寸已含縫份。
※ 此示範圖案布為棉布，表布所使用的襯較厚，請視需求使用合適的布襯種類。

其他材料

蕾絲織帶 16cm、5”(12.7cm) 拉鍊 1 條、8”(20.5cm) 拉鍊 1 條、皮釦 1 組

裁片示意圖

單位：cm

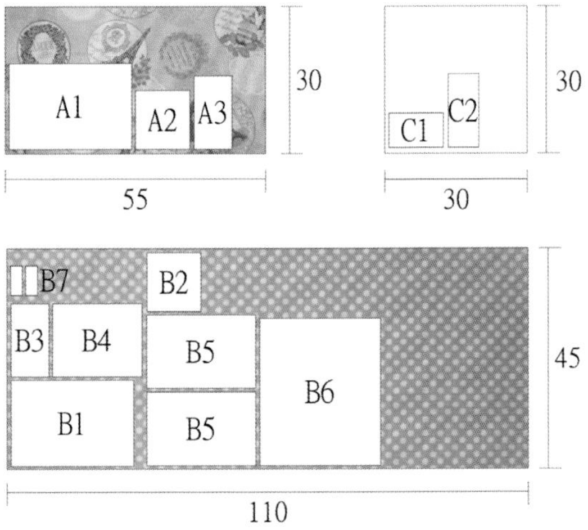

How to make ▸▸▸

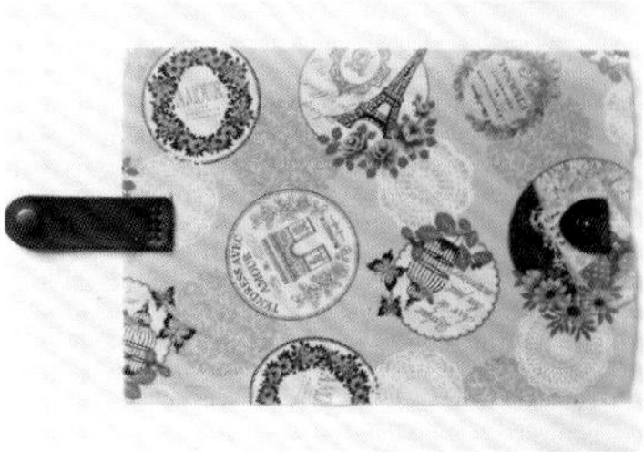

01 表布 A1 燙好襯後，將皮釦在適當位置縫上 (參考位置：母釦皮片向內 2.5cm，公釦皮片向內 1.2cm 處)。

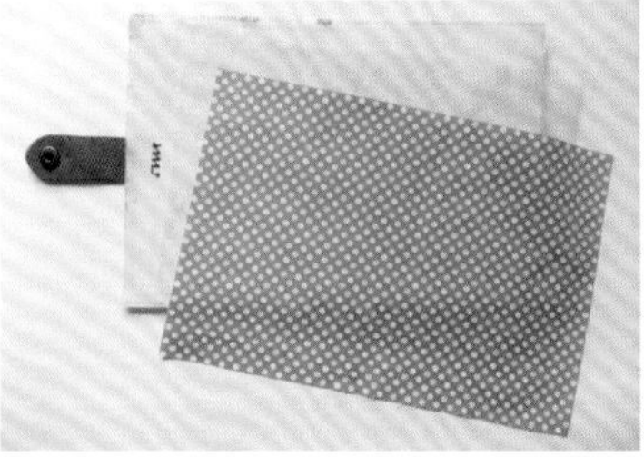

02 表布 A1 和裡布 B1 夾雙面膠襯背面相對，燙黏一起 (熨燙後須放置到布完全冷卻再移動)。

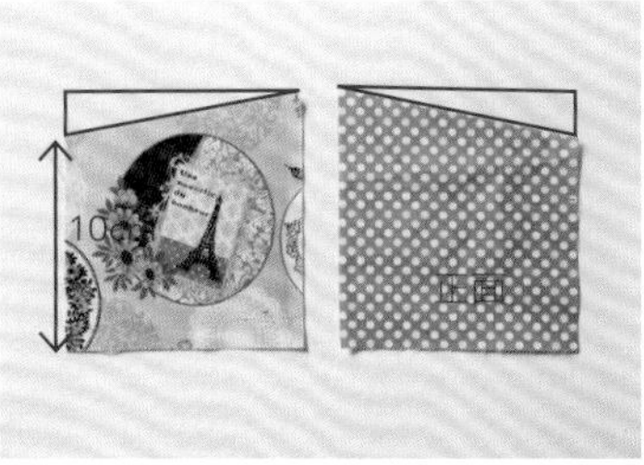

03 夾層表布 A2 和夾層裡布 B2 單邊在 10cm 處做記號後，剪掉三角形的位置。

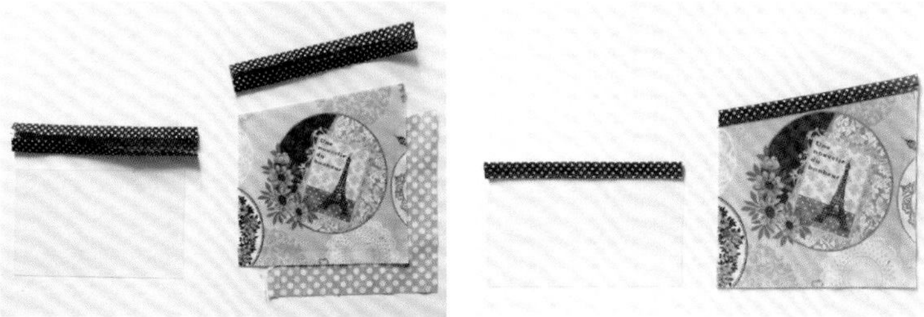

04 取二段 12cm 整燙好的直紋包邊條 D2，將夾層塑膠片 C1 和夾層表裡布 B2 包邊。

05 二片夾層裡布 B5 長邊對摺後，燙半邊襯。

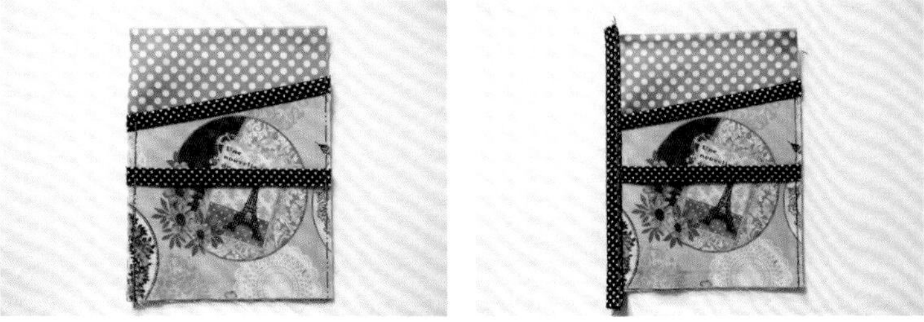

06 將包邊後的夾層塑膠片和夾層布，與其中一片的夾層裡布 B5 下方對齊放置，兩邊先疏縫後，在左側包邊。

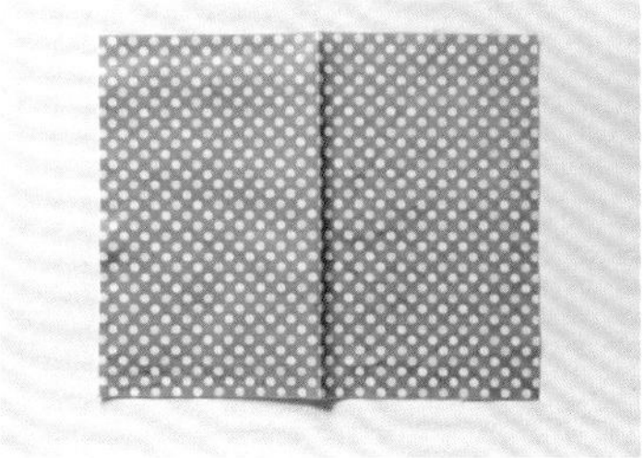

07 拉鍊夾層裡布 B4 長邊對摺後，燙半邊襯。

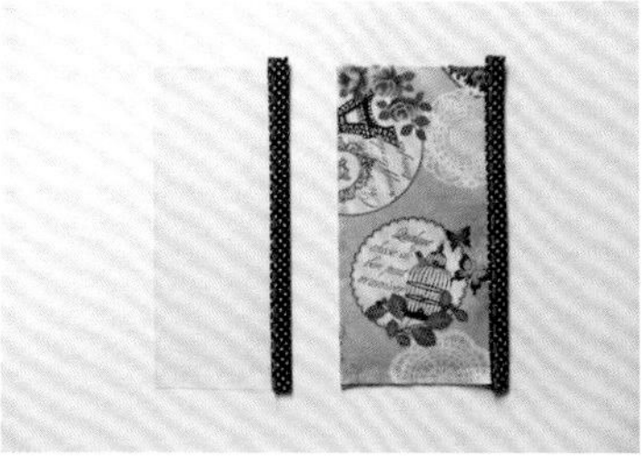

08 取 2 條 16cm 包邊條 D2 將卡層塑膠片 C2 和卡層表裡布 A3、B3 包邊。

09 將包邊後的卡層塑膠片和卡層表裡布放置其上，中心位置車縫卡層分割線。

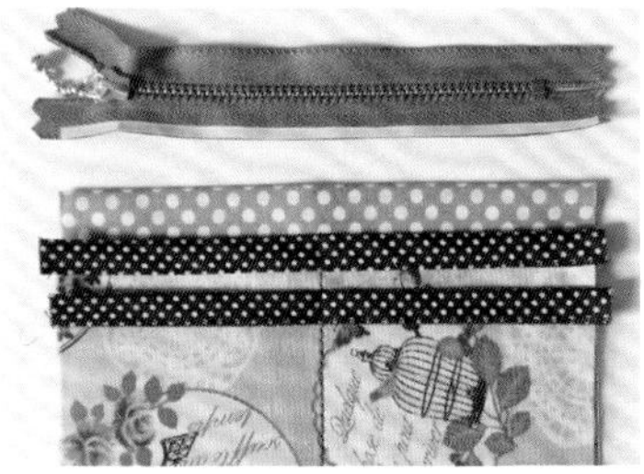

10 取 5" 拉鍊貼上布用雙面膠，置中貼於拉鍊夾層裡布上 (交疊部分約 0.7cm)。

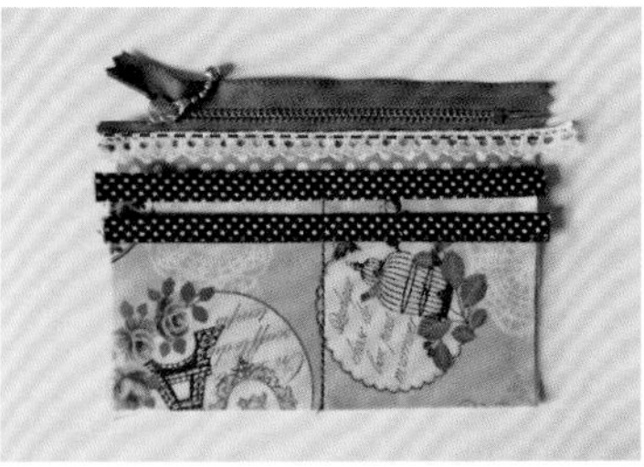

11 使用單邊壓布腳。車縫時先將拉鍊拉開，車到中間時，車針向下固定布，抬高壓腳將拉鍊拉上後，再繼續車縫至尾端。

12 在拉鍊和裡布接縫處車上蕾絲裝飾。

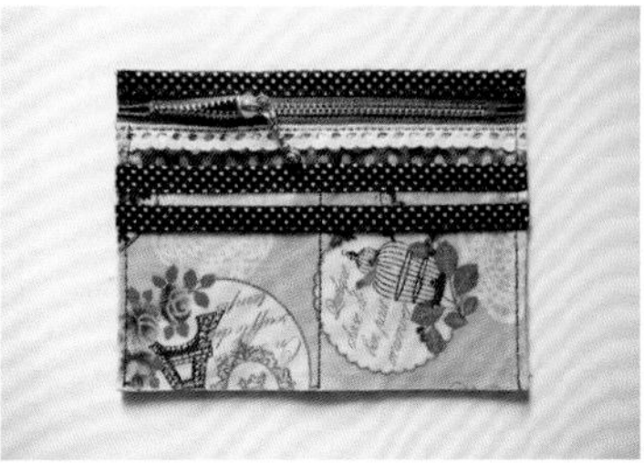

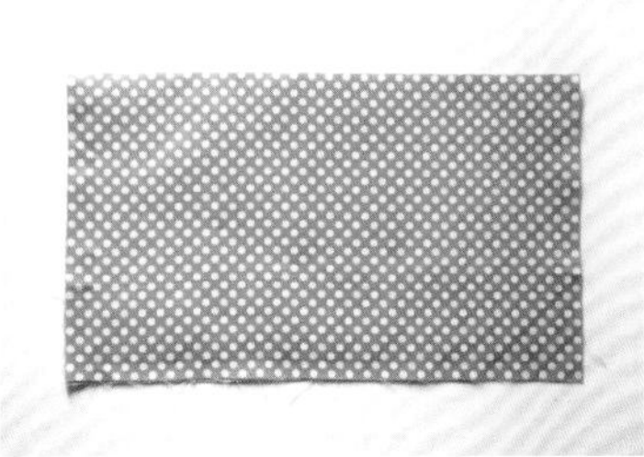

13 將其與另一片夾層裡布 B5，先疏縫固定 (要靠下邊對齊，組合好的卡層會比夾層裡布小一點點)。

14 取 16cm 包邊條包邊後，疏縫左右並將多餘的部分剪掉。

15 口袋裡布 B6 長邊對摺後，燙半邊襯。

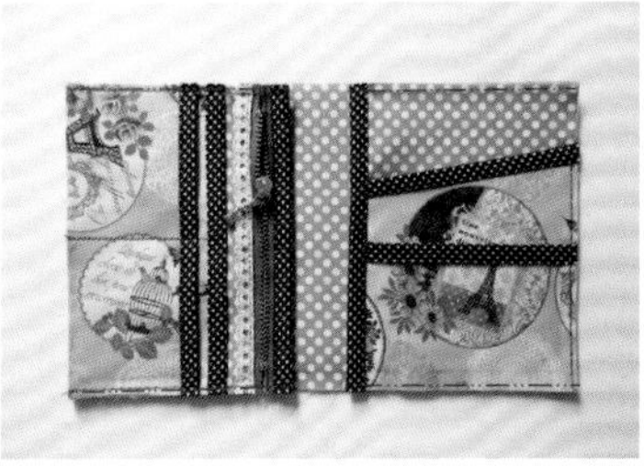

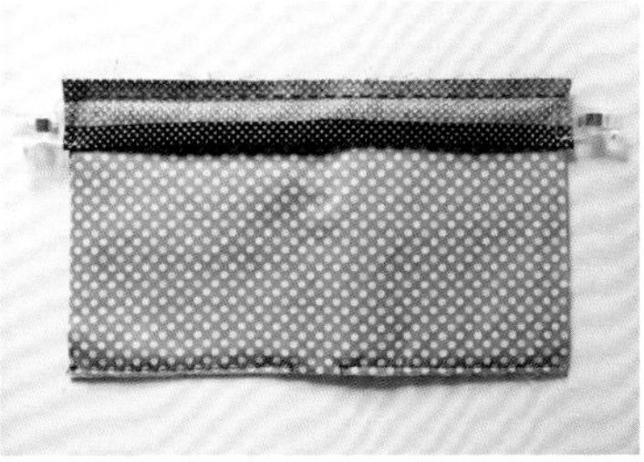

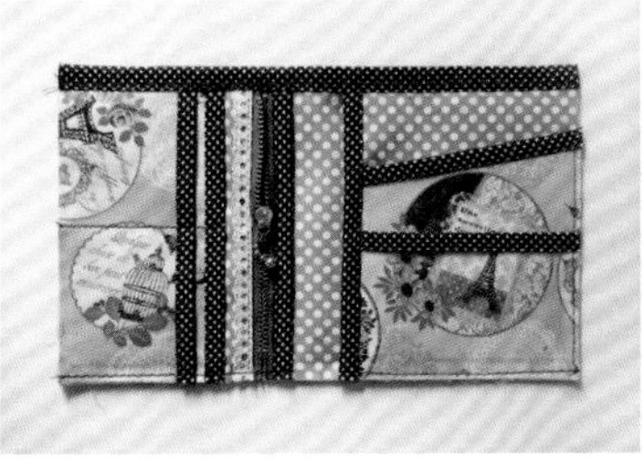

16 將組合好的卡層和夾層放在口袋裡布 B6 上疏縫固定。

17 上方用直紋包邊條 D1 包邊 (縫份 1cm) ，剪掉多餘的包邊條。

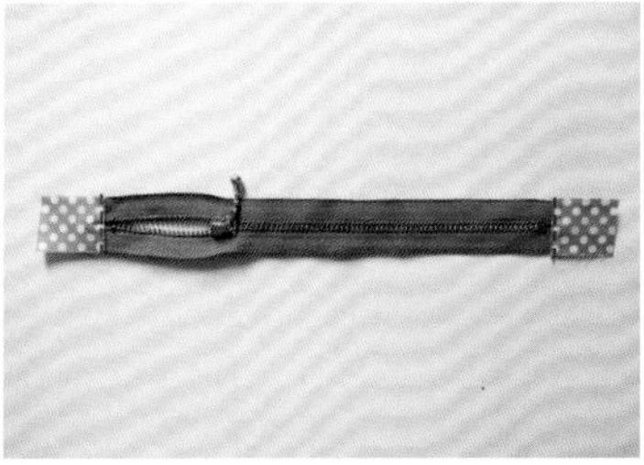

18 拉鍊絆布對摺後車縫固定在 8” 拉鍊的頭跟尾。

19 拉鍊下方貼上布用雙面膠，置中貼於直紋包邊條上 (交疊部分約 0.5cm) 車縫。

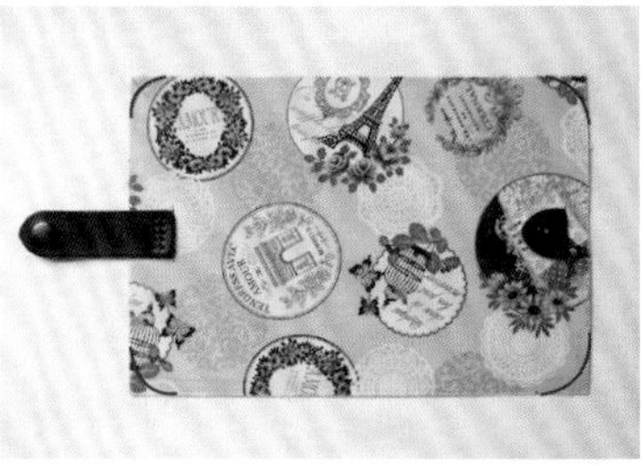

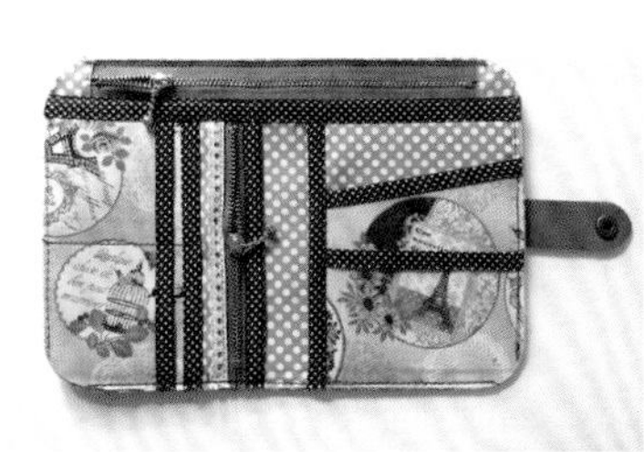

20 取表布 A1 畫上通用紙型弧度 1，與組合好的裡布先疏縫四邊後，四個角再一起剪弧度和多餘的布。

21 取斜紋包邊條 D3，前頭預留約 9cm，從表布的左下角開始車縫。

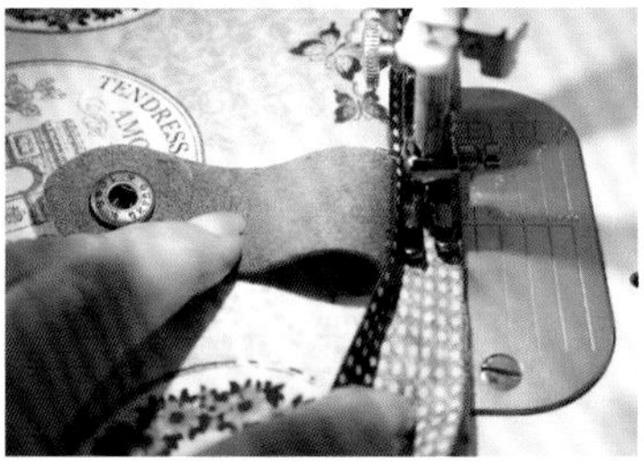

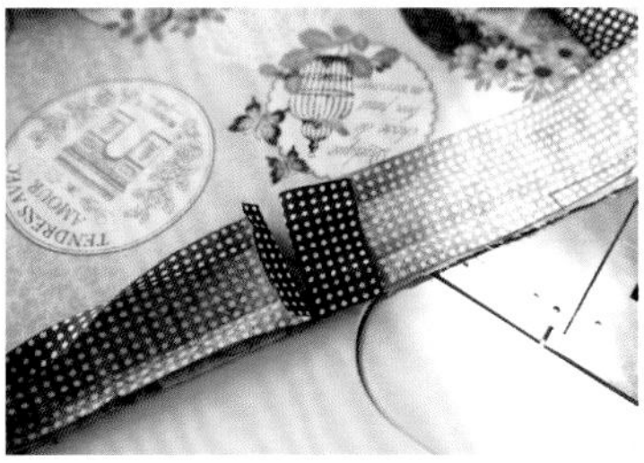

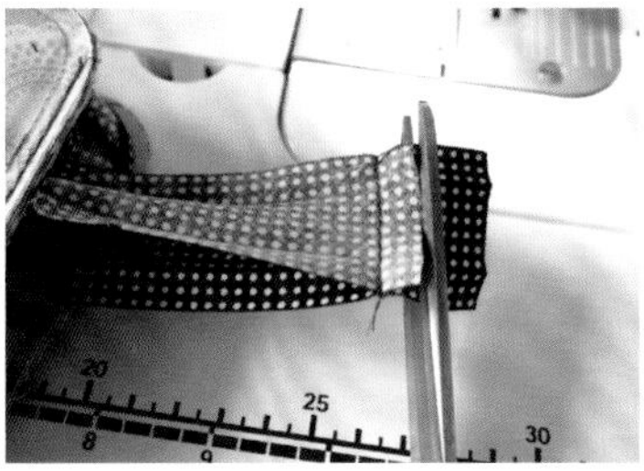

22 皮釦部分拉開即可車縫（若壓布腳無法在 0.7cm 的位置通過，換成單邊壓布腳即可）。

23 包邊條尾端也約留 9cm，將相接的位置摺出並做記號。

24 車縫記號位置，車縫後將多餘的部分剪掉。

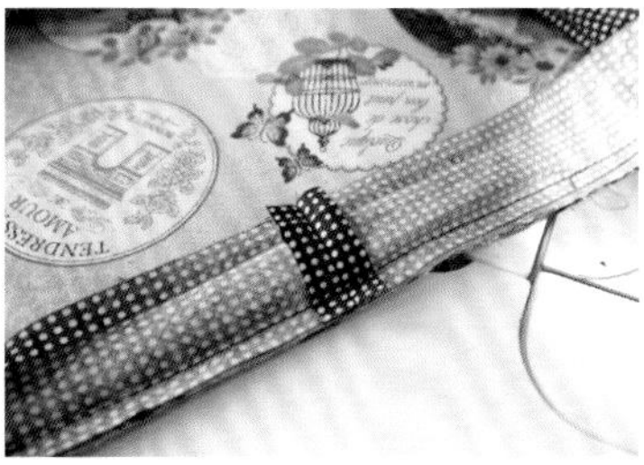

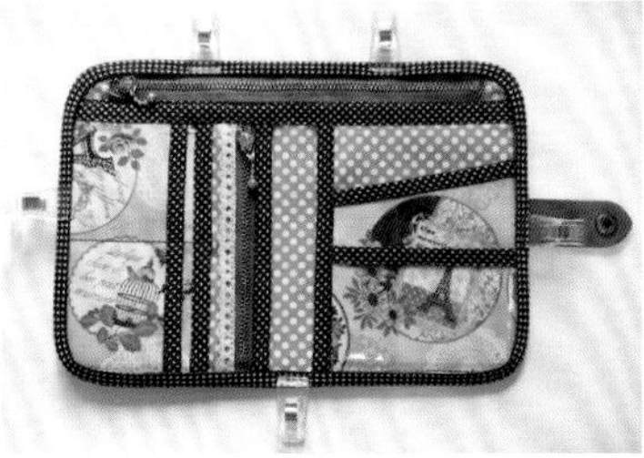

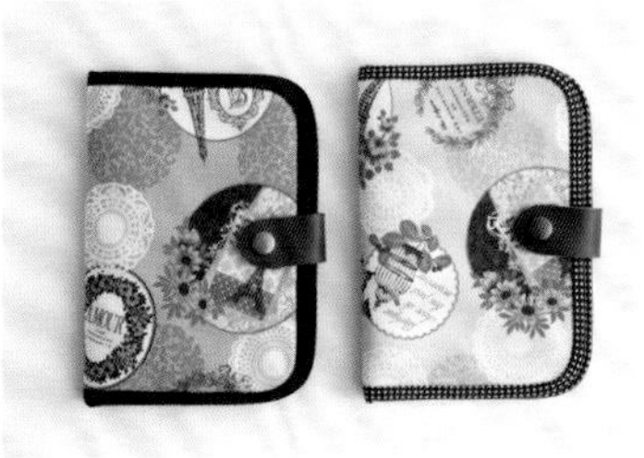

25 接合後縫份打開，將剩餘的包邊條部分車縫完成。

26 將包邊條翻面整理整燙好後，以藏針縫縫合一圈後即完成 。

輕巧短夾

以小尺寸的布料，就可以自由自在地做出各式各樣的配色，是男、女生都適合的中性款式，簡潔單純的好品味。

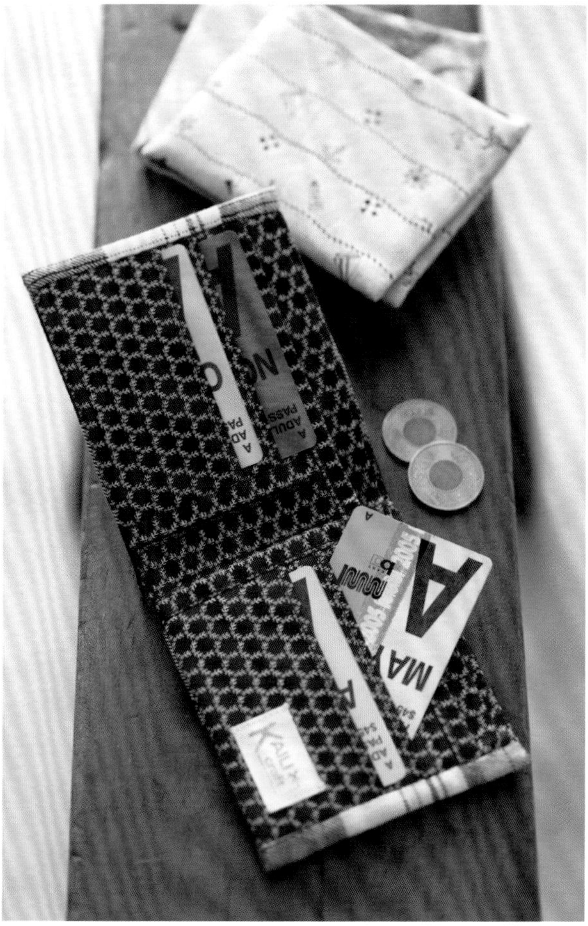

雖然是薄薄的體積，卻有十分耐裝的內在實力。

計算恰好的內縮尺寸，讓短夾的平整度益發完美。

輕巧短夾

材料

部位名稱	尺寸	數量	燙襯	備註
A 表布	28×11.5cm ↑	1	輕挺襯 + 薄襯	輕挺襯尺寸：24×10cm 薄襯尺寸：:27.5×11cm
B1 裡布	24×11cm ↑	1	薄襯	
B2 夾層	23×16cm ↑	1	薄襯	薄襯尺寸：22×7.5cm
B3 夾層	23.5×19 cm ↑	1	薄襯	
B4 卡片夾層	10.5×27 cm ↑	2	薄襯	
B5 卡片夾層	12.5×8.7 cm ↑	2	薄襯	
B6 直紋包邊條	3.5×24 cm ↑	1	X	也可以用斜紋包邊條

※ 數字尺寸已含縫份 0.7cm。

裁片示意圖 單位：cm

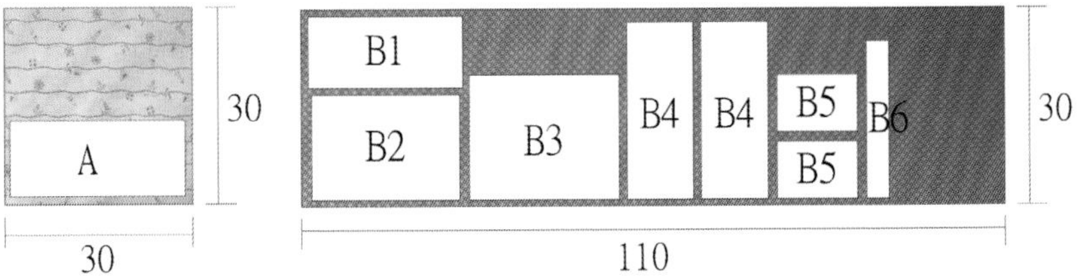

How to make ▸▸▸

------------ 山線
—·—·—·— 谷線

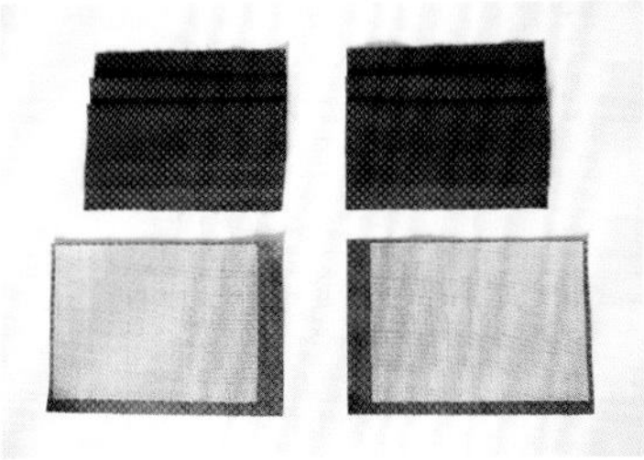

01 二片卡片夾層 B4，依記號折燙好。

02 將卡片夾層 B5 與折燙好的卡片夾層 B4 正面相對，單邊車縫。

03 翻至正面，沿車縫邊壓上裝飾線，兩邊疏縫 0.5cm 固定。

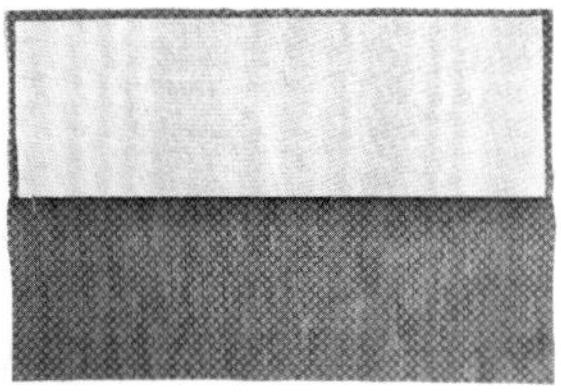

04 夾層 B2 對摺後，單邊熨燙上薄襯。

05 放上組合好的二片卡片夾層，疏縫 0.5cm 讓兩邊固定。

06 利用滾邊器和熨斗燙好直紋滾邊條。

07 組合好的部分翻至背面，與直紋包邊條車縫。

08 利用布用雙面膠帶固定包邊條後，沿邊 0.1cm 車縫固定。車縫後將多餘的包邊條修剪掉。

09 夾層 B3 正面相對車縫後，翻至正面整燙。

10 夾層 B3 錯置於裡布 B1 中間後，疏縫兩邊。

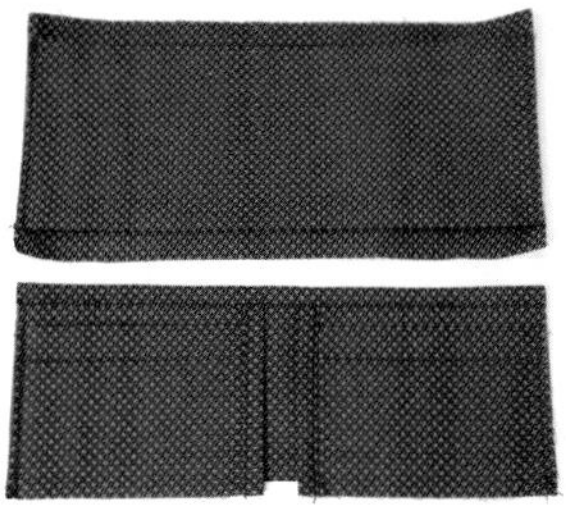

11 將組合好的夾層放上。

12 因為有長度差，先車縫 0.5cm 固定一邊，再固定另一邊。

13 内夾層完成（因為尺寸有內縮，所以閉合時折合邊不會縮成一團）。

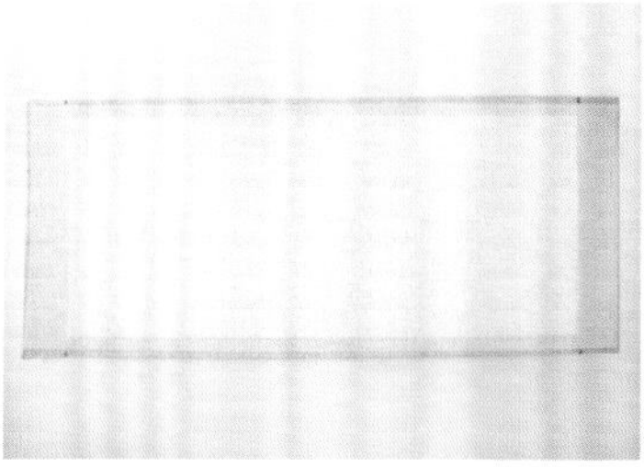

14 表布 A 正反面兩邊皆向內 2cm 做記號，依序貼上輕挺襯和薄襯，並靜置到襯冷卻。

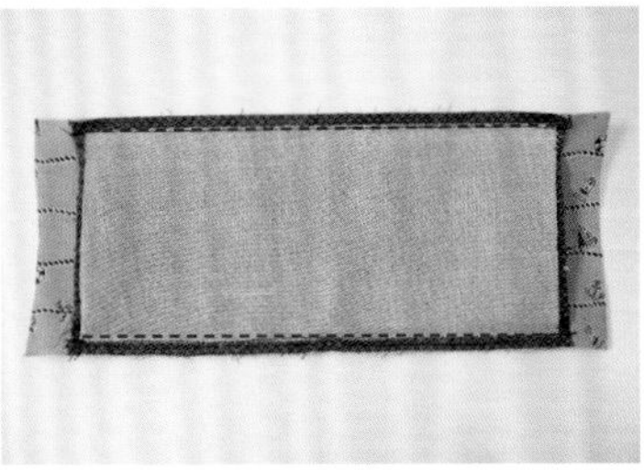
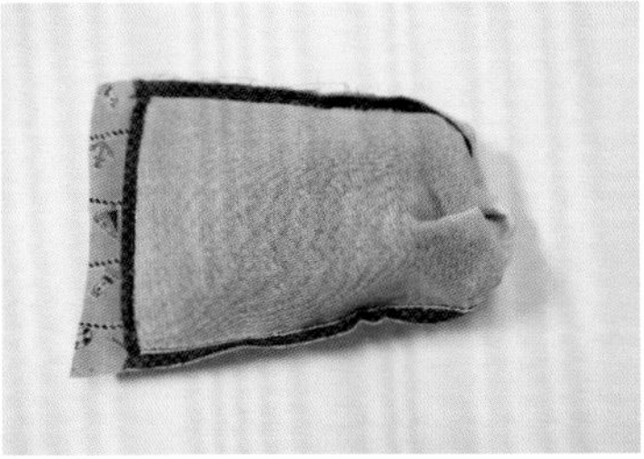
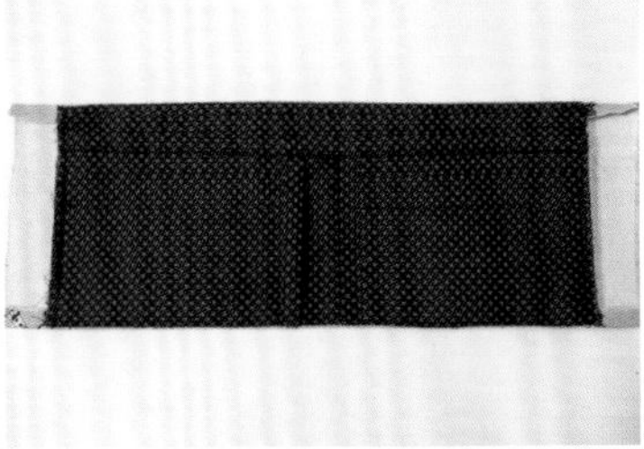

15 與表布正面相對，對齊2cm處先車縫夾層較厚的一邊（車縫時可將裡面的活動夾層先拉開，會較順手）。

16 從一邊洞口翻至正面後整燙。

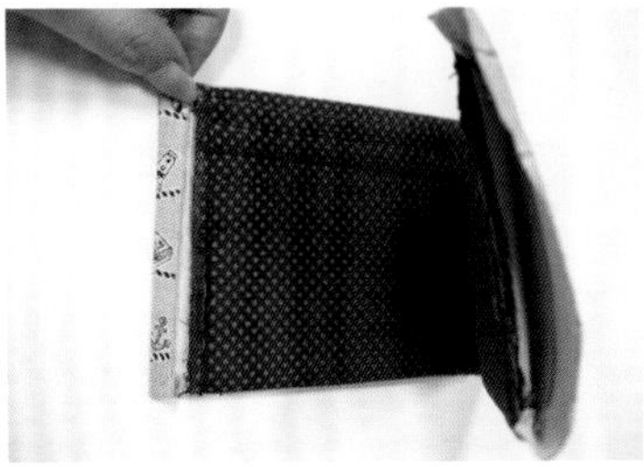

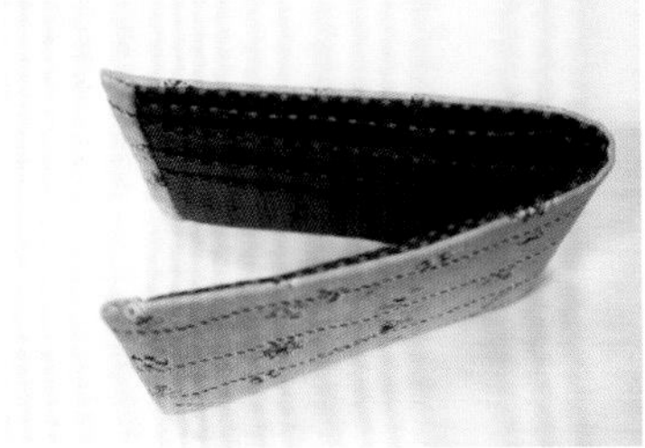

17 兩邊折兩摺後，藏針縫三邊。（將皮夾對折後，再摺入兩邊固定，收邊會比較準確）

18 完成。

I hope the following year will be another wonderful one.

呼嚕貓頭鷹長夾

恰到好處的卡片夾層數量、令人安心的拉鍊袋及方便取用的貼式口袋，就是能把皮夾整理得整潔清爽，好拿好收。

因取圖而不對稱的弧線袋蓋，保有著自己的個性。

呼嚕貓頭鷹長夾

pattern ▸▸▸ A面

材料

部位名稱	尺寸	數量	燙襯	備註
A1 表布	紙型	1	輕挺襯＋薄襯	輕挺襯同紙型大小 薄襯大於紙型
B1 裡布	紙型	1	輕挺襯	同紙型大小
B2 卡層棉布	20.5×45 cm ↑	1	薄襯	薄襯尺寸：19×43cm
B3 拉鍊夾層布	20.5×11.5 cm ↑	1	薄襯	薄襯尺寸：19×10cm
B4 拉鍊裡布	20.5×16 cm ↑	1	X	
B5 夾層棉布	20.5×14.5 cm ↑	1	薄襯	薄襯尺寸：19×13cm
A2 夾層表布	20.5×7.5 cm ↑	1	薄襯	薄襯尺寸：19×6cm
B6 拉鍊絆布	2.5×6 cm ↑	2	X	

※ 數字尺寸已含縫份，紙型需再外加 0.7cm。

其他材料

6”(15cm) 拉鍊 1 條、磁釦 1 組

裁片示意圖 單位：cm

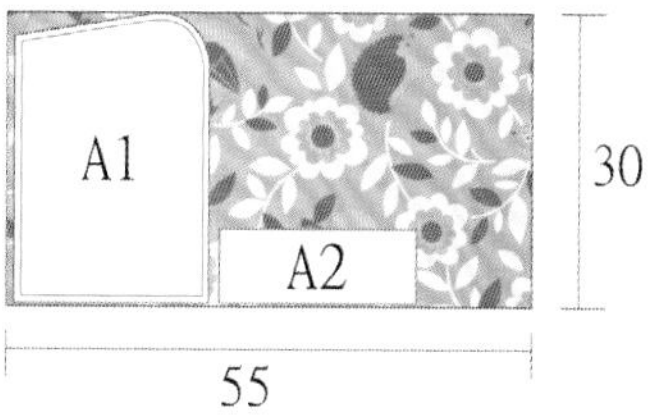

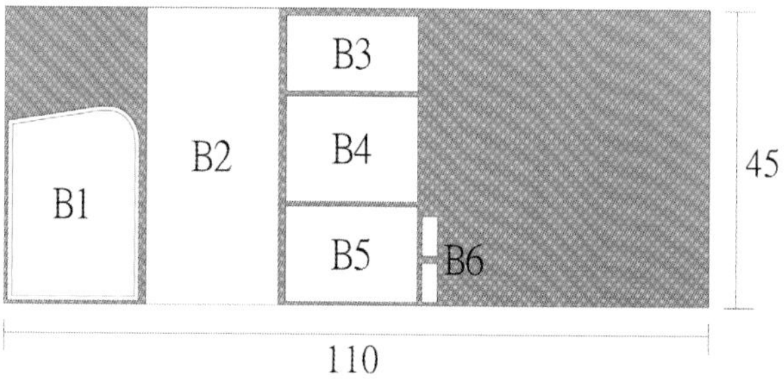

How to make ▸▸▸

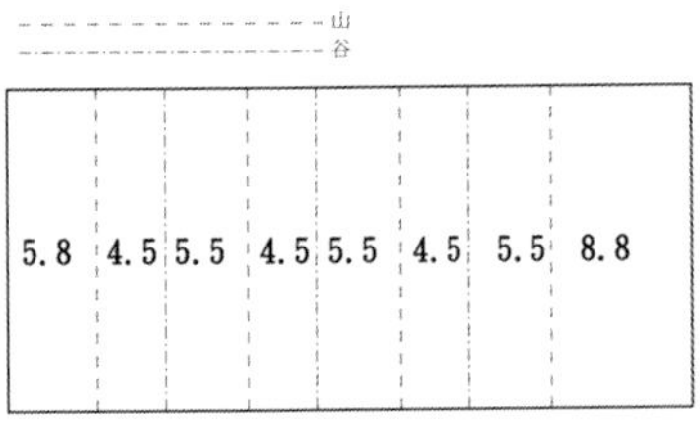

01 將卡層棉布 B2 依記號折燙好。

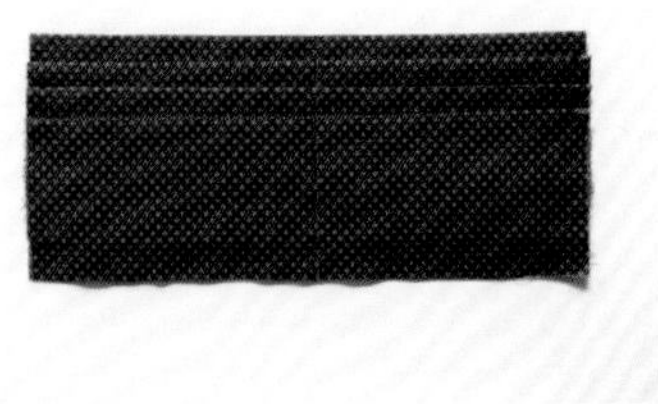

02 中間車縫分隔線。

03 將卡層棉布 B2 疏縫在裡布 B1 上。

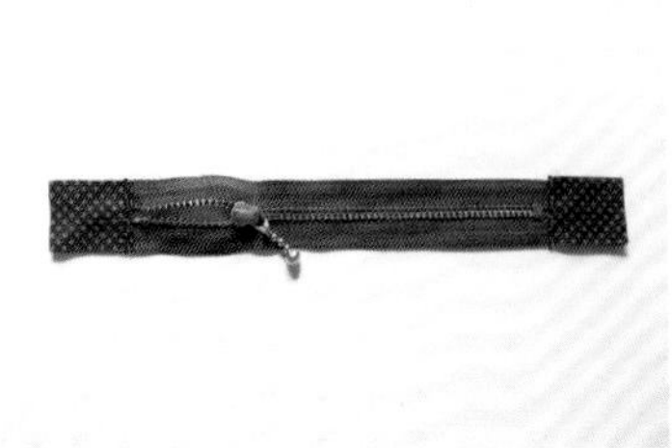

04 拉鍊絆布 B6 對摺後，車縫固定於拉鍊兩邊。

05 先將拉鍊置中於夾層棉布 B5 疏縫後，再與拉鍊裡布 B4 一起夾車拉鍊。

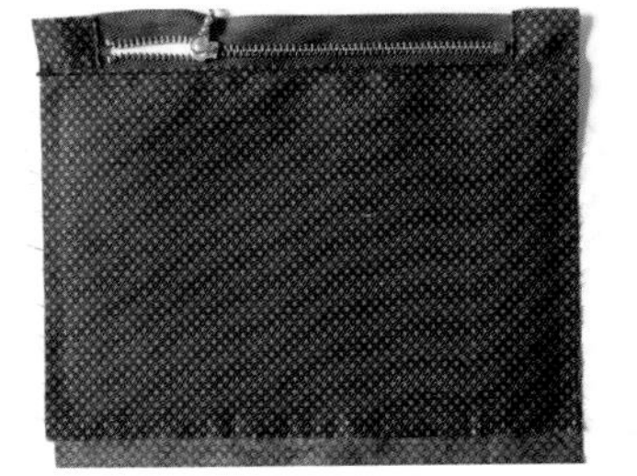

06 翻至正面整燙後，沿邊車壓固定裝飾線後，再將多餘的拉鍊絆布剪掉

07 拉鍊夾層布 B3 與拉鍊裡布 B4 夾車拉鍊另一邊。

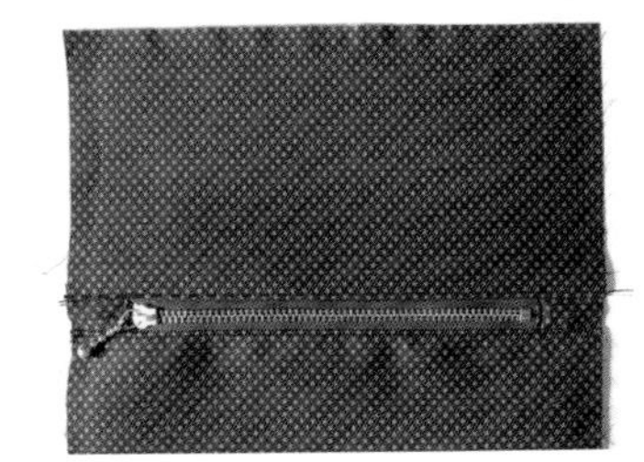

08 沿邊車壓固定裝飾線（只車縫在拉鍊夾層布 B3 上）。

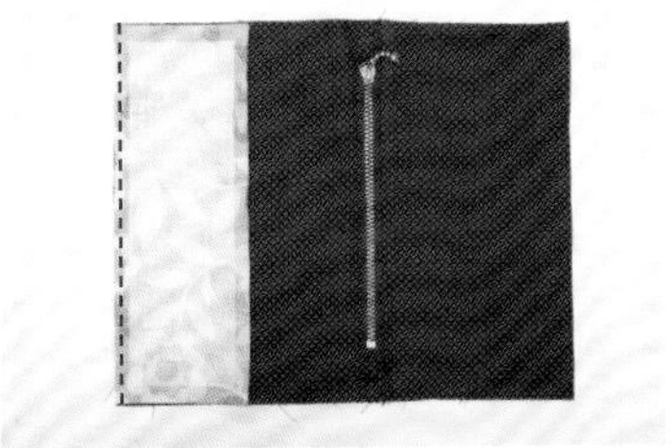

09 夾層表布 A2 上方與夾層棉布 B5 的下方，正面相對車縫。

10 翻至正面整燙，沿邊車壓固定裝飾線。

11 夾層表布 A2 的下方與拉鍊夾層布 B3 下方，正面相對車縫。

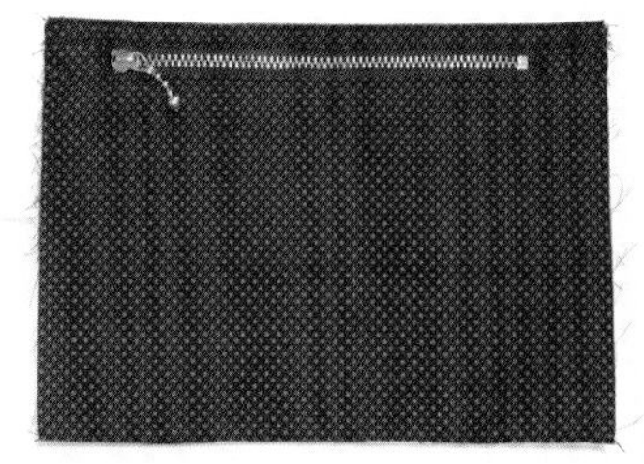

12 翻至正面，拉鍊上方 0.7cm 處（約包住裡面的縫份位置）往下摺後，整燙並車縫。

13 將夾層表布 A2 往上摺到正面，調整好位置後整燙。

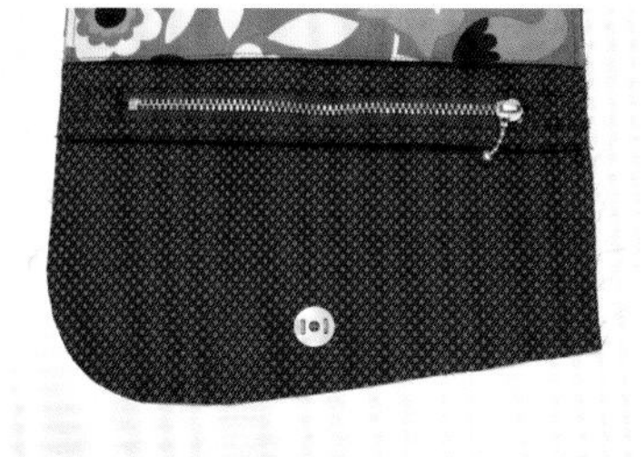

14 將拉鍊夾層下方（沿邊車縫）固定在裡布 B1 由下往上 10cm 處，並疏縫兩側。

15 依紙型所標示的磁釦位置插入磁釦。

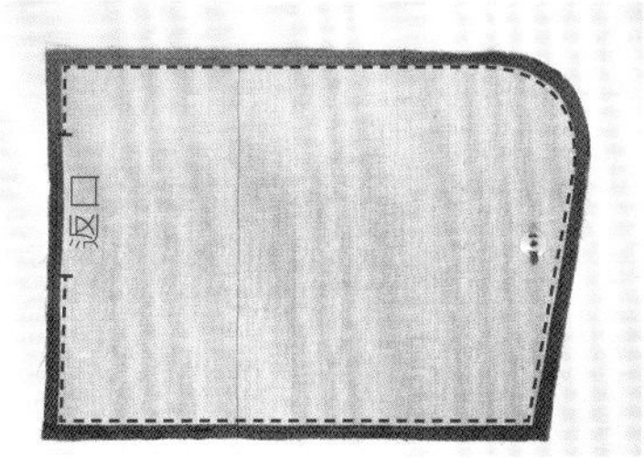

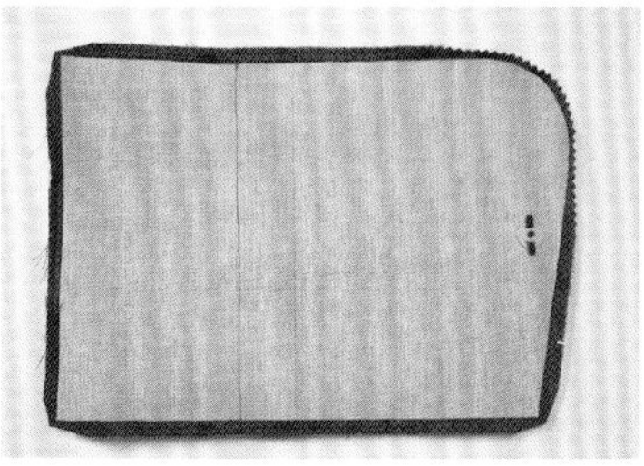

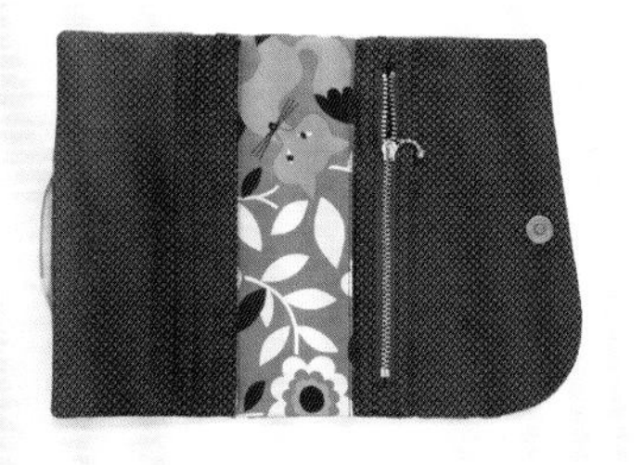

16 表布 A1 和裡布 B1 正面相對車縫，留返口。

17 修剪直角處，圓弧邊剪牙口。

18 從返口翻至正面，整燙整齊後，手縫縫合返口。

19 在拉鍊夾層布與表布的接縫處，開始沿邊壓固定裝飾線至另一邊。

20 完成。

愛閱讀布書衣

把想法低調地藏在書衣裡，安靜地不受打擾，避開無謂的目光，遊走在字裡行間的浩瀚世界中，讓思想真正自由。

Graceful
Bookcover:

可配合書本厚度做調節的設計，貼心實用。

愛閱讀布書衣

材料

部位名稱	尺寸	數量	燙襯	備註
A 圖案布	46×17.5cm ↑	1	厚襯	厚襯尺寸：22×44cm
B 表配布	46×7.5cm ↑	1	厚襯	
C1 裡布	40×23cm ↑	1	薄襯	薄襯尺寸：39×22cm
C2 側裡布	7.5×23cm ↑	1	薄襯	薄襯尺寸：7×22cm

※ 數字尺寸已含縫份。
※ 此布書衣適合約 15×21cm 的書。

其他材料

47cm 蕾絲 1 條、 24cm 人字帶 1 條、 布標 1 片

裁片示意圖 單位：cm

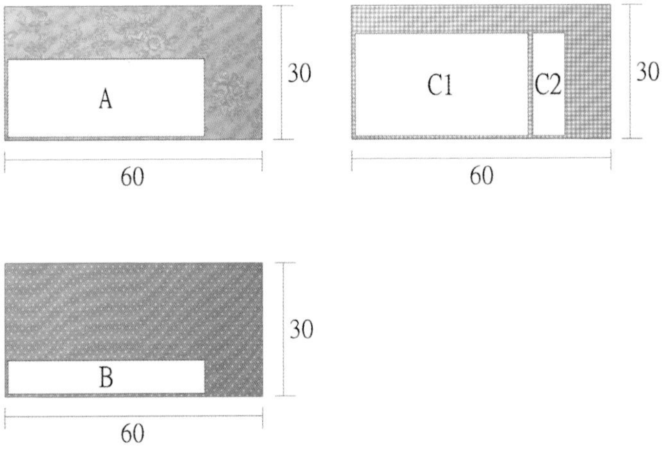

How to make

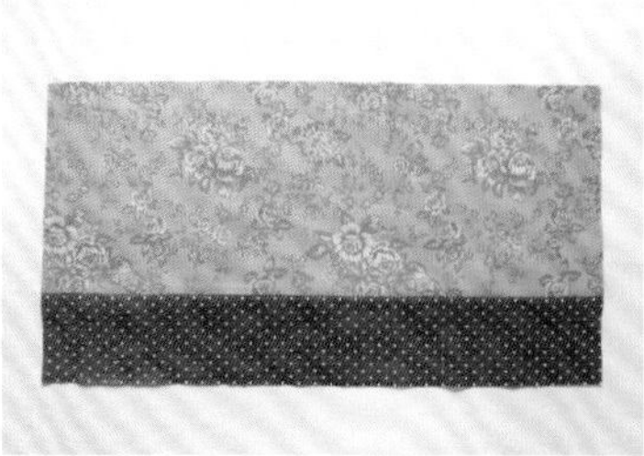

01 圖案布 A 和表配布 B 正面相對車縫後，背面燙上厚襯。

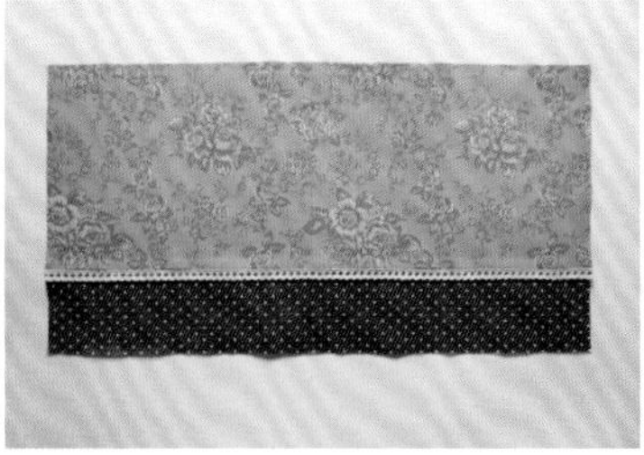

02 沿接縫處車上蕾絲。

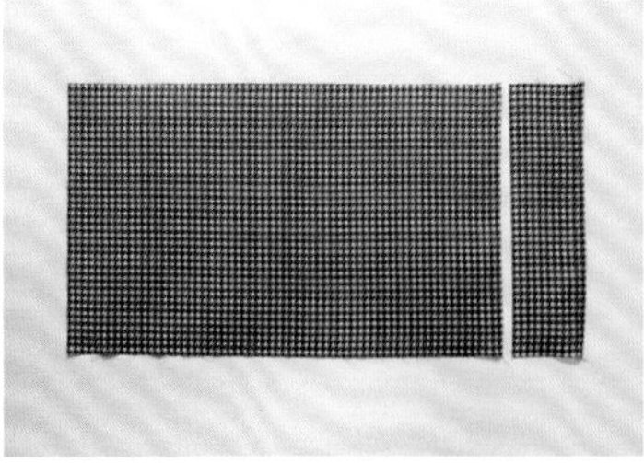

03 裡布 C1 和側裡布 C2 單邊摺入 1cm 車縫固定。

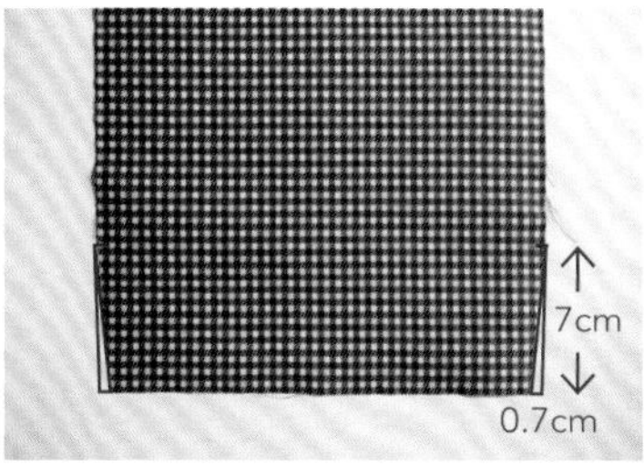

04 裡布 C1 另一邊各在 0.7cm 和 7cm 的位置上做記號後，畫線並裁掉（三角形）。

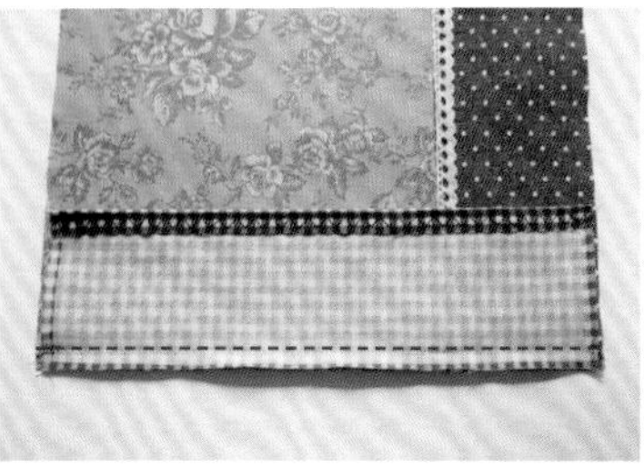

05 側裡布 C2 與表布車縫（側裡布比表布小 0.5cm，表布上下留約 0.2 不要車縫）。

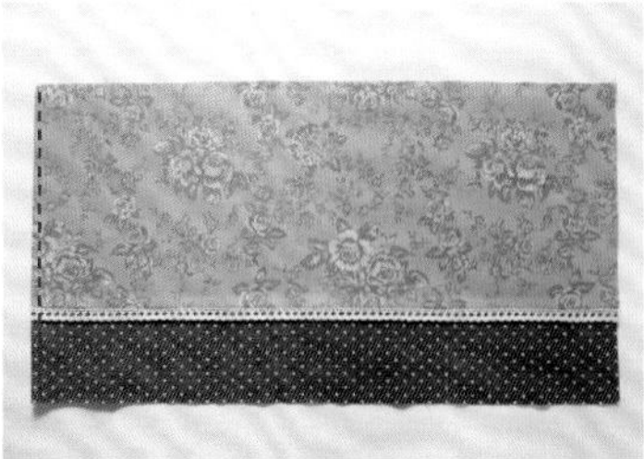

06 側裡布 C2 往內摺燙後，從正面沿邊車壓裝飾固定線。

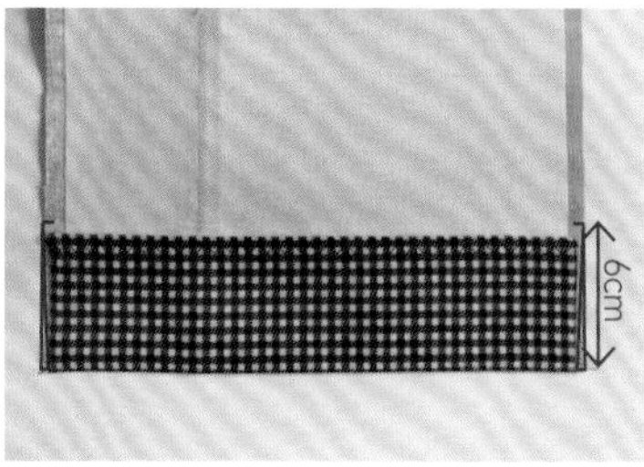

07 向內 6cm 的位置上做記號，將多餘的表布部分（三角形）裁掉。

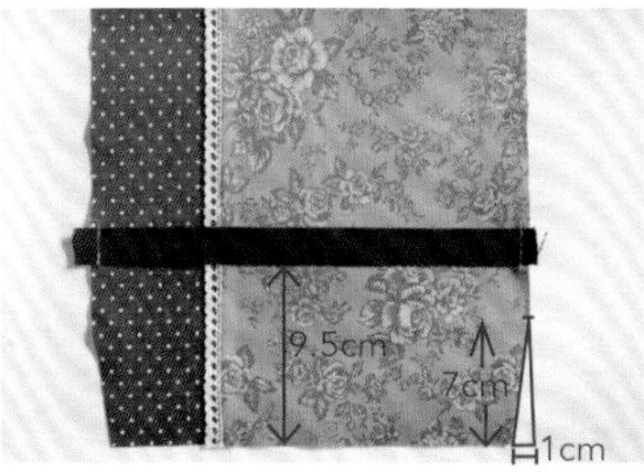

08 兩角落各在 1cm 和 7cm 的位置上做記號後，畫線並裁掉（三角形）；在向內 9.5cm 的位置做記號，疏縫上人字帶。

09 從 6cm 的記號往外摺（表布正面相對），邊線對齊後先疏縫 2 邊。

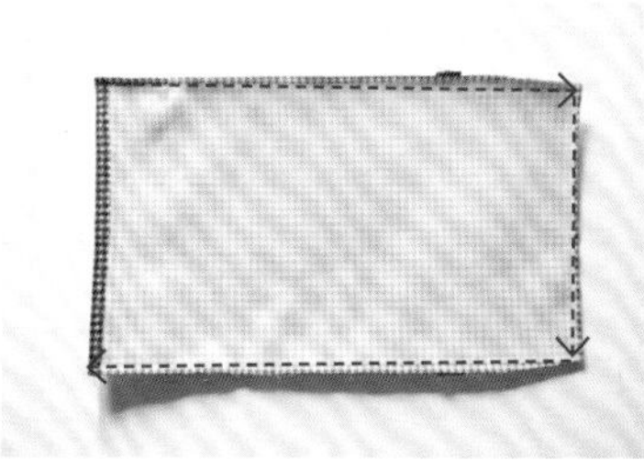

10 表布與裡布 C1 正面相對車縫三邊。

11 剪去四邊的角，翻面後會較漂亮。

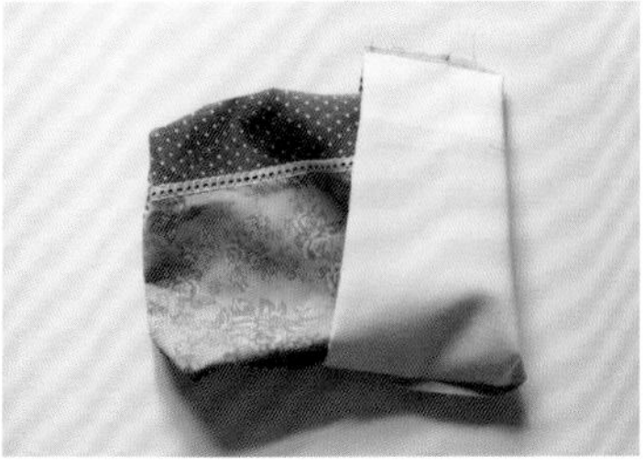

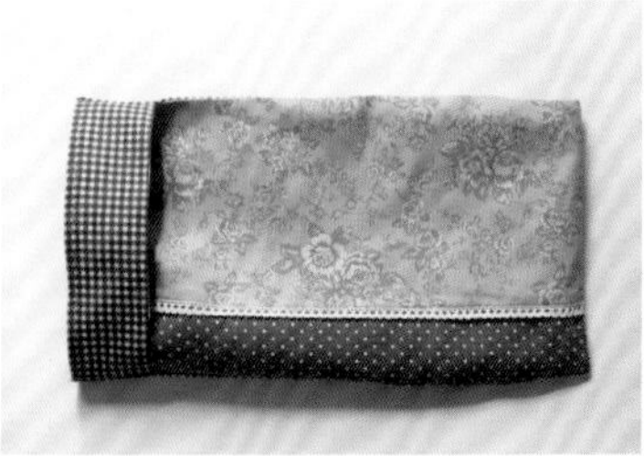

12 從開口翻到正面。

13 側邊再翻面一次，整燙後即完成。

14 可以燙上布標，更具特色。

在步驟 5 和 7，凱莉有將裡布減少 0.5cm，並在車縫後的上下邊多裁掉 0.2cm 的三角形，是為了讓翻面後夾書頁處向內縮，使其更平整和美觀。

✦NG 無裁剪－突出✦

✦OK 有裁剪－向內縮入✦

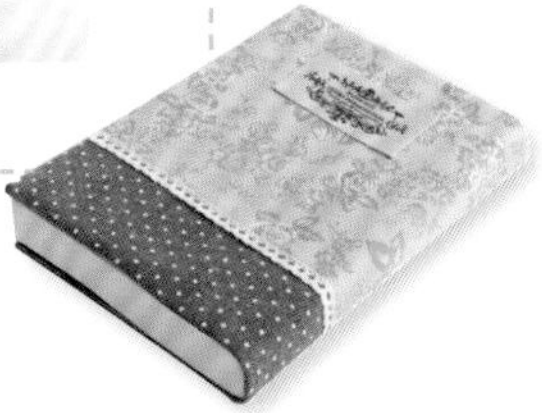

好收納卡片套

與布書衣採用一致設計的卡片套，只要運用市售的現成卡芯，就爲自己蒐集的卡片或名片，訂做一個專屬的家。

插釦式的開口，即便卡芯變得更厚也應付得了。

計算合宜，與卡芯尺寸完美搭配。

好收納卡片夾

材料

部位名稱	尺寸	數量	燙襯	備註
A 圖案布	20.5×12.5cm ↑	1	厚襯	厚襯尺寸：29×10.5cm
B 表配布	10.5×12.5cm ↑	1	厚襯	
C1 裡布	18×12cm ↑	1	薄襯	薄襯尺寸：17×10.5cm
C2 側裡布	7.5×12cm ↑	2	薄襯	薄襯尺寸：7×10.5cm

※ 數字尺寸已含縫份。

其他材料

水兵帶 13cm、插式皮釦 1 組、卡芯 1 本

裁片示意圖 單位：cm

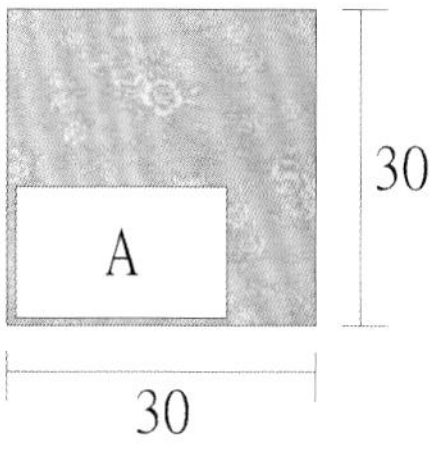

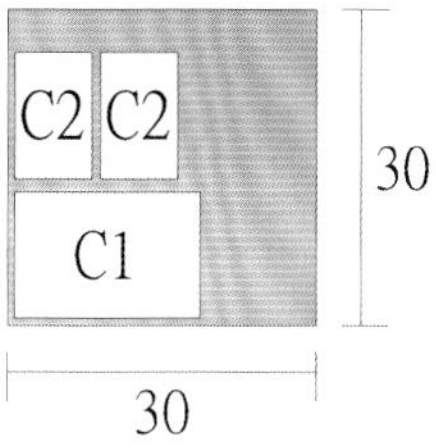

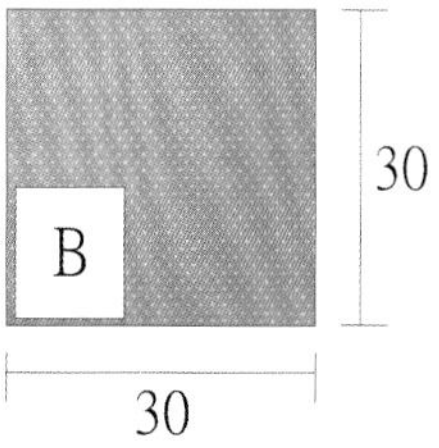

How to make ▸▸▸

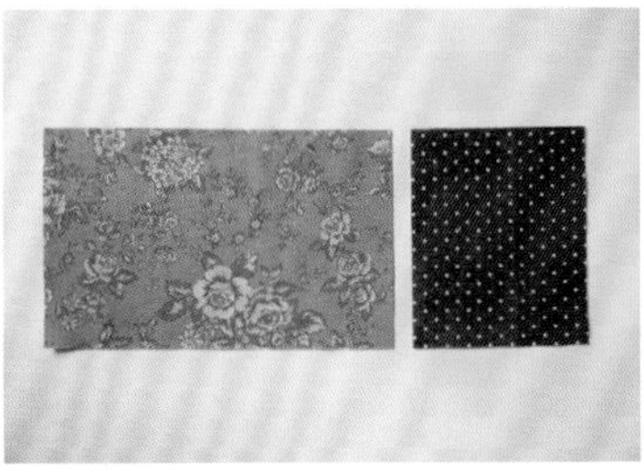

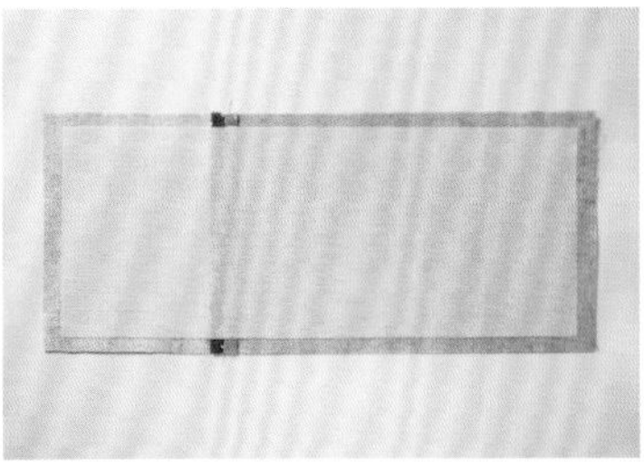

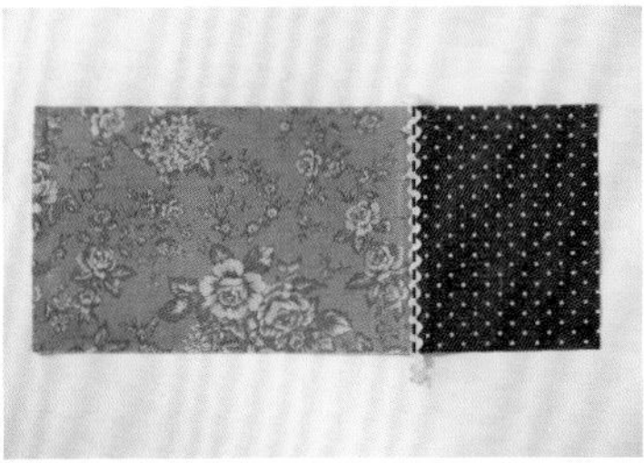

01 圖案布 A 和表配布 B 正面相對車縫後，背面燙上厚襯。

02 將 13cm 的水兵帶車在車縫線上。

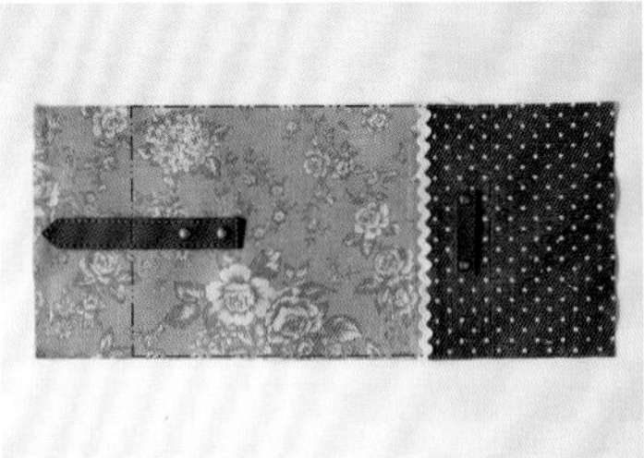

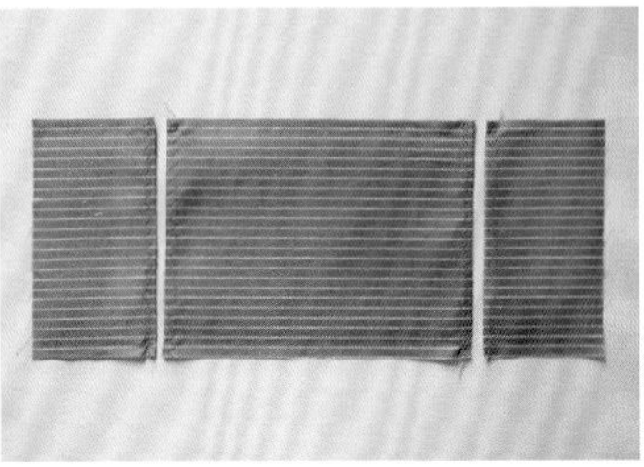

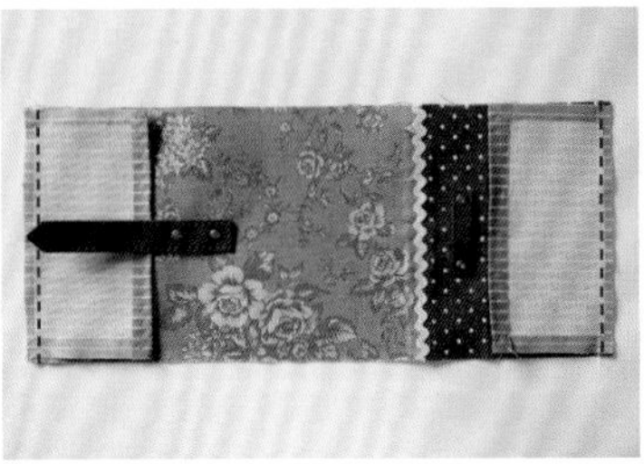

03 在適當的位置釘上皮釦（兩邊扣掉 6.7cm 即為表布位置）。

04 裡布 C1 兩邊向內燙摺 1cm，2 片側裡布 C2 單邊向內摺燙 1cm 後，在上面車縫花樣車線或直線。

05 側裡布 C2 置中，與組合好的表布車縫（側裡布比表布小 0.5cm，表布上下留約 0.2cm 不要車縫）。

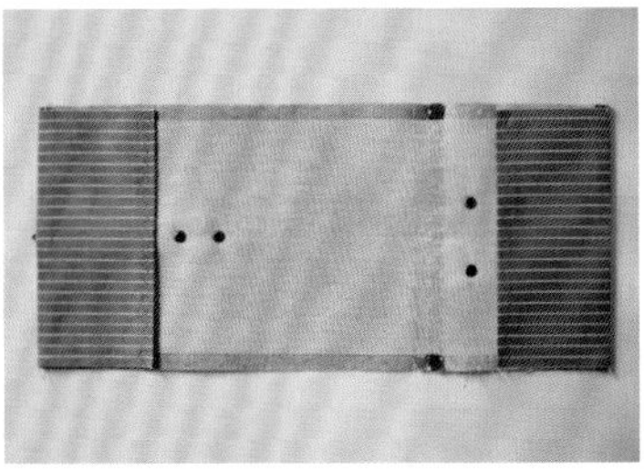

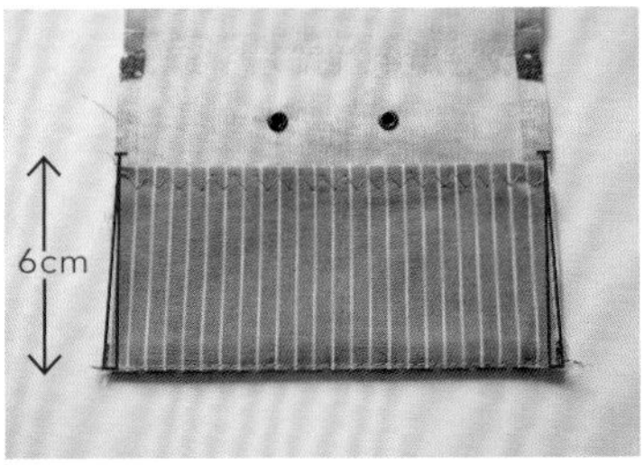

06 側裡布 C2 翻到背面整燙後，從正面沿邊車壓固定裝飾線。

07 兩邊向內 6cm 的位置上做記號，將多餘的表布部分（三角形）裁掉。

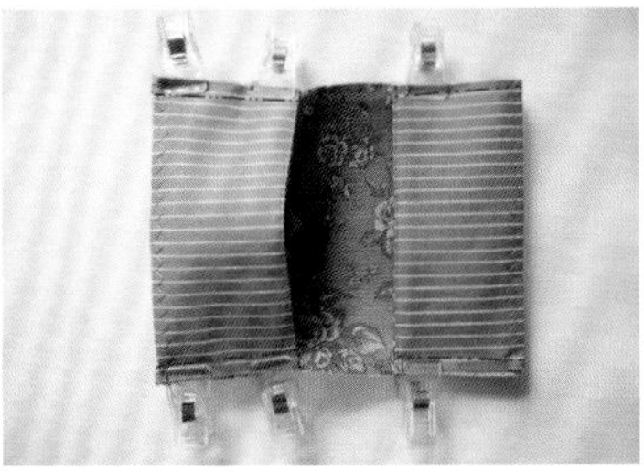

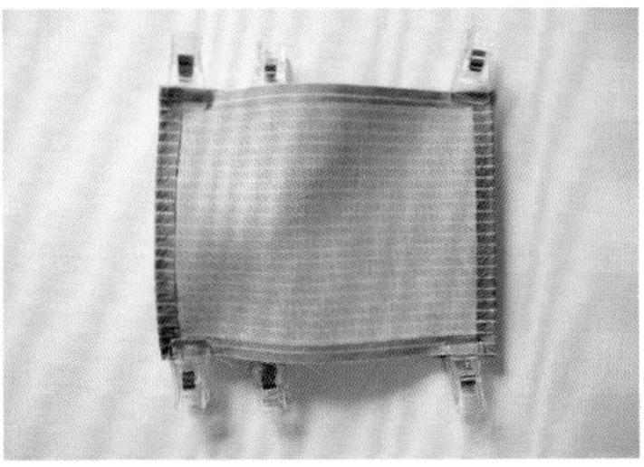

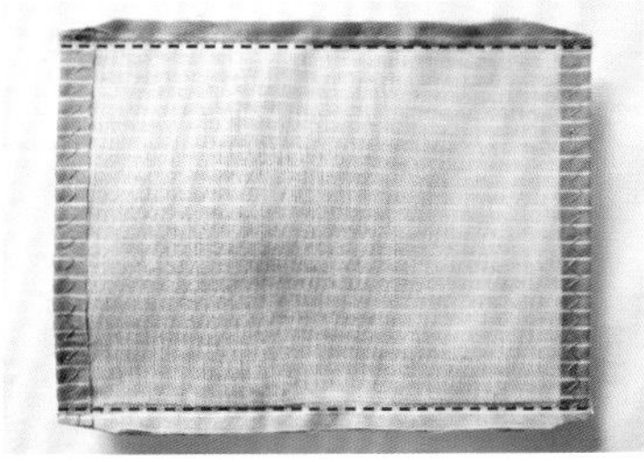

08 兩側從 6cm 的記號往外摺（表布正面相對），邊線對齊後先疏縫 4 邊 。

09 表布依步驟 8 的位置與裡布 C1 正面相對，車縫上下兩邊。剪去 4 個角，翻面會較漂亮。

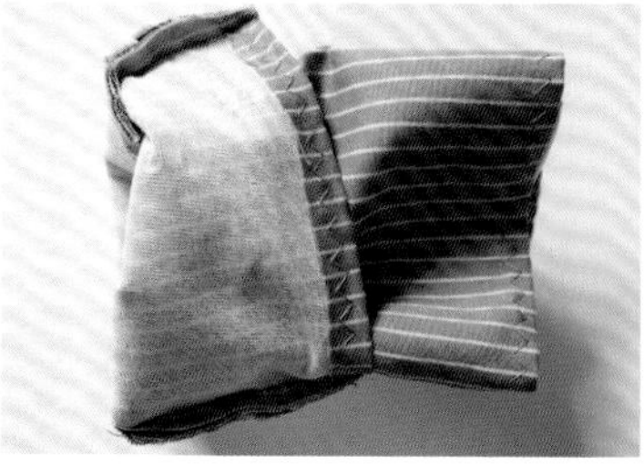

10 從相通的地方翻面。

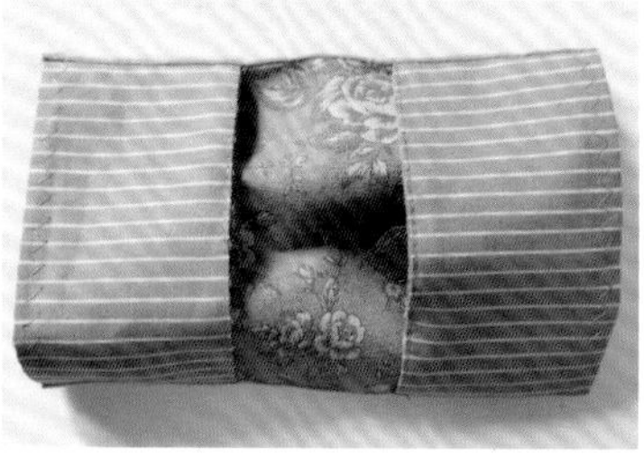

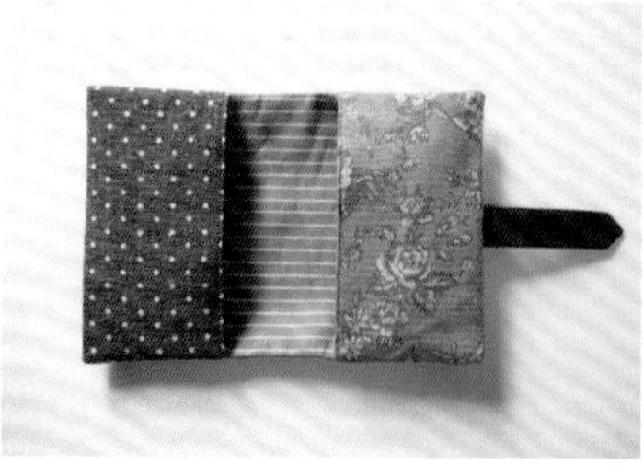

11 兩側再向內翻面。

12 整燙後，套入卡芯即完成。

I hope the following year will be another wonderful one.

Instant Camera bag:

拍拍走相機包

適合女生的小巧袋型，不管是鉤上背帶單獨使用，或是拆掉背帶當作袋中小包來用，都愛不釋手；加上即開即蓋的強力磁釦設計，秒拿相機絕不錯過想拍的畫面。

可長可短的調整式背帶，自在地照著身形，背出自己的風格。

一個一個，就是想把心愛的相機，裝在配色相襯的袋裡。

拍拍走相機包

pattern ▼▼▼ A面

材料

部位名稱	尺寸	數量	燙襯	備註
A1 表袋蓋（皮革布）	紙型	1	X	
C1 裡袋蓋	紙型	1	厚襯	厚襯同紙型大小
B1 表袋身	紙型	2	厚襯	厚襯大於紙型
C2 裡袋身	紙型	2	薄襯	薄襯大於紙型
B2 內口袋	15×20cm ↑	1	X	
A2 皮革飾條	1×120cm	1	X	可用 1cm 的織帶替代

※ 數字尺寸已含縫份，紙型需再外加 0.7cm。

其他材料

拉鍊皮片 1 個、2cm×2mm 強力磁鐵 2 個、17mm 雞眼釦 2 組、2cm 鉤釦 2 個、2cm 日型環 1 個、2cm 棉織帶 125cm

裁片示意圖

單位：cm

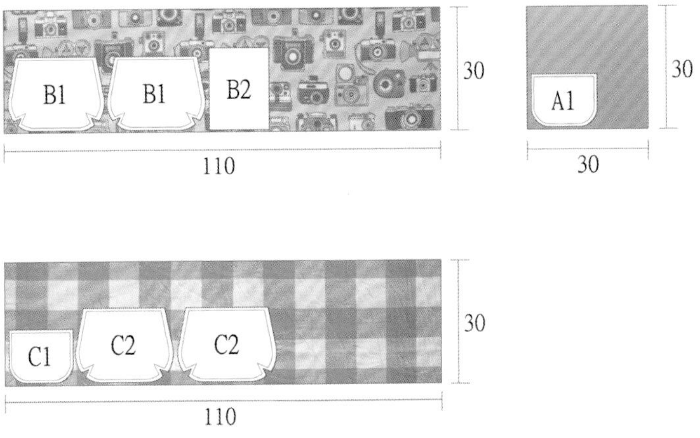

How to make ▸▸▸

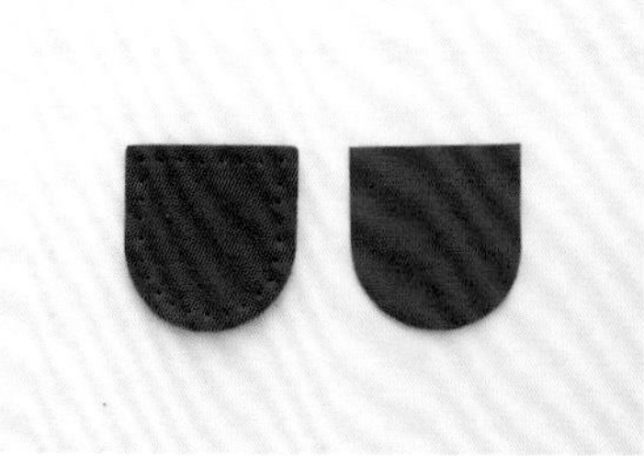
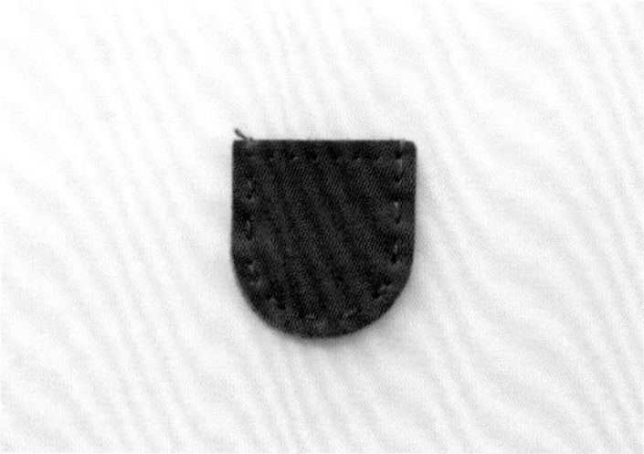

01 取拉鍊皮片的其中一片，另外再剪出一片同拉鍊皮片大小的皮革布，反面相對，用手縫線手縫半圈。(若都使用拉鍊皮片會太厚)

02 將一片強力磁鐵放入兩皮片中間。

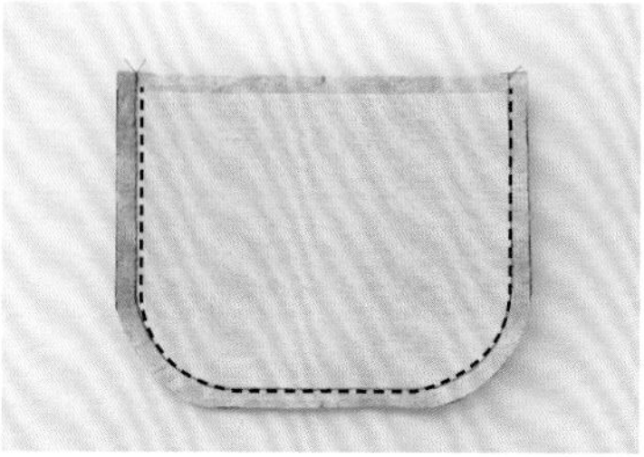
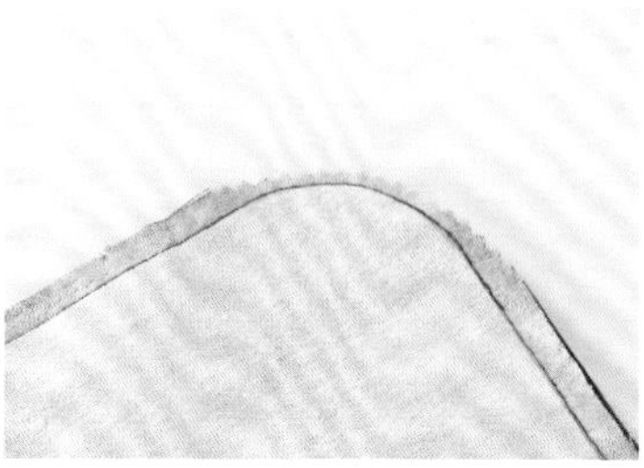

03 疏縫皮片在裡袋蓋 C1 中心位置。

04 表袋蓋 A1 與裡袋蓋 C1 正面相對車縫。(車縫至皮片位置時放慢速度，且要注意不要車到強力磁鐵。)

05 圓弧處剪牙口。

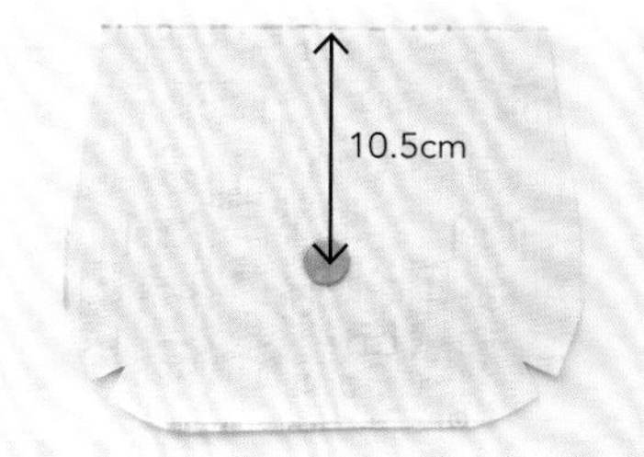

06 袋蓋翻至正面，使用皮革壓布腳沿邊車縫固定裝飾線。

07 用雙面膠，將強力磁鐵貼在紙型標註的位置上。(記得確認磁鐵二面是異極才能相吸)

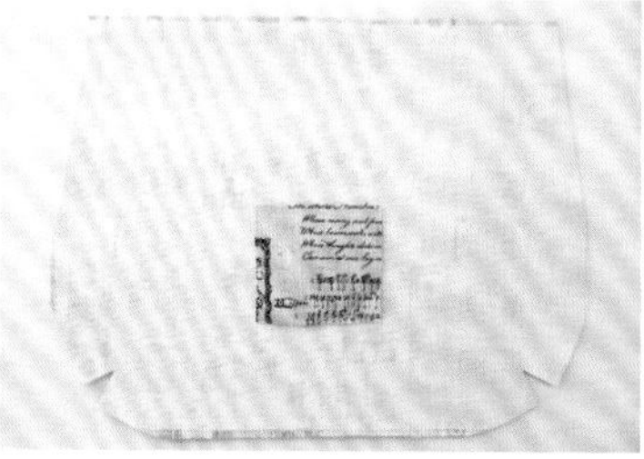

08 另一面磁鐵也貼上雙面膠，拿一塊小布片黏上。

09 用單邊壓布腳，從正面繞圓形磁鐵車縫 2 圈固定。

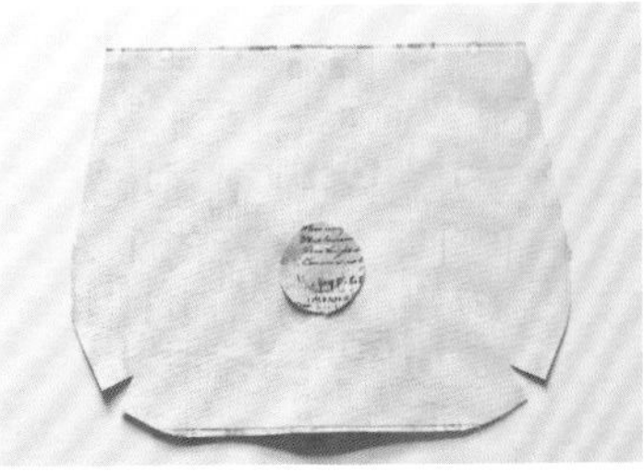

10 修剪一下背面的小布片。

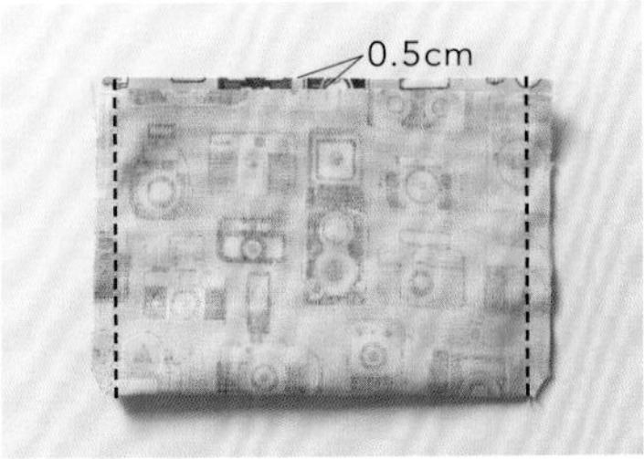

11 內口袋 B2 留 0.5cm 正面相對車縫，兩邊剪角後翻至正面整燙。

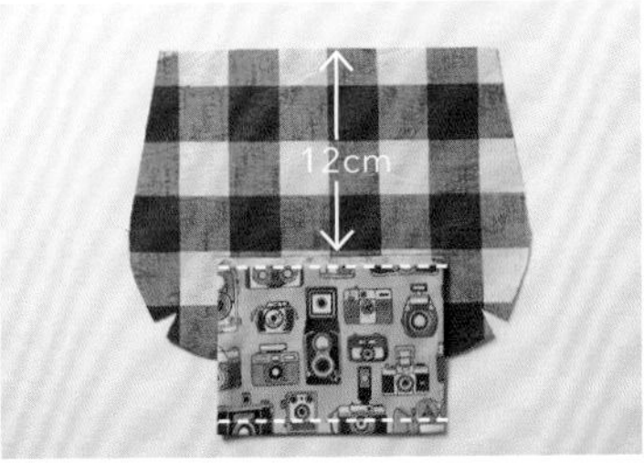

12 內口袋上方車縫固定裝飾線：在裡袋身 C2 向下 12cm 處畫線，內口袋 B2 對齊線後車縫。

13 向上翻後，車縫三邊固定內口袋。

14 車縫好表裡袋身的打角。

15 將組合好的袋蓋，置中疏縫在表袋身上（沒有車縫強力磁鐵的那片）。

16 組合表袋身和裡袋身。

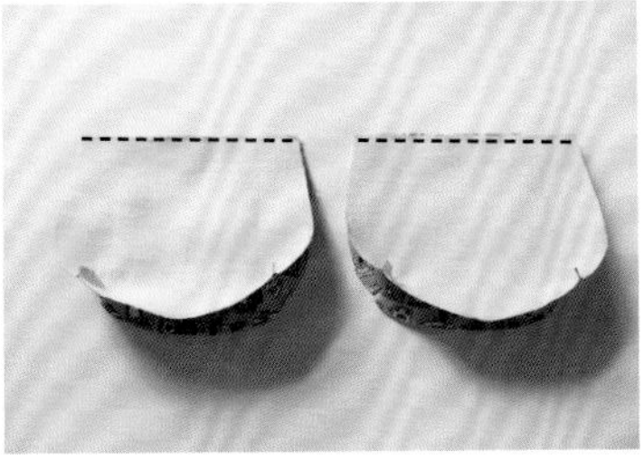

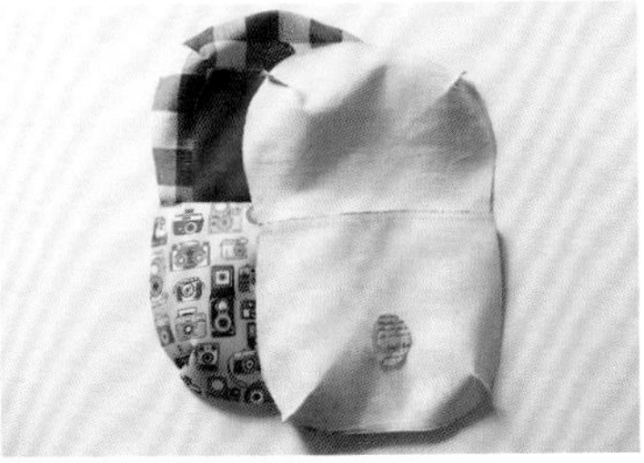

17 表裡布打開熨燙，縫份一片倒向表布，另一片倒向裡布（車縫時接合處會更好密合）。

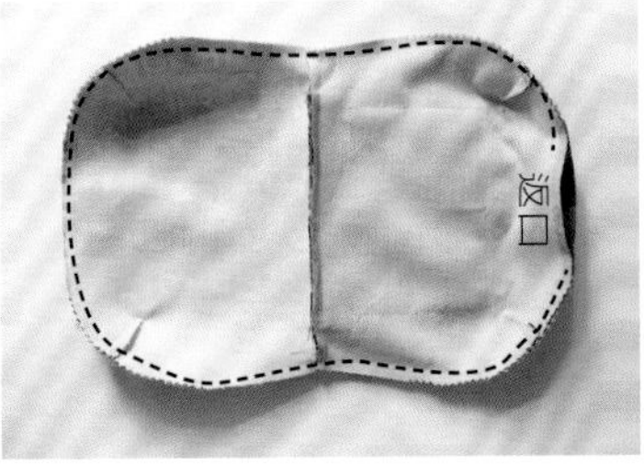

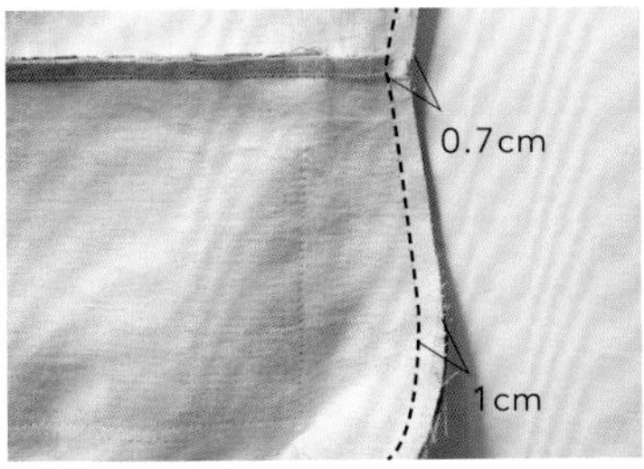

18 前後片正面相對車縫一圈，裡袋底留返口，圓弧處剪牙口。
※ 裡袋的縫份建議逐漸增加到 1cm，袋裡會更合身喔！

19 從返口翻至正面，沿袋口車縫固定裝飾線一圈。

20 袋身背面在兩邊的角落釘上雞眼釦。

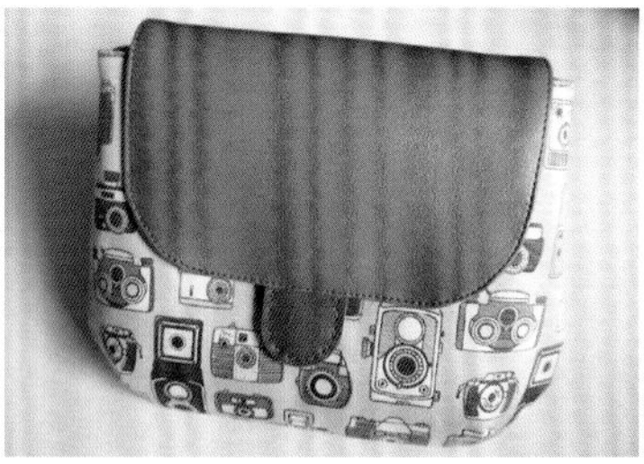

21 將返口縫合，完成袋身。

✦背帶製作✦

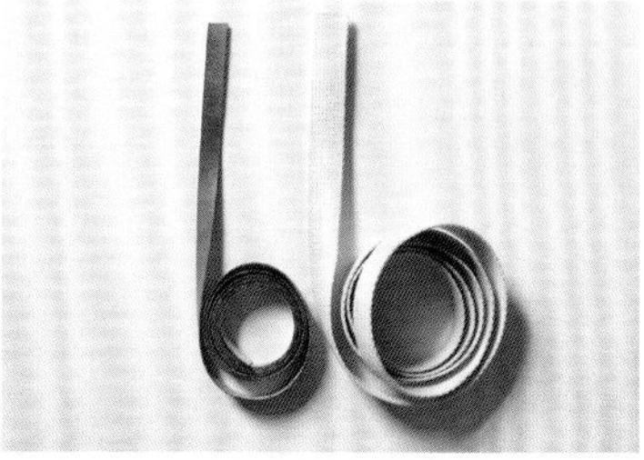

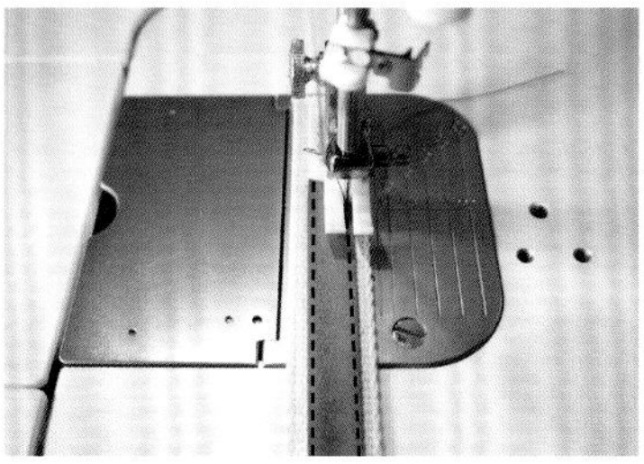

22 織帶飾條 A2 置中放在 2cm 棉織帶上，在棉織帶 3cm 處開始車縫，使用皮革壓布腳車縫固定兩邊。

23 套入日型環和鉤釦，製作成背帶。

24 背帶勾在兩邊雞眼釦上即完成。

拼貼兔萬用小包

很符合旅行用品尺寸的小型包，梯形的側身厚度只要拉上拉鍊，就可讓化妝品或保養品的瓶罐立正站好，平整地解決不必要的零亂。

前口袋可放最常用的小物，拿取方便。

在細節加入四合釦，可隨使用習慣收整拉鍊。

拼貼兔萬用小包

pattern ▸▸▸ A面

材料

部位名稱	尺寸	數量	燙襯	備註
A1 袋身表布 B1 袋身裡布	20×13.5cm ↑	各 2	表 - 厚襯 裡 - 薄襯	厚薄襯尺寸： 18.5×12cm
A2 側身表布 B2 側身裡布	紙型 (已含縫份)	各 1	表 - 厚襯 裡 - 薄襯	厚薄襯小於紙型大小
A3 前口袋表布 B3 前口袋裡布	20×9.5cm ↑	各 1	厚襯	厚襯尺寸： 18.5×8cm
A4 袋蓋表布 B4 袋蓋裡布	紙型	各 1	表 - 厚襯 裡 - 薄襯	厚薄襯同紙型大小
B5 裡口袋布	20×18cm ↑	1	薄襯	薄襯尺寸： 18.5×8cm

※ 數字尺寸已含縫份，紙型需再外加 0.7cm。

其他材料

10”(25.4cm) 拉鍊 1 條、四合釦 3 組、蕾絲織帶 20cm、2cm 人字帶約 170cm、拉鍊皮片 1 組

裁片示意圖 單位：cm

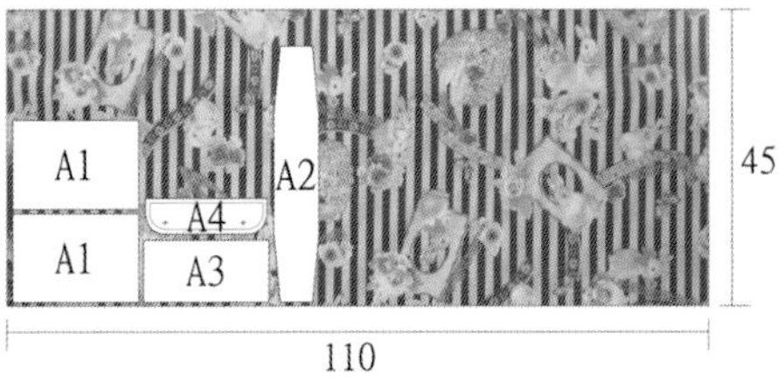

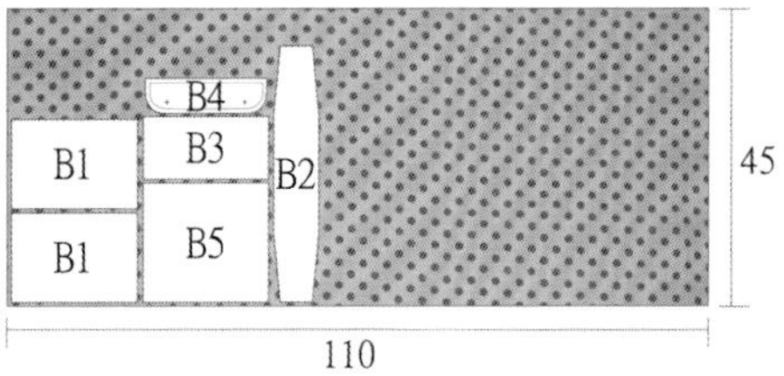

How to make ▸▸▸

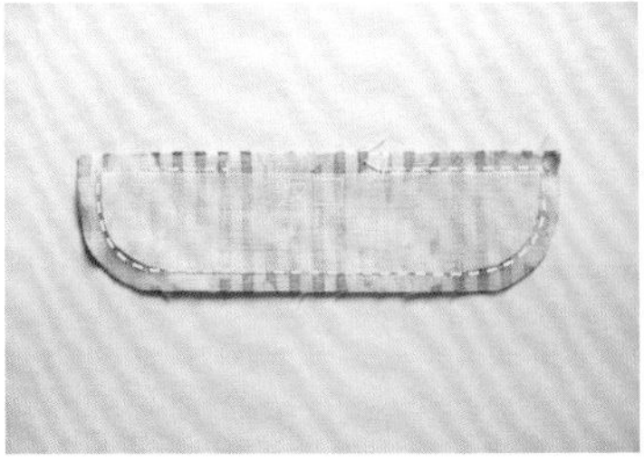

01 袋蓋表裡布正面相對車縫，留返口。

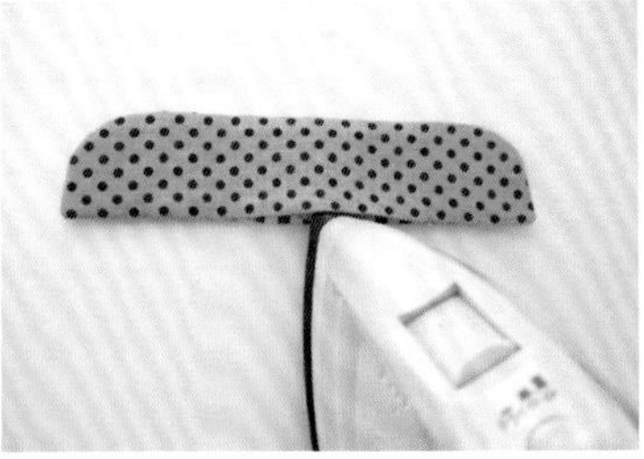

02 翻至正面，返口縫份摺入並整燙袋蓋。

03 沿邊車縫固定裝飾線(上方先不車縫)，並依紙型記號釘入 2 個四合釦母釦 。

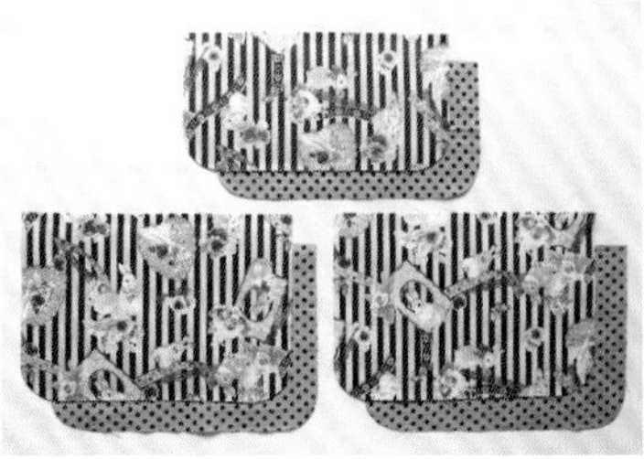

04 將袋身表裡布和前口袋表裡布的下方，畫上通用紙型弧度 1 並剪掉。

05 前口袋表裡布正面相對車縫，翻至正面整燙，沿邊車縫固定裝飾線後， 向下 1.2cm 處畫線做記號。

06 將袋蓋置中，在四合釦的相對位置上，於前口袋畫線處做公釦位置的記號後，打洞並釘上公釦。

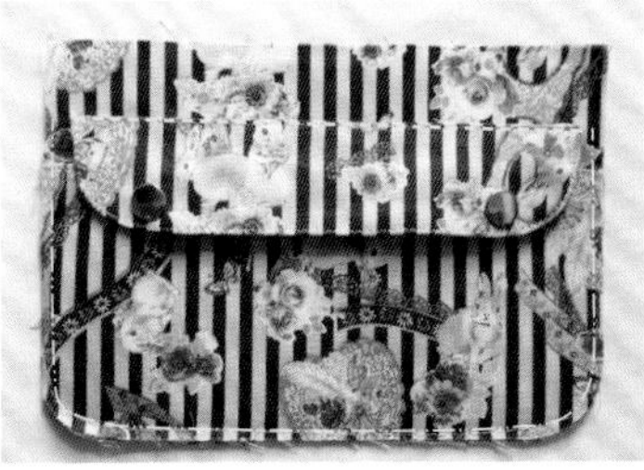

07 先將前口袋疏縫至袋身上。再將袋蓋扣上四合釦，沿袋蓋邊置中車縫在袋身上。（順便也把返口縫合）

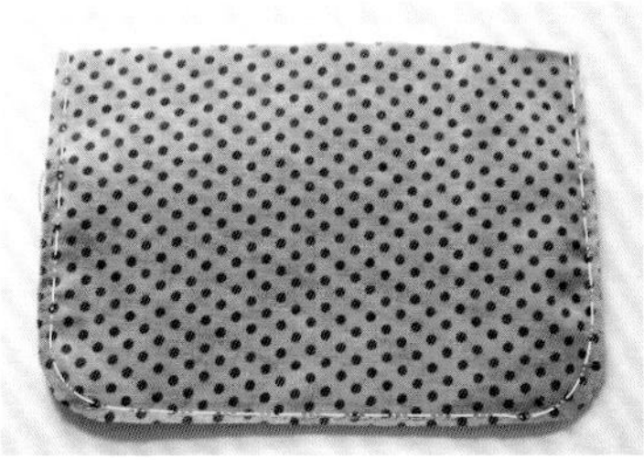

08 袋身裡布與表布疏縫三邊固定。

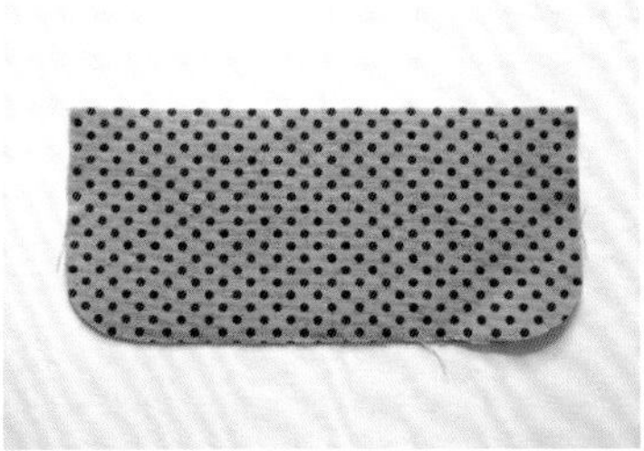

09 裡口袋布短邊對摺燙半邊襯後，下方畫上通用紙型弧度 1 並剪掉。

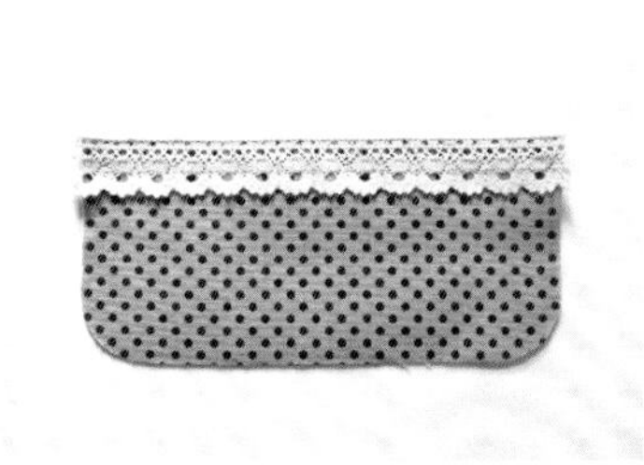

10 車縫上裝飾的蕾絲織帶。

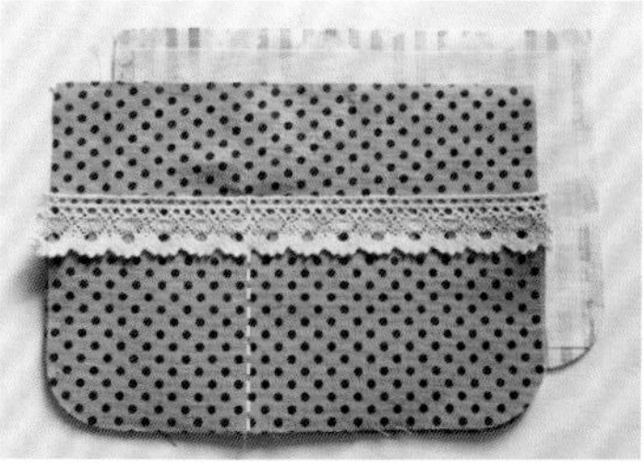

11 將裡口袋布放在袋身裡布上，車縫分隔線後，將袋身表裡布疏縫在一起。

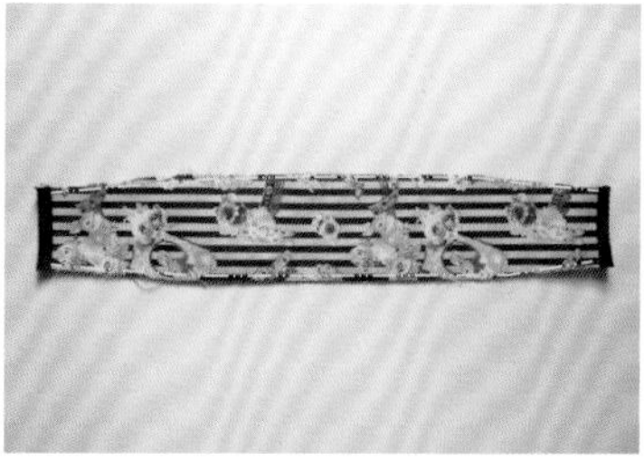

12 側身表裡布兩長邊先疏縫，再剪 2 段 6cm 的人字帶包邊。

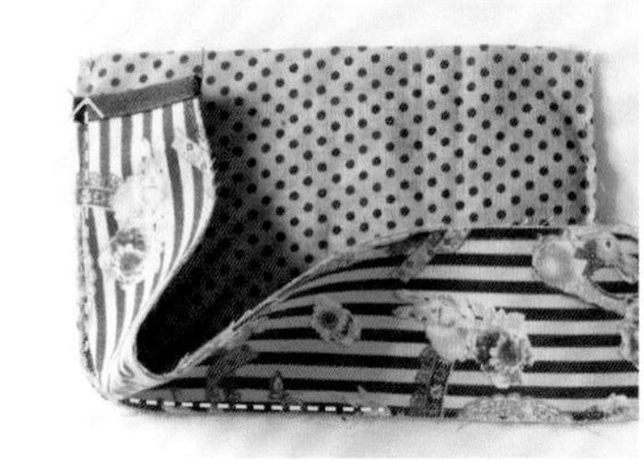

13 對摺找出袋身與側身的中心位置，下方對齊 2 邊的中心位置後開始車縫。

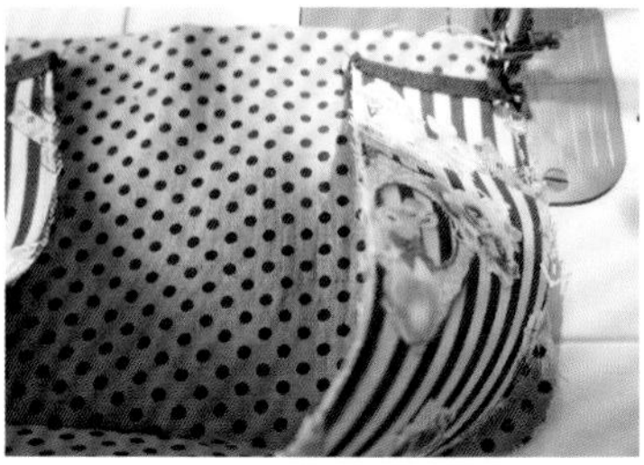

14 袋身對摺後在另一邊標出側身的止點；另一邊從標示的位置開始車縫到底。

15 完成兩邊袋身的車縫。

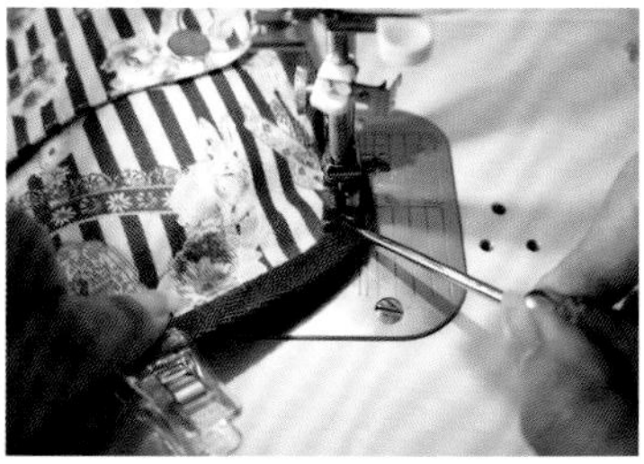

16 單邊取約 45cm 長的人字帶對摺整燙後，滾邊車縫 3 邊（弧度的地方可以用錐子輔助車縫）。

17 完成前後的滾邊（確認雙邊的人字帶都有被車縫到）。

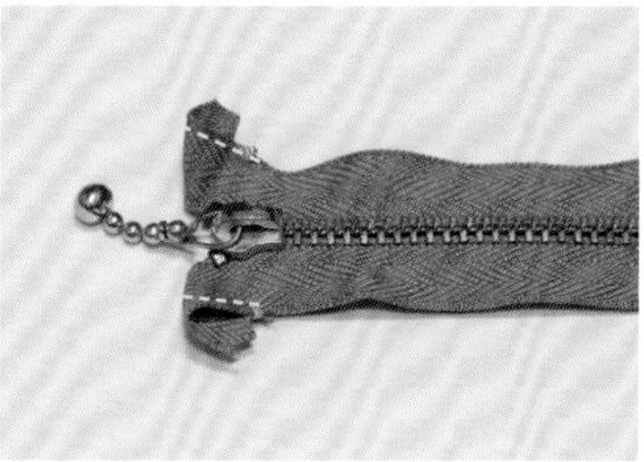

18 拉鍊上方斜角下折固定，剪掉多餘的角。

19 車縫拉鍊至袋身。

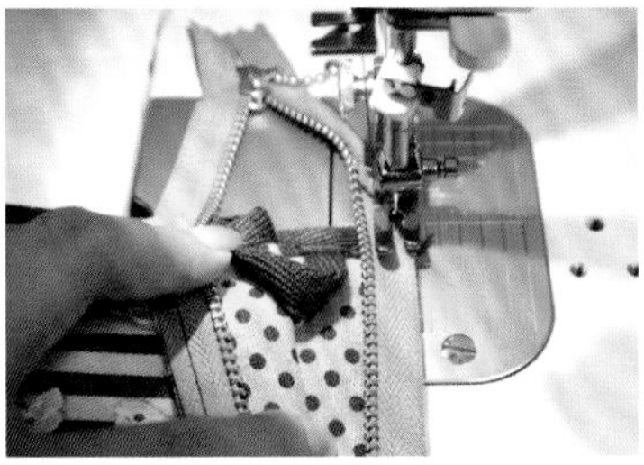
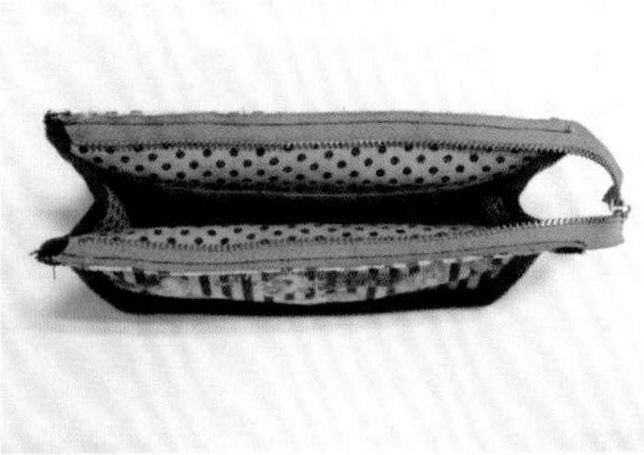

20 標出拉鍊相對應的位置，另一邊從標出的位置對齊開始車縫到底。

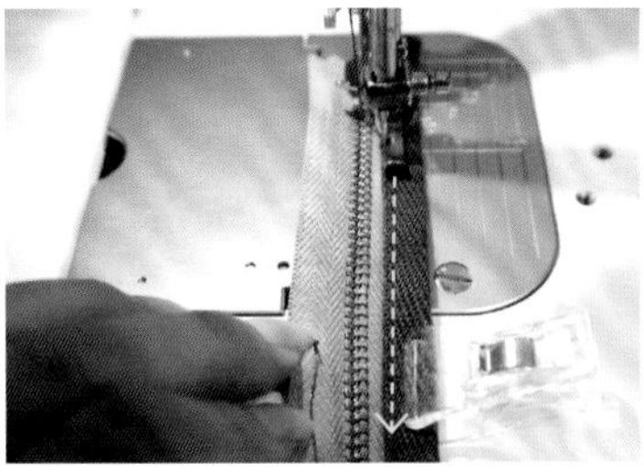

21 取約 66cm 的人字帶對摺整燙後，使用單邊壓布腳從拉鍊尾端開始車縫。

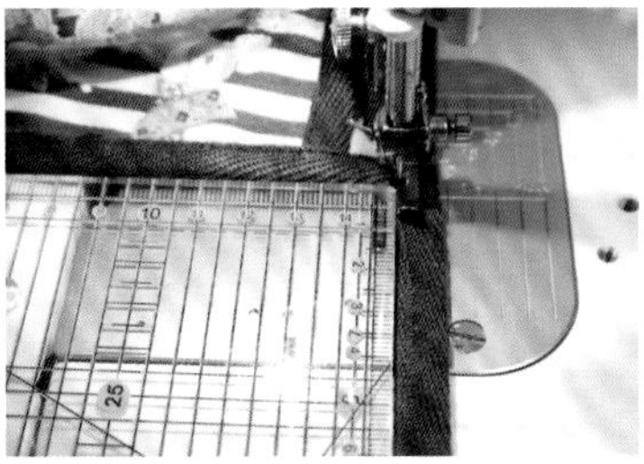

22 量約 8cm 的位置做耳絆，繼續車縫。

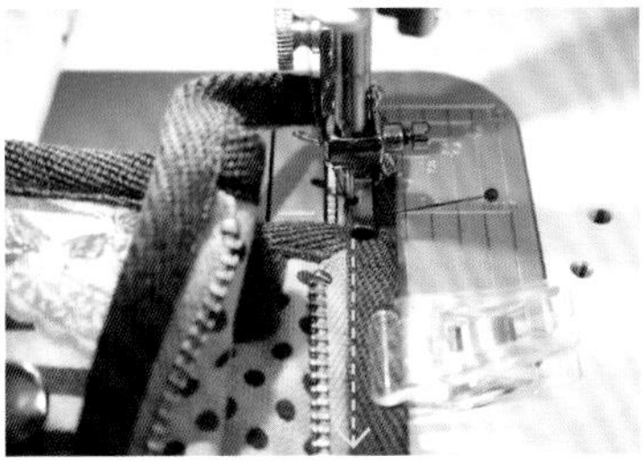

23 從記號的位置，再繼續夾車袋身到拉鍊尾端。

24 於其中一片拉鍊皮片上打洞，並釘上四合釦的公釦。

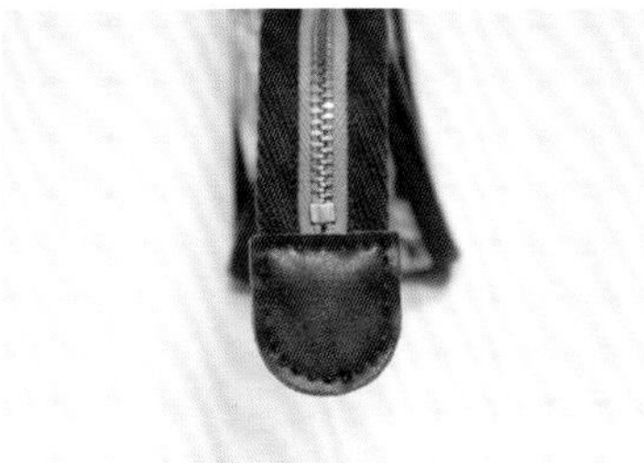

25 有釘釦的皮片置於拉鍊下方，將二片皮片對齊手縫一圈。

26 在適當位置釘上四合釦母釦 (參考位置 :4.5cm) 。

27 完成。

Angel Voices:

天使之音半圓包

輕巧地拎著，呈現恰到好處的平衡感，三重微笑線的魅力，彷彿聽見天使吹奏的樂音，不論從哪個角度端詳，都感覺甜美精緻。

條紋裡布活潑俏皮，小小的玩心、低調的可愛。

鮮明的紅色車線，成為口袋勾邊的巧妙裝飾。

天使之音半圓包

pattern ▸▸▸ A面

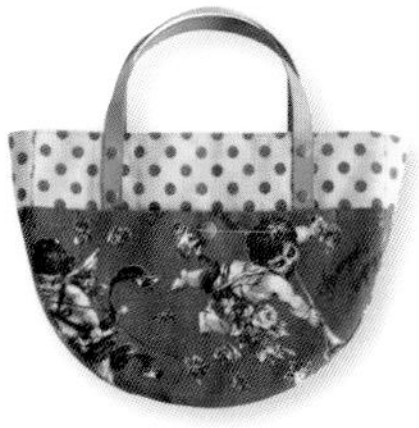

材料

部位名稱	尺寸	數量	燙襯	備註
A1 表袋身	紙型	2	厚襯	厚襯同紙型大小
B1 表上袋身	26.5×11.5cm ↑	2	厚襯	厚襯尺寸：25×10cm
A2 表側身	43×7.5cm ↑	1	厚襯 + 薄襯	厚襯尺寸：41.5×6cm 薄襯尺寸：42×7cm
B2 表上側身	7.5×11.5cm ↑	2	厚襯	厚襯尺寸：6×10cm
C1 裡袋身	紙型	2	薄襯	薄襯同紙型大小
C2 裡側身	43×7.5cm ↑	1	薄襯	薄襯尺寸：42×7cm
C3 前口袋布	20×11cm ↑	2	X	
C4 後口袋布	18×11cm ↑	2	X	

※ 數字尺寸已含縫份，紙型需再外加 0.7。

其他材料

1.2cm 四合釦 1 組、8mm 固定釦 8 組、1.5×36cm 真皮條 2 條

裁片示意圖

單位：cm

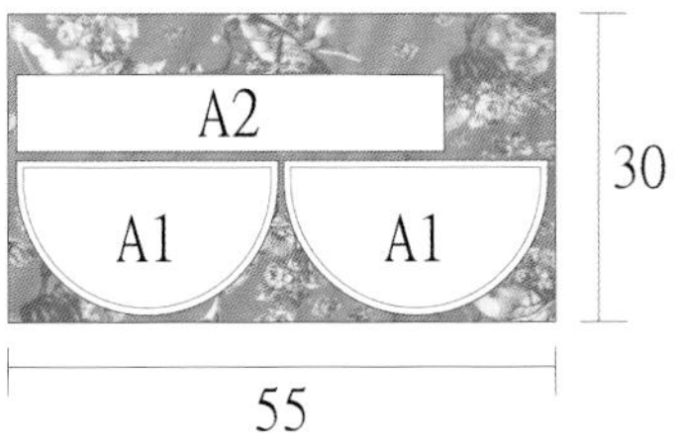

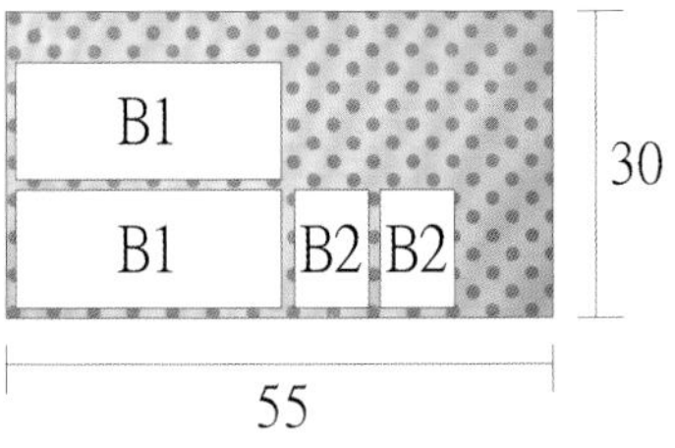

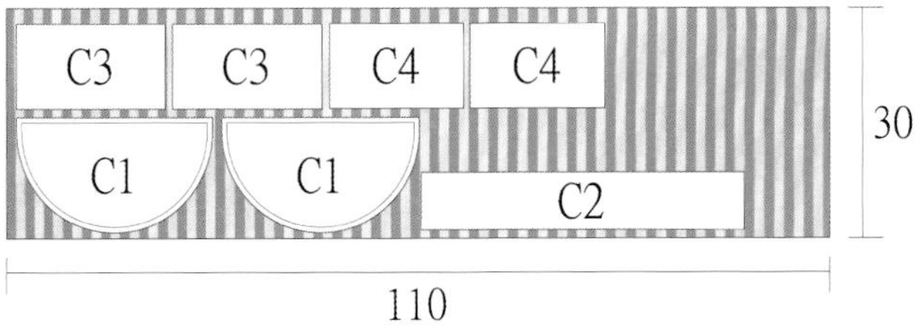

How to make ▸▸▸

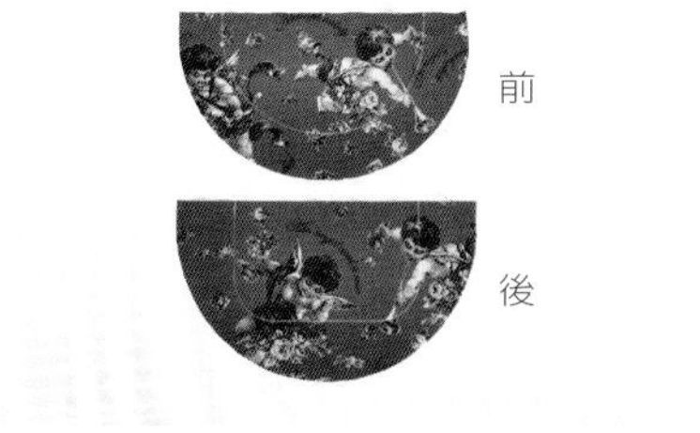

01 將前後口袋紙型置中，使用消失筆畫出形狀。

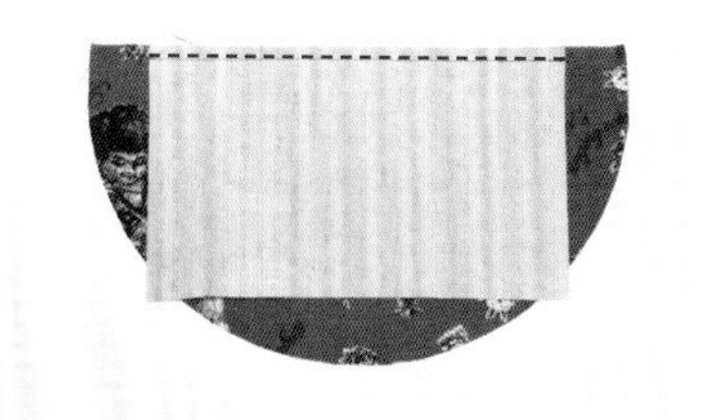

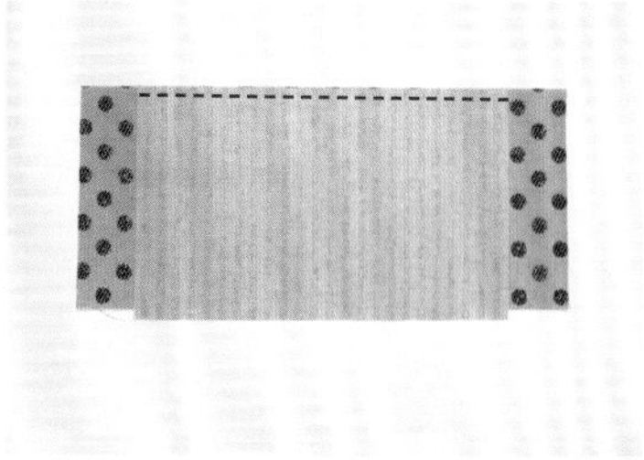

02 2 片前口袋布 C3，分別置中於表袋身 A1 和表上袋身 B1 上車縫。

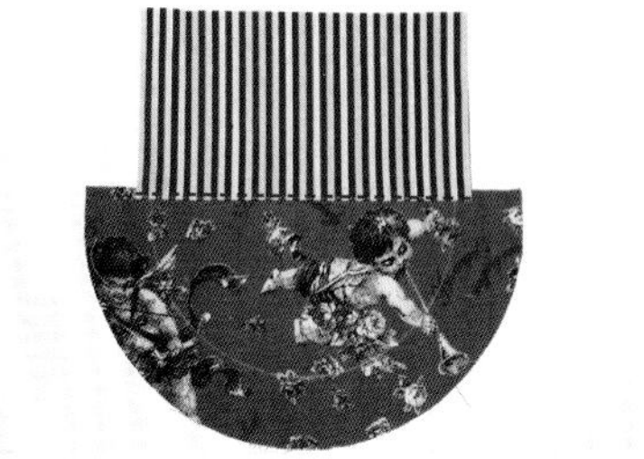

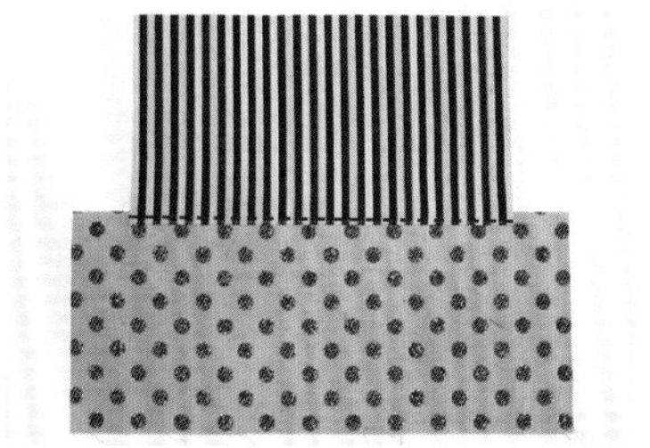

03 前口袋布 C3 往上翻整燙後，沿邊車壓固定裝飾線在前口袋布 C3 上。

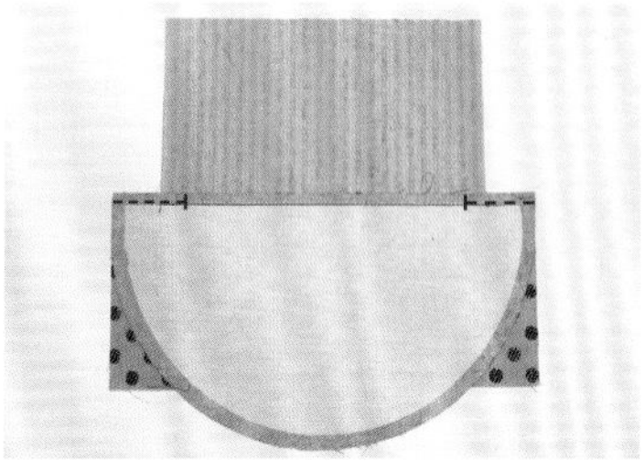

04 表袋身 A1 和表上袋身 B1 正面相對車縫（兩邊向內車縫至口袋紙型畫線的地方）。

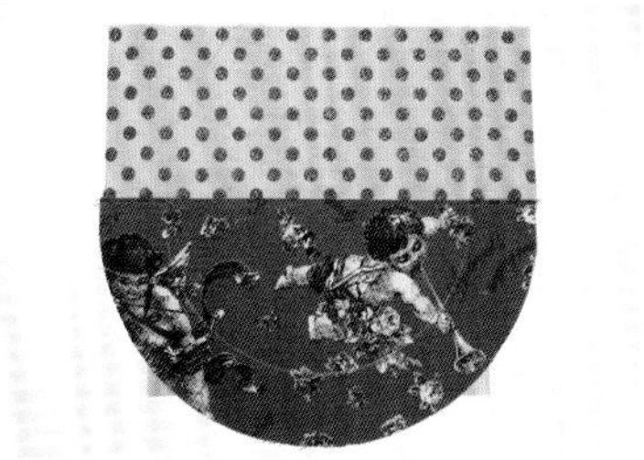

05 翻至正面，縫份倒向表袋身，兩側沿邊車縫固定裝飾線到口袋畫線處。

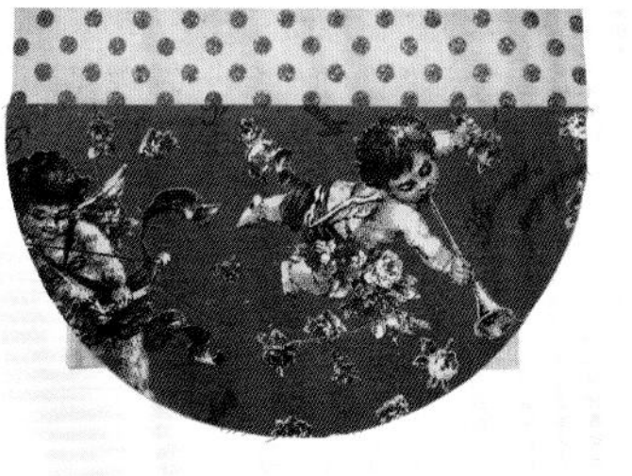

06 將 2 片前口袋布 C3 對齊好後，沿著線車縫半圓。

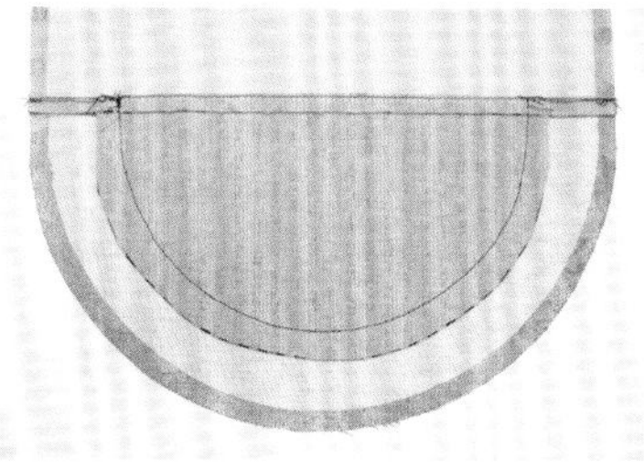

07 翻到背面，將多餘的口袋布邊剪掉，隱形口袋即完成。

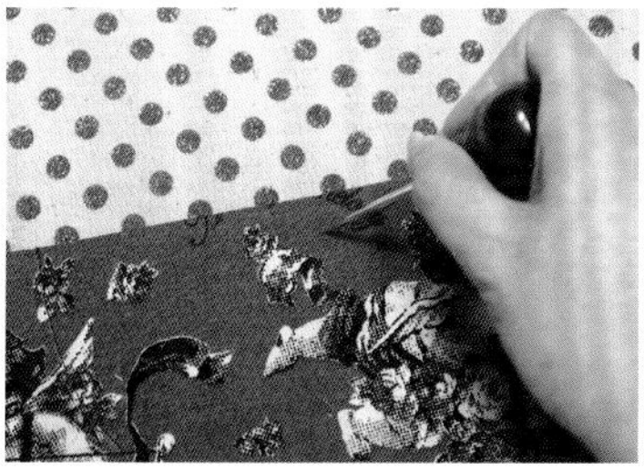

08 口袋中心位置向下 1cm 做記號，使用錐子刺穿。

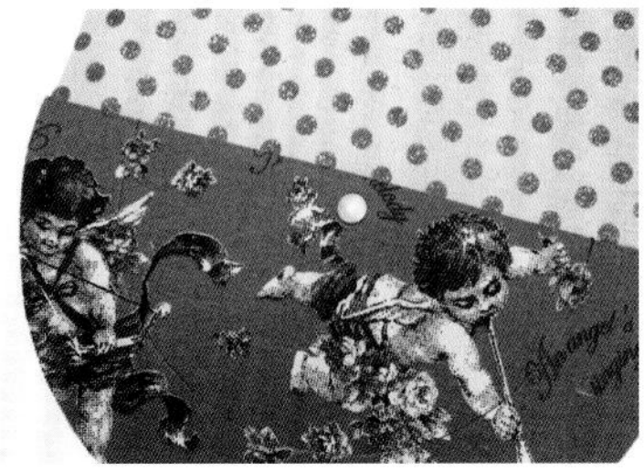

09 口袋內層釘上四合釦公釦，袋身上釘入母釦。

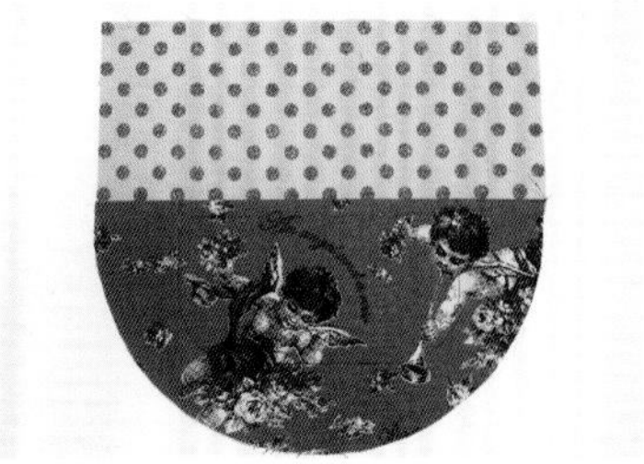

10 後表袋身口袋組合同步驟2~7。

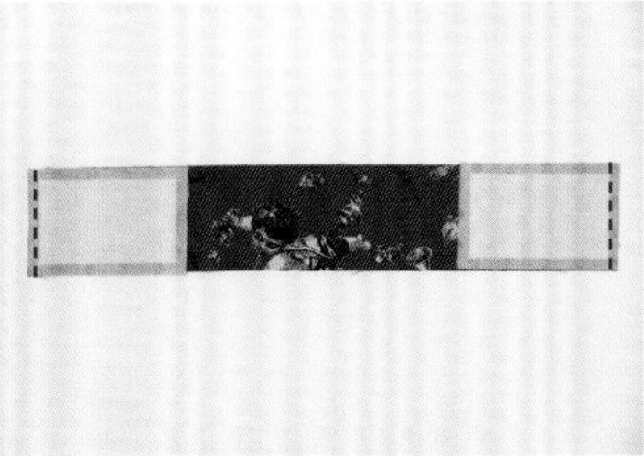

11 表側身 A2 的兩側與 2 片表上側身 B2 車縫。

12 翻到正面，縫份導向表側身 A2 整燙後，車縫固定裝飾線。

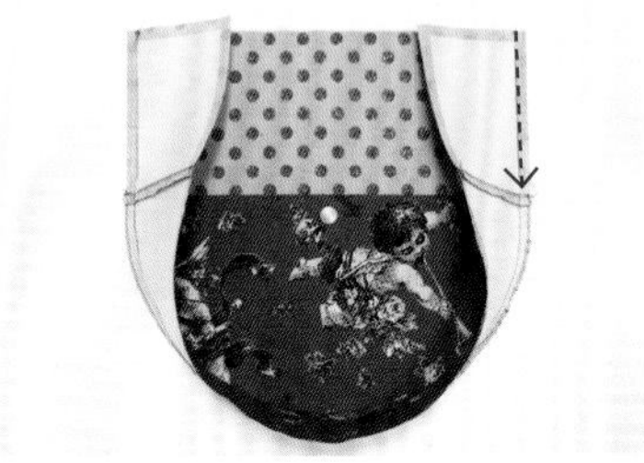

13 表側身對摺標出中心點，與表袋身下方中心點對齊固定，組合表袋身和表側身。

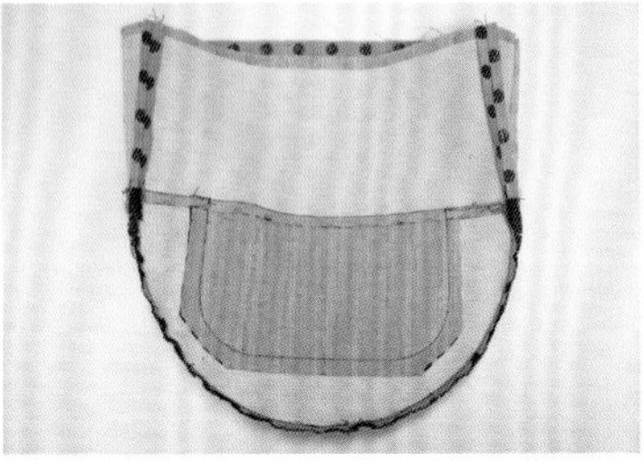

14 燙開表上側身的縫份，弧度地方剪牙口。

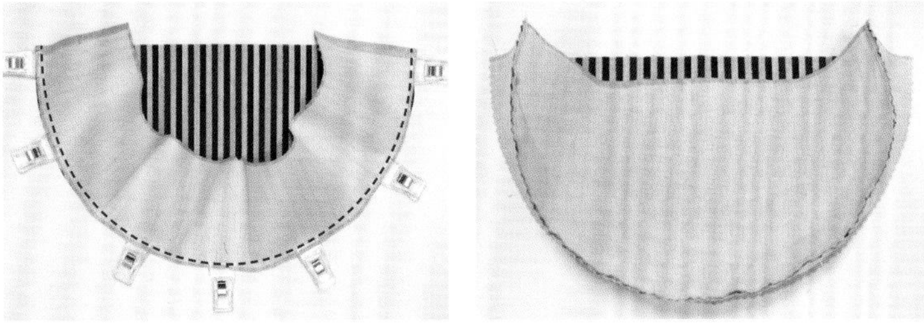

15 組合裡袋身 C1 和裡側身 C2，弧度處剪牙口。

16 裡袋翻面放入表袋中，與表袋正面相對車縫一圈並留約 8cm 的返口。

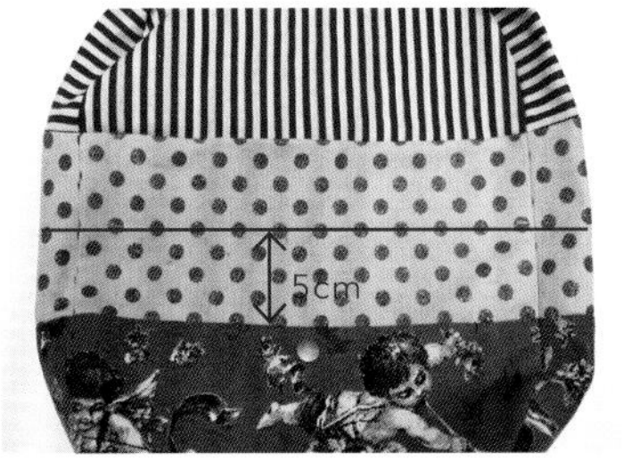

17 從返口翻至正面，將返口縫合。表袋身向上 5cm 處畫記號線。

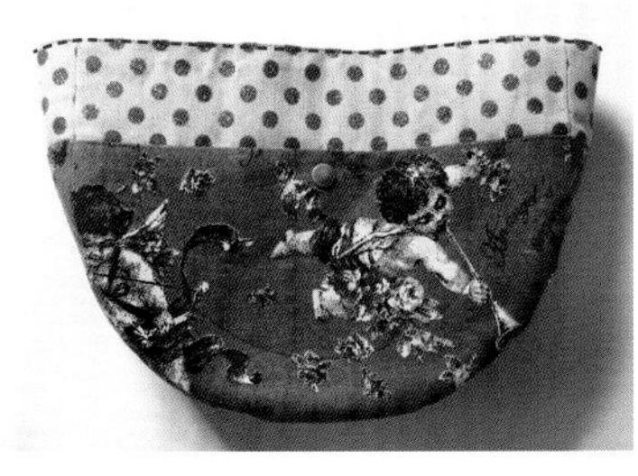

18 沿記號線向內折入後，在表上袋身沿邊緣車縫一圈固定裝飾線。

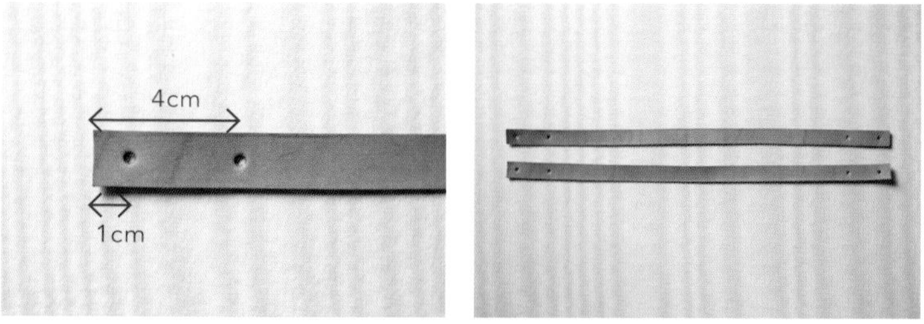

19 取 2 條 36cm 的皮條，兩側在 1cm 和 4cm 處打洞。

20 袋身兩側向內 5cm 處釘入固定釦固定皮條提把。

21 完成。

I hope the following year will be another wonderful one.

Pop art
Barrel bag:
普普風圓筒包
圓筒包難以言喻的可愛度，一直是受歡
迎的關鍵，圓鼓的俏皮感加上側面口袋
的笑臉弧線，都在散發著快樂的能量。

側口袋的吊耳設定，讓圓筒包也可變化為側背。

雙色織帶的對比效果，讓整體配色更加有趣。

普普風圓筒包

pattern ▸▸▸ A面

材料

部位名稱	尺寸	數量	燙襯	備註
A1 表袋身	30×19cm ↑	2	厚襯	厚襯尺寸：29×18cm
B1 表袋底	30×12.5 cm ↑	1	X	
B2 表側身	紙型 1	2	X	
B3 表口袋	紙型 2	2	X	
C1 裡袋身	47×30cm ↑	1	薄襯	薄襯尺寸：46×29cm
C2 塑膠墊夾布	12×10cm ↑	2	X	
A2 拉鍊絆布	2×2.5cm ↑	4	X	

※ 數字尺寸已含縫份，紙型需再外加 0.7cm。

其他材料

10"(25.4cm) 拉鍊 1 條、25mm 織帶 A(咖啡色)150cm、25mm 織帶 B(粉色)110cm、20mm 人字帶 55cm2 條、2×8cm 皮片 2 片、8mm 固定釦 10 組、26mm 口型環 4 個、27×10.5cm 塑膠板

裁片示意圖 單位：cm

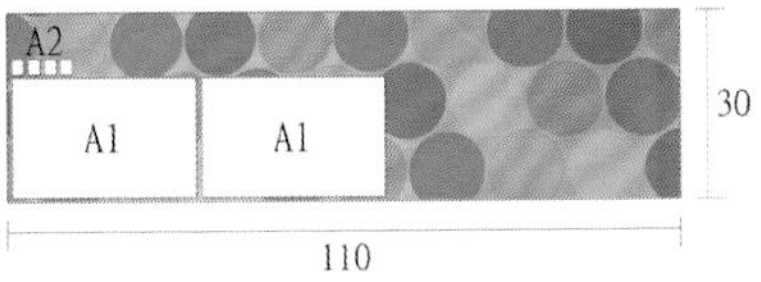

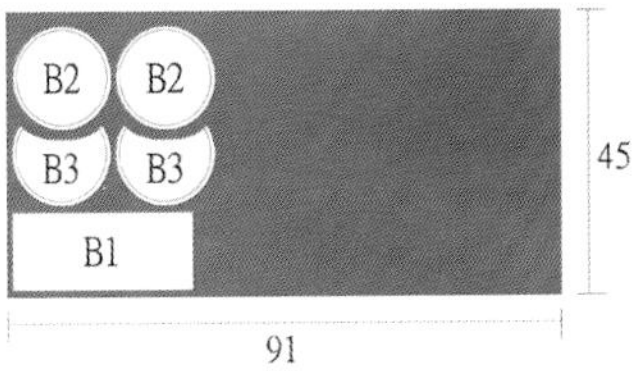

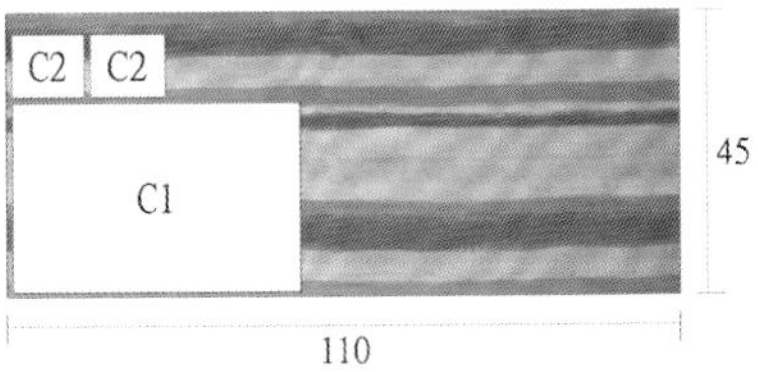

How to make ▸▸▸

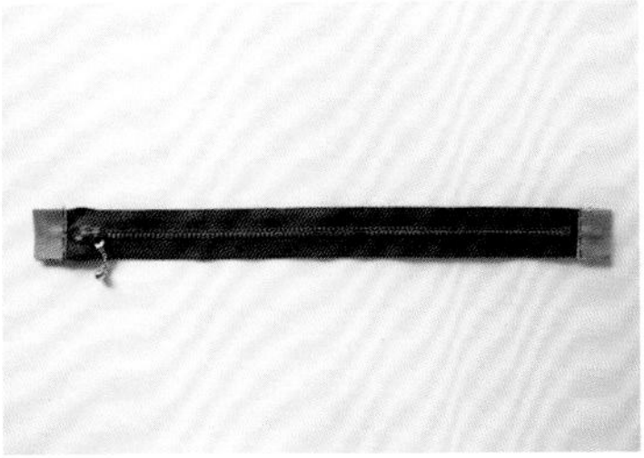

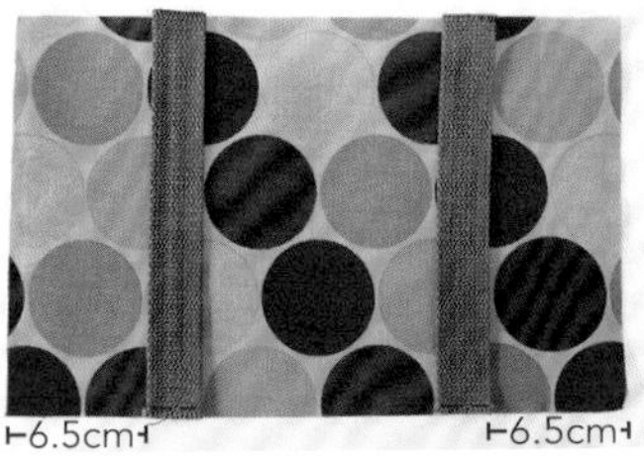

01 拉鍊絆布 A2 上下夾車拉鍊兩邊，翻至正面，沿邊壓固定裝飾線。

02 剪 4 條 19cm 的織帶 A，各二條疏縫固定在由外向內 6.5cm 的表袋身 A1 下方。

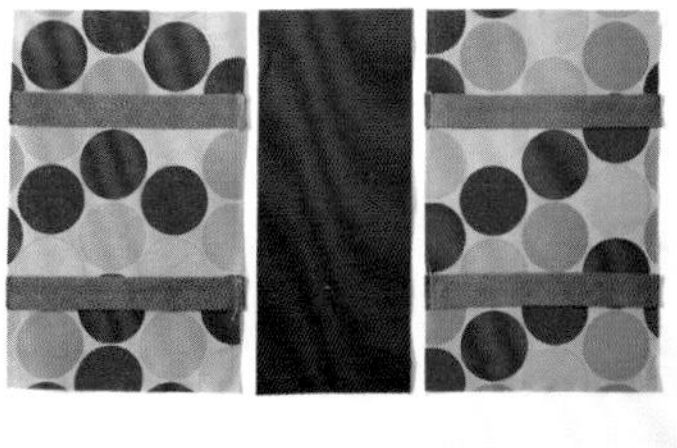

03 組合袋身。2 片表袋身 A1 與表袋底 B1 車縫。

04 將縫份倒向帆布，在 0.1cm 和 0.5cm 處，壓二條固定裝飾線。

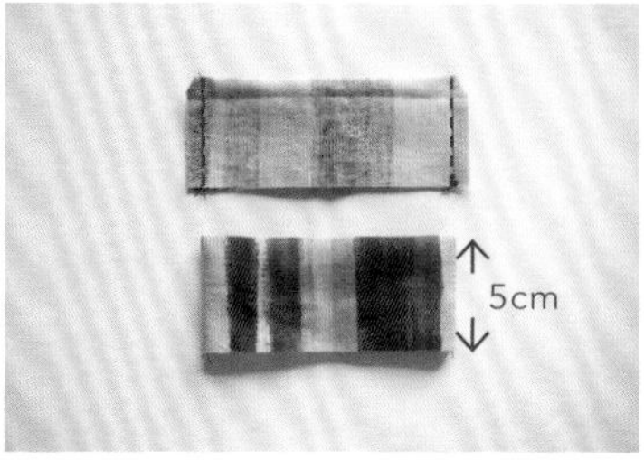

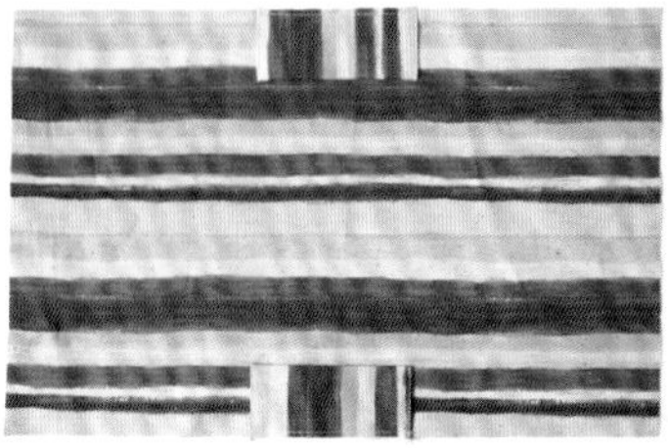

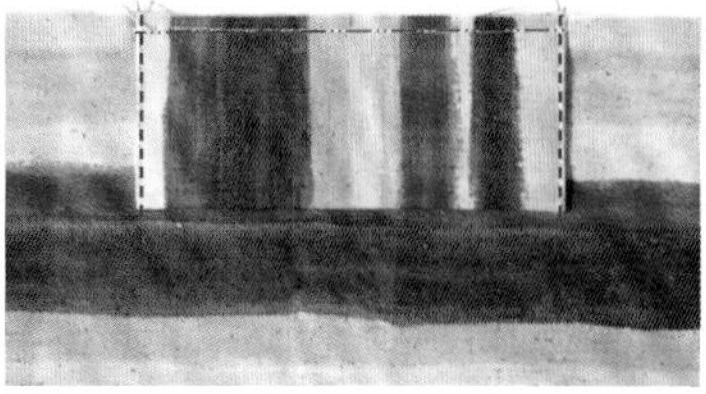

05 對摺 2 片塑膠墊夾布 C2(短邊)並車縫兩邊。

06 將 2 片塑膠墊夾布 C2 放置在裡袋身 C1 的中間，沿邊車縫二邊後，疏縫第三邊。

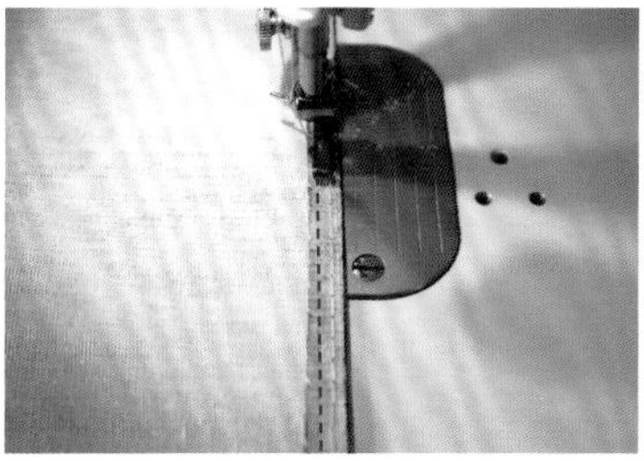

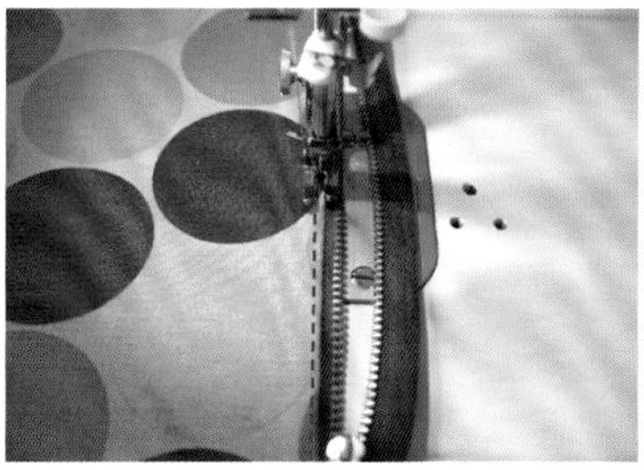

07 將表袋身 A1 與拉鍊先疏縫後，與裡袋身 C1 夾車拉鍊。

08 翻至正面，整燙後沿邊壓固定裝飾線。

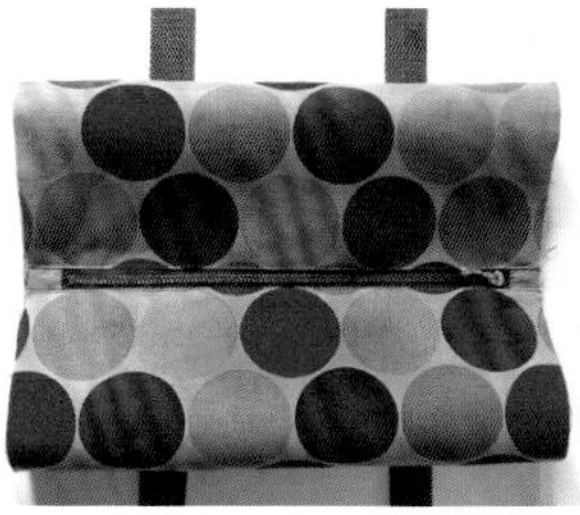

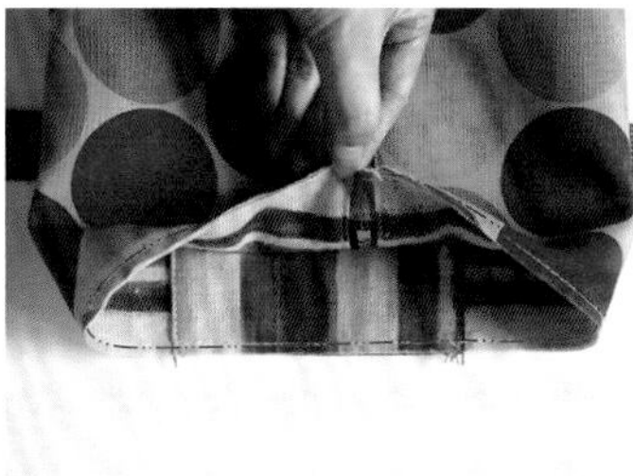

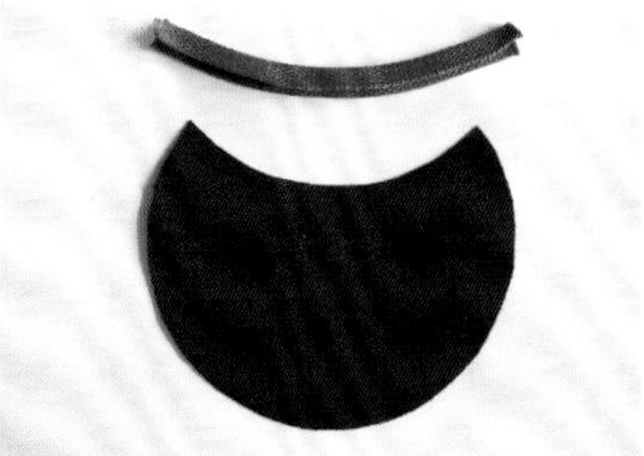

09 另一邊同做法。

10 袋身的兩邊將表裡布疏縫一圈固定。

11 剪 2 條織帶 B，對折熨燙後車縫在表口袋 B3 上。

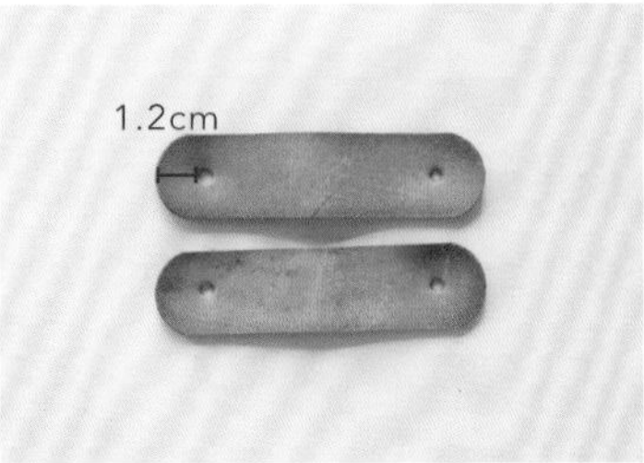

12 在 2 片 2×8cm 皮片上打上弧度和孔洞。

13 D 型環穿過皮片後，置中以固定釦固定在表口袋 B3 上。

14 將帆布 B3 疏縫一圈在表側身 B2 上。另一側邊同做法。

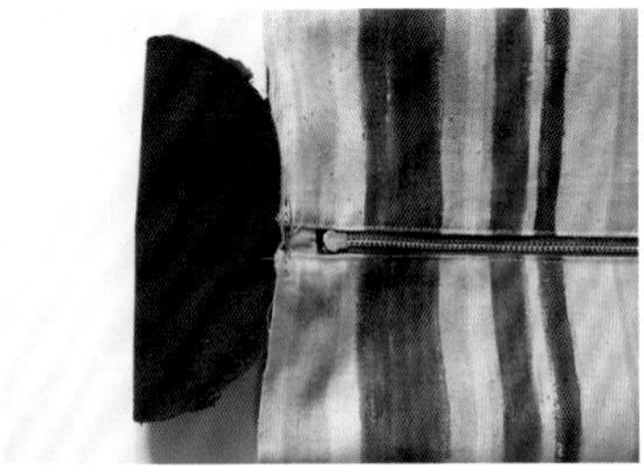

15 將袋身和側身上下中心點做記號，疏縫固定。

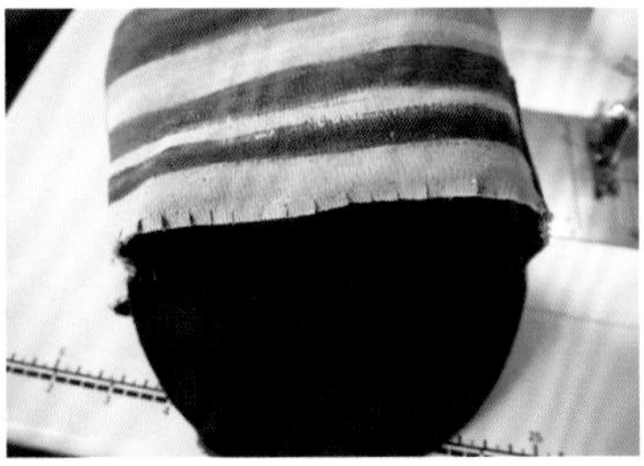

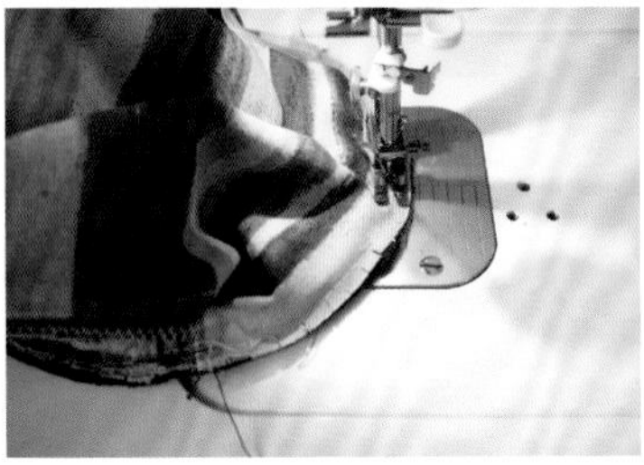

16 袋身沿之前的疏縫線剪牙口後，袋身和側身車縫一圈。

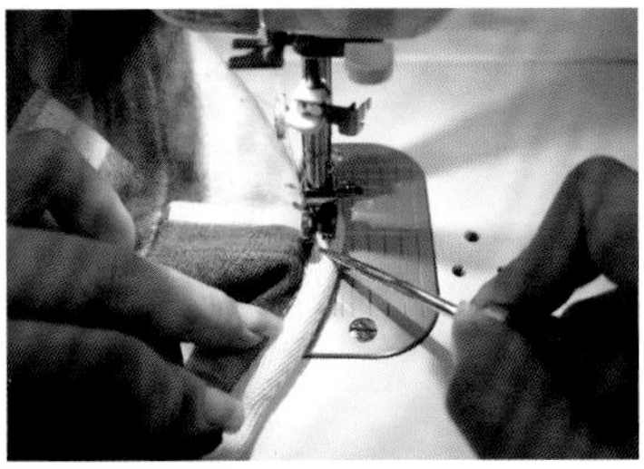

17 取 55cm 的人字帶對折整邊後，起頭約留 6cm 再開始包邊 (可以利用錐子來推送織帶)。

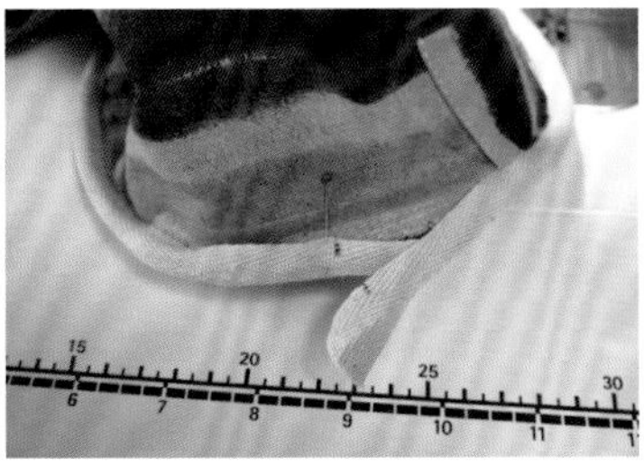

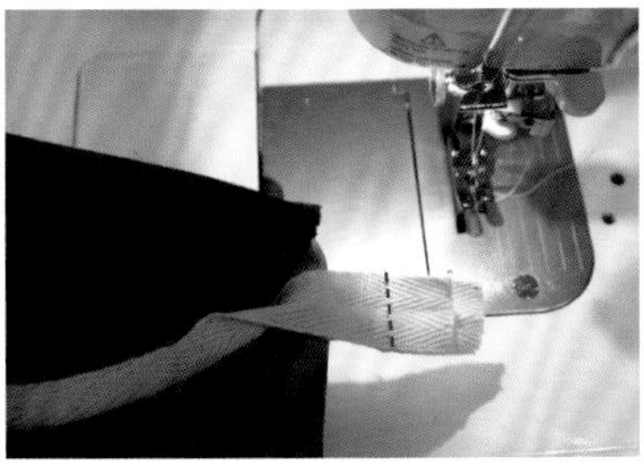

18 尾端也約留 6cm 不車，畫出兩端的接合處，將其接合。

19 接合後將剩下的包邊完成。另一邊同做法 15~19。

20 25mm 織帶 A 和 B 各剪 2 條 36cm，織帶各取一色套入 2 個口型環。

21 2色正面相對後，兩邊向內 1.5cm 處車縫固定。

22 織帶翻到正面，口型環夾入交接處後，2條皆車縫長方形的固定裝飾線。

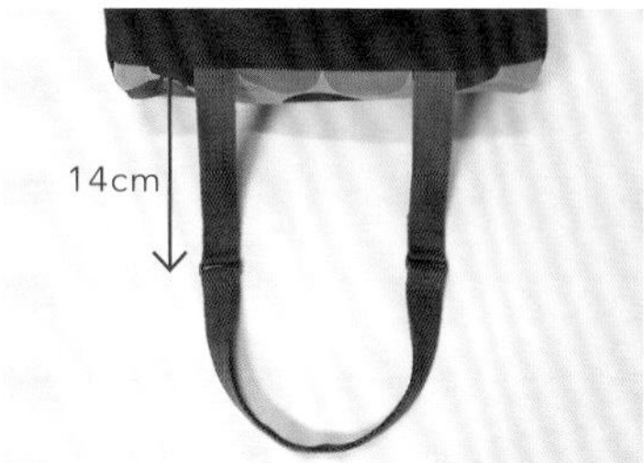

23 與袋身織帶相接，袋身織帶在 14cm 處摺入。

24 車縫一長方形固定，在適當的位子畫上固定釦的位置（車縫的長方形內）。後方多餘的織帶可以修剪掉。

25 建議用錐子刺穿織帶上固定釦的孔洞。

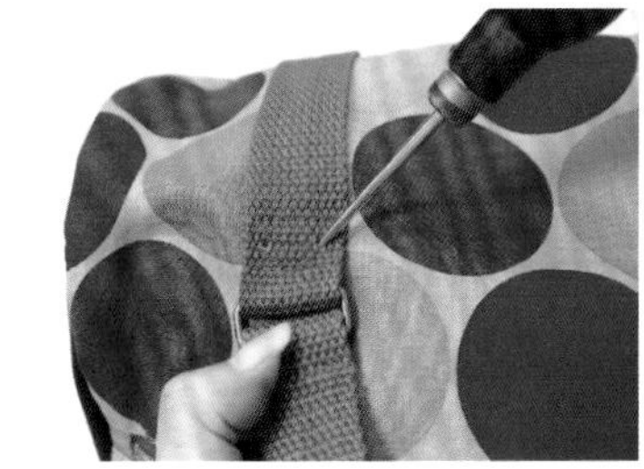

26 織帶順著袋身的弧度，利用錐子在袋身上做記號，確認4個點都在同一高度後，再打洞或刺穿。

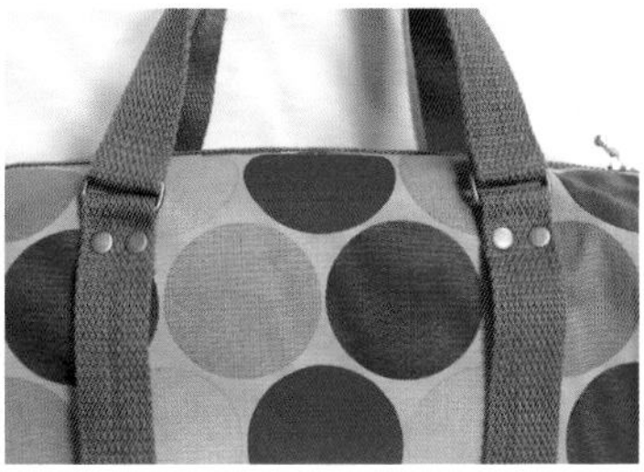

27 釘上固定釦。

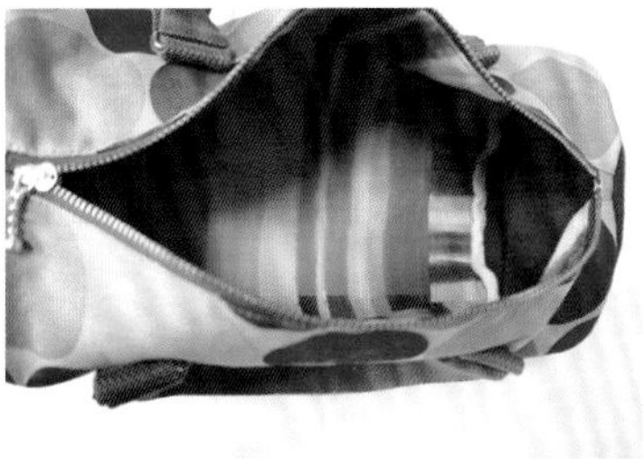

28 放入塑膠板，卡入兩側的塑膠墊夾布中。

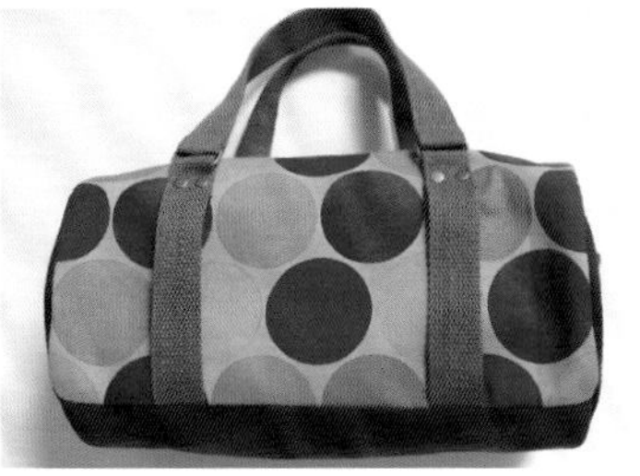

29 完成。

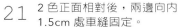

Flower petal
Handbag:

含苞待放花瓣包

立體的前口袋設計，帶來嶄新的驚喜樣貌，使用時的每一個細膩動作，都好似瀰漫著陣陣花香，內外皆美。

可收可放的側身，讓袋型擁有兩種不同的變化。

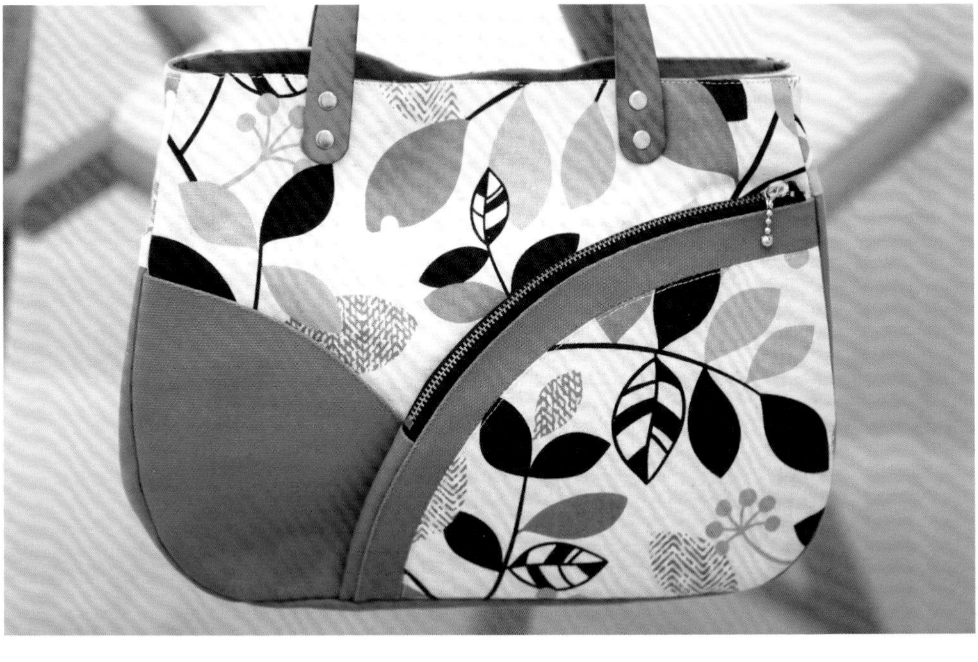

前口袋別緻的弧型線條，恰似花苞盛開前的含蓄姿態。

含苞待放花瓣包

pattern▸▸▸A面

材料

部位名稱	尺寸	數量	燙襯	備註
A1 表袋身	紙型	2	輕挺襯	輕挺襯同紙型大小
B1 口袋身	紙型	1	X	
C1 裡口袋身	紙型（反面）	1	薄襯	薄襯同紙型大小
B2 拉鍊上口袋身	紙型	1	X	
A2 拉鍊口袋身	紙型	1	輕挺襯	輕挺襯同紙型大小
C2 拉鍊裡口袋身	紙型（正反面）	各 1	薄襯	薄襯同紙型大小
B3 拉鍊絆布	10.5×2.5cm ↑	1	X	
C3 拉鍊絆布	10.5×2.5cm ↑	1	X	
B4 表側身	61×13.5cm ↑	1	輕挺襯	輕挺襯尺寸：59.5×12cm
A3 上側身	13.5×10cm ↑	1	輕挺襯	輕挺襯尺寸：8.5×12cm
A4 上側身	13.5×7cm ↑	1	輕挺襯	輕挺襯尺寸：5.5×12cm
C4 裡袋身	紙型	2	輕挺襯	輕挺襯同紙型大小
B5 裡上袋身	紙型	2	X	
C5 裡側身	68×13.5cm ↑	1	輕挺襯	輕挺襯尺寸：67×13cm
B6 裡上側身	13.5×5cm ↑	2		
A5 內口袋表布	33.5×13cm ↑	1	輕挺襯	輕挺襯尺寸：32×13cm
C6 內口袋裡布	33.5×17cm ↑	1		

※ 數字尺寸已含縫份，紙型需再外加 0.7cm。
※ 建議使用針號：16 號針

其他材料

8”(20.4cm) 拉鍊 1 條、18mm 磁釦 1 組、8mm 固定釦 8 組、四合釦 2 組、2×8cm 皮片 2 片、皮提把 1 對

裁片示意圖 單位：cm

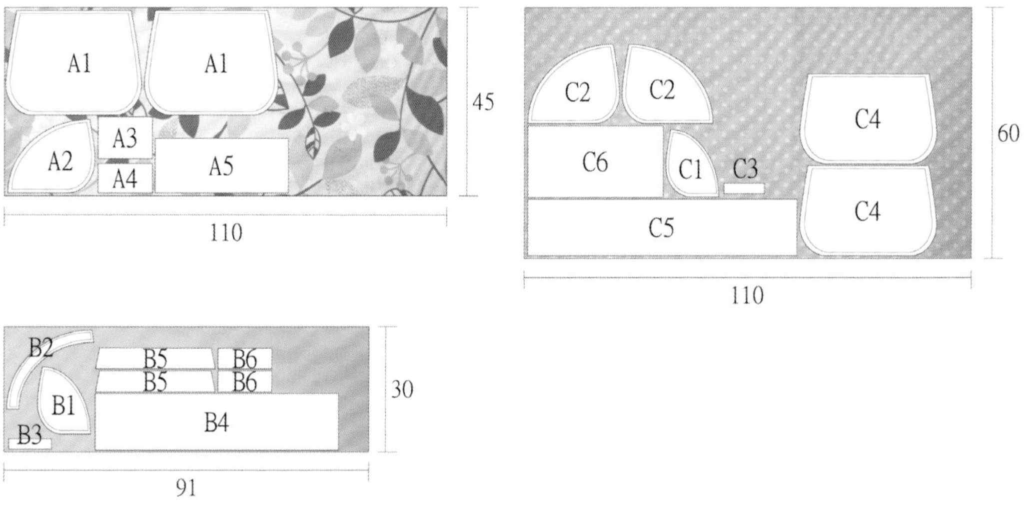

How to make ▸▸▸

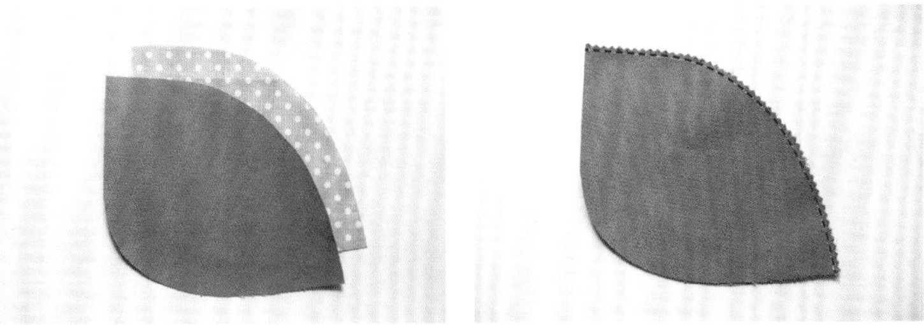

01 口袋身 B1 和裡口袋身 C1 正面相對，車縫後剪牙口。

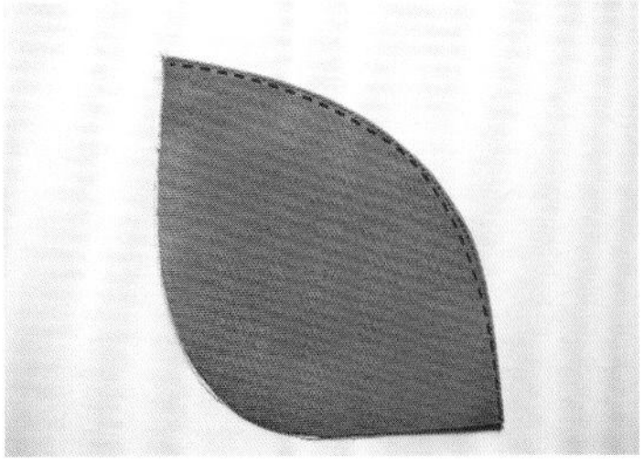

02 翻至正面，車縫固定裝飾線。

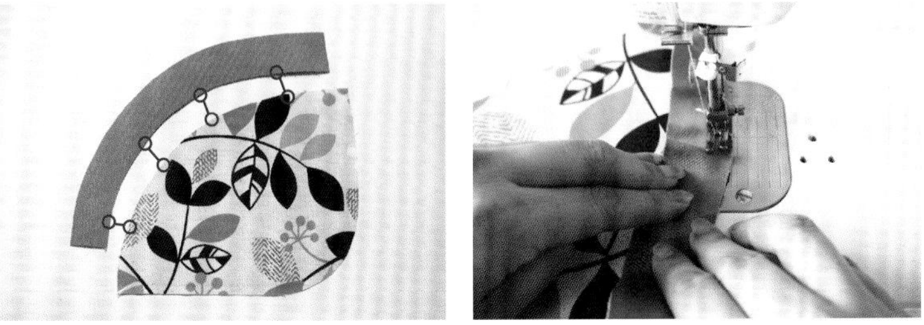

03 拉鍊上口袋身 B2 和拉鍊口袋身 A2，依紙型上記號對齊車縫弧度（拉鍊上口袋身 B2 置於上方較好對齊）。

04 車縫固定裝飾線。

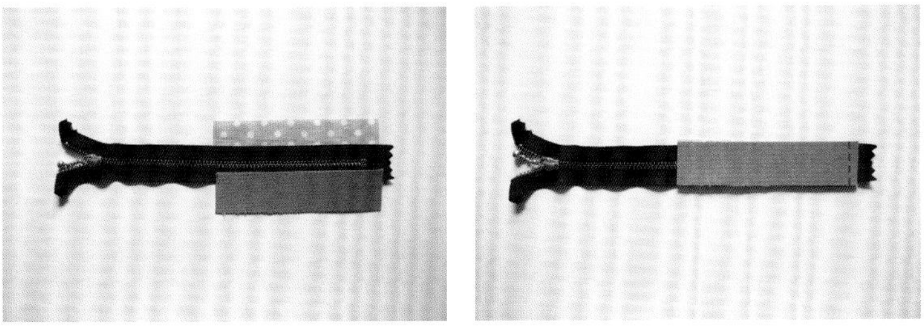

05 拉鍊上方斜角下折固定。取拉鍊絆布 B3、C3 夾車拉鍊。

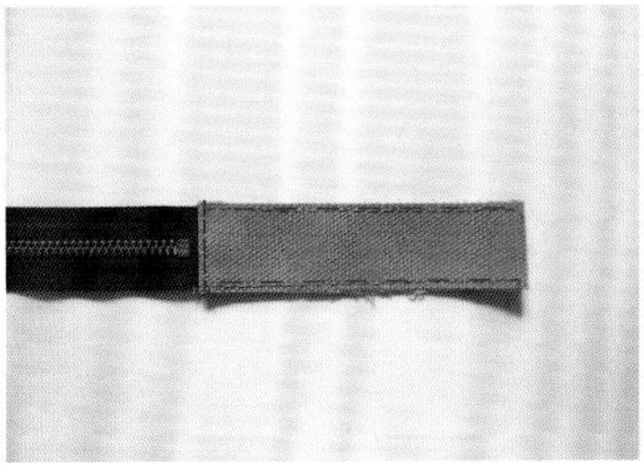

06 翻至正面，車縫固定裝飾線和疏縫線。

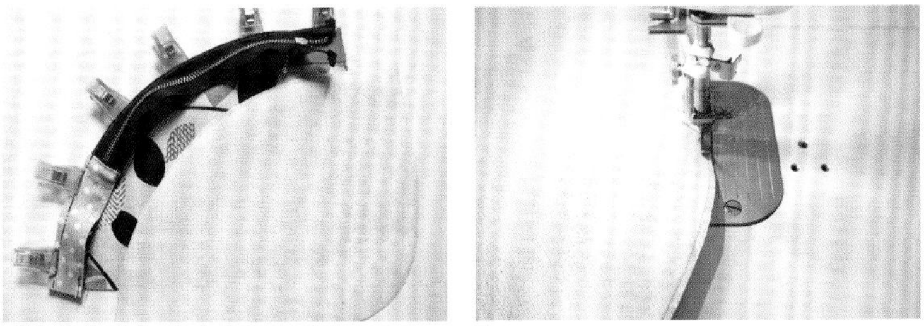

07 疏縫固定拉鍊和拉鍊口袋身後，再與拉鍊裡口袋身 C2（紙型反面）夾車拉鍊（縫份 0.5cm）。

08 翻至正面，車縫固定裝飾線。

09 拉鍊口袋身和拉鍊裡口袋身 C2(紙型正面)，車縫 0.5cm(依圖擺放車縫)，車縫後將縫份倒向裡口袋身整燙。

10 在表袋身 A1 左側，疏縫固定口袋身。

11 在另一側疏縫拉鍊口袋身。

12 沿車縫線(車縫在接縫上面)，固定拉鍊口袋身在表袋身上。

13 固定後，再沿邊車一道裝飾線。

14 疏縫拉鍊口袋身上片在表袋身上。

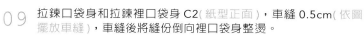

15 車縫表側身 B4 和上側身 A3、A4。

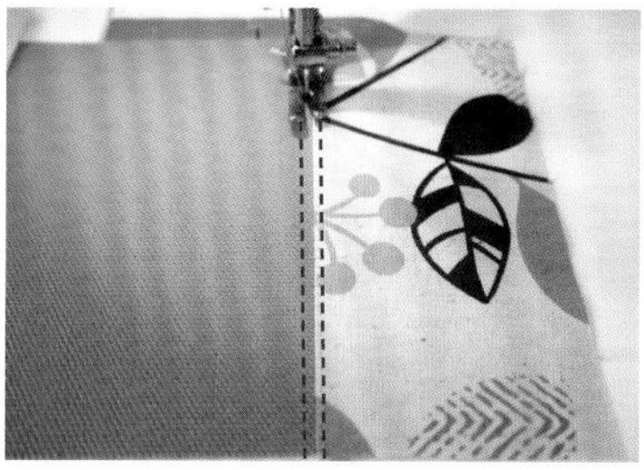

16 縫份倒向上側身，兩邊車縫固定裝飾線。

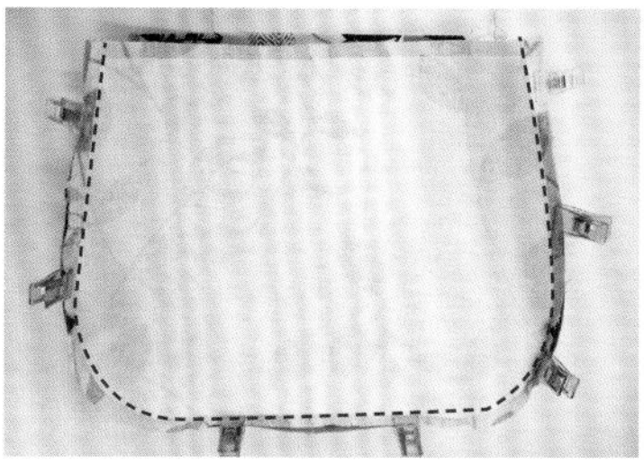

17 車縫表袋身和表側身，完成表布車合。

18 內口袋表布 A5 和內口袋裡布 C6，正面相對車縫。

19 對折並在背面燙上半邊襯後，在正面車縫固定裝飾線。

20 將內口袋置於裡袋身上，依需求車縫上口袋分隔線。

21 疏縫後將多餘的口袋布剪掉。

22 2 片裡袋身 C4 和裡上袋身 B5 正面相對車縫，裡側身 C5 兩側與裡上側身 B6 車縫；翻至正面整燙後沿邊車縫固定裝飾線。

23 裡側身 C5 兩側與裡上側身 B6 車縫後，翻至正面車縫固定裝飾線。

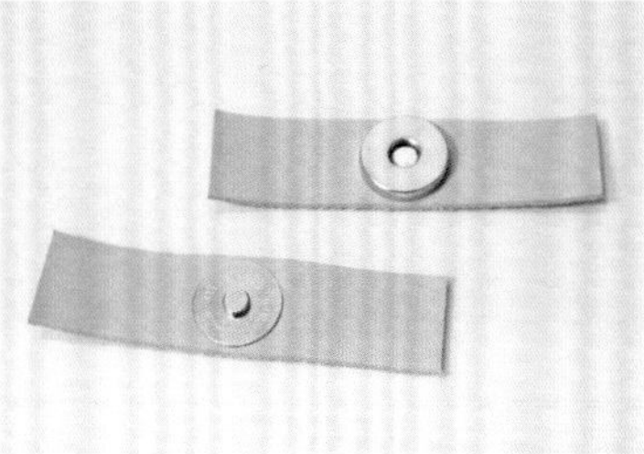

24 2×8cm 皮片上裝上磁釦。

25 標出裡上袋身的中心點，皮片置中向下 1.5cm 處，使用皮革線車縫兩邊。

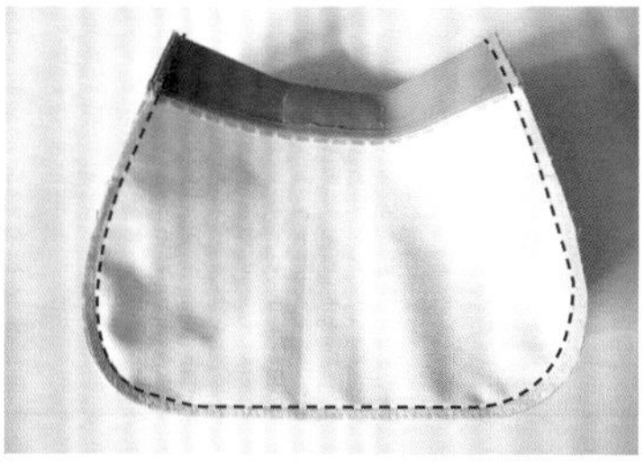

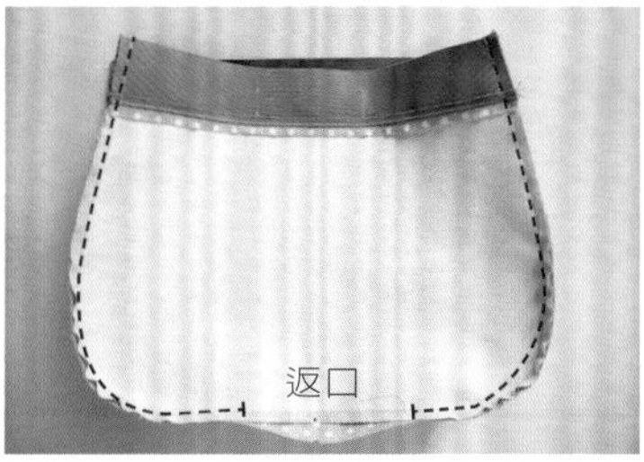

26 組合裡袋身和裡側身並在一邊留返口。

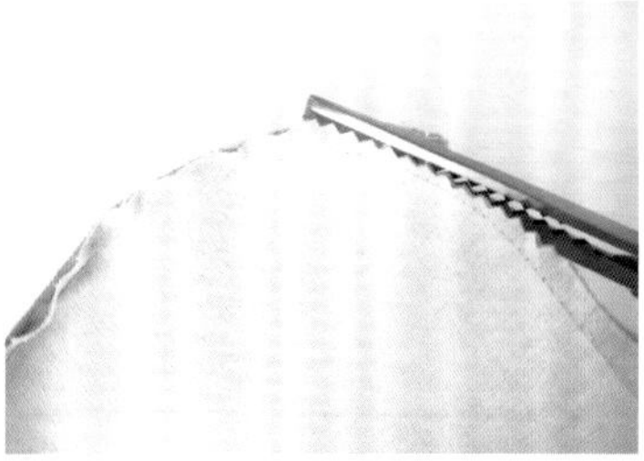

27 袋身弧度的地方記得剪牙口。

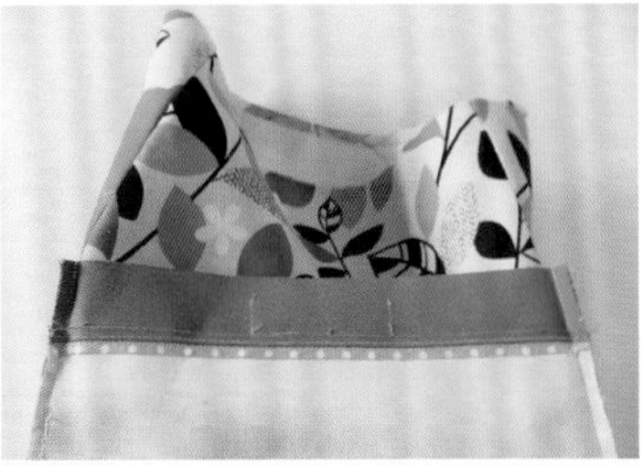

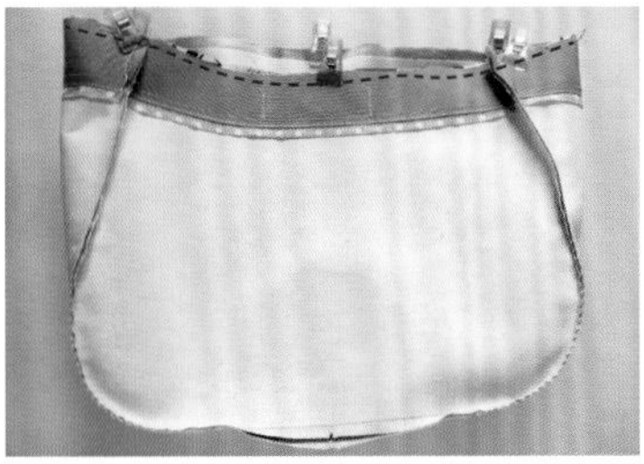

28 表袋身和裡袋身正面相對，車縫上面的開口一圈。

29 翻至正面，整燙後沿邊車縫固定裝飾線，將返口縫合後袋身即完成。

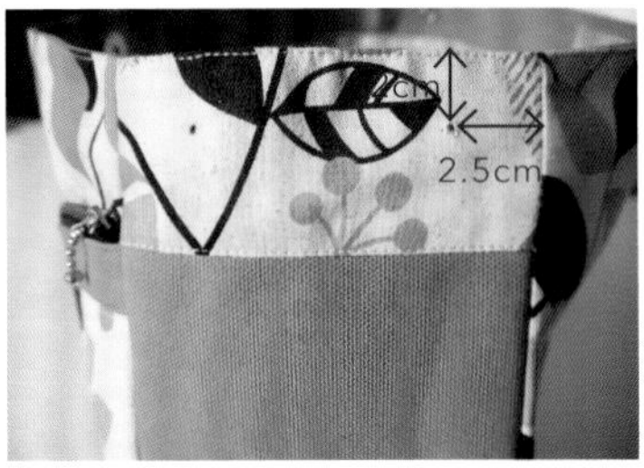

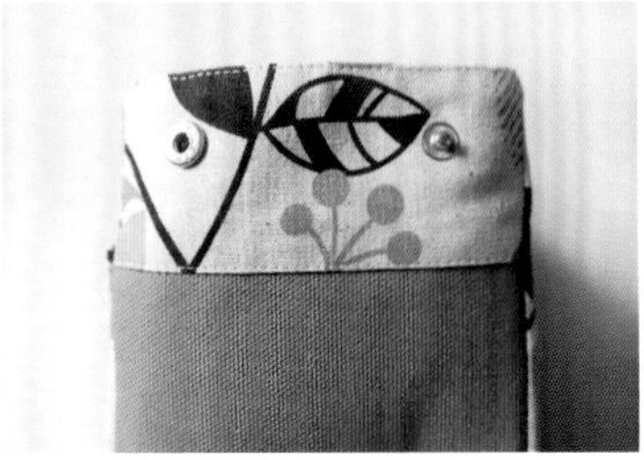

30 兩側邊釘上四合釦。

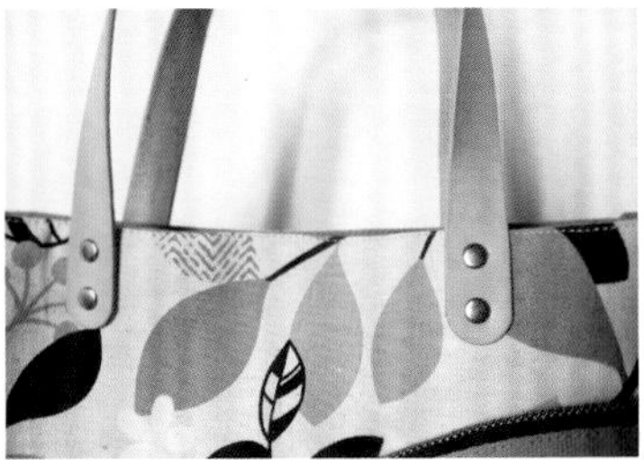

31 釘上提把(參考：側邊到固定釦距離 6.5cm)。

32 完成。

I hope the following year will be anoth wonderful one.

Flower World:

花花世界休旅包

袋身或口袋都是方便拿取的開放式設計，大容量的包總讓人忍不住想多裝一些東西，考量著肩膀的舒適度，決定就交給棉繩來分擔。

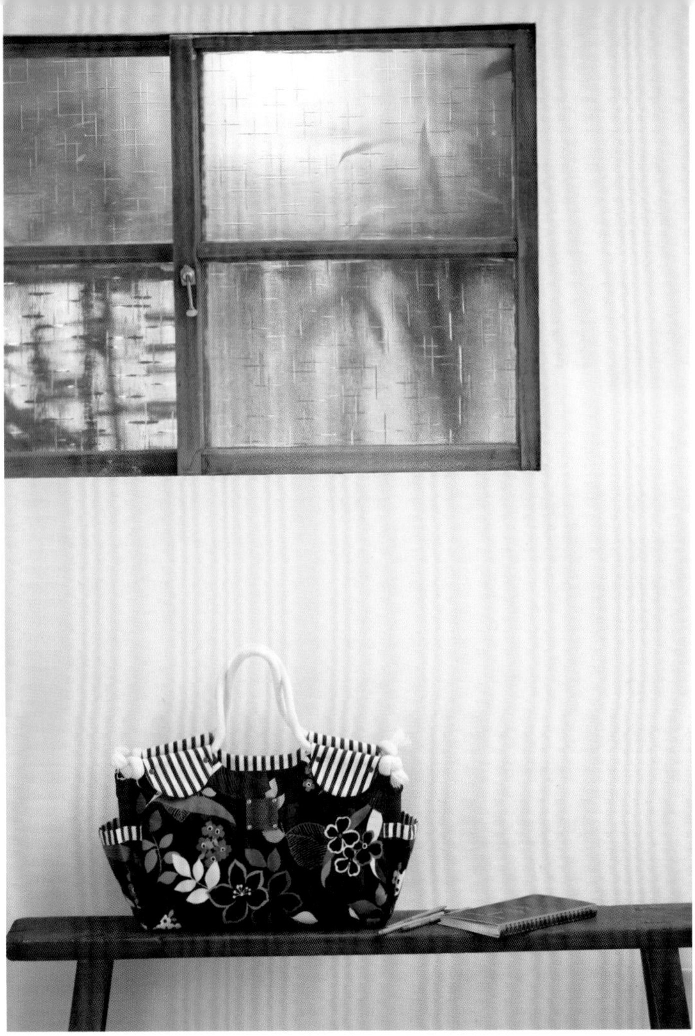

兩側口袋的立體袋型，帶著活潑感。

占據一側的圓角內袋，為裡袋加入小小的玩心。

素色內口袋與條紋裡袋，對比分明十分俐落。

花花世界休旅包

pattern ▸▸▸ B面

材料

部位名稱	尺寸	數量	燙襯	備註
A1 表袋身	紙型	2	厚襯＋薄襯	厚襯同紙型大小 薄襯大於紙型
B1 裡袋身	紙型	2	薄襯	薄襯大於紙型
C1 表側身	紙型	2	薄襯	薄襯大於紙型
C2 表袋底	43.5×13.5cm ↑	1	薄襯	薄襯尺寸 43×13cm
A2 側口袋表布	21.5×11.5cm ↑	2	厚襯	厚襯尺寸 20×10cm
B2 側口袋裡布	21.5×15.5cm ↑	2	×	
B3 裡袋底	紙型	1	薄襯	薄襯大於紙型
A3 拉鍊口袋	26×38cm ↑	1	×	
C3 裡口袋	40×20cm ↑	1	×	
C4 裡小口袋	紙型	1	×	

※ 數字尺寸已含縫份，紙型需再外加 0.7cm。
※ 此袋所使用的花布（厚棉布）較裡布（帆布）薄，再加上袋型較大所以貼襯有加強，製作時請依布的類型斟酌使用貼襯。

其他材料

9"（23cm）拉鍊 1 條、皮標 1 個、四合釦 1 組、6mm 固定釦 4 組、8mm 固定釦 9 組、2×6cm 皮片 1 條、12mm 棉繩 90cm×2 條

裁片示意圖 單位：cm

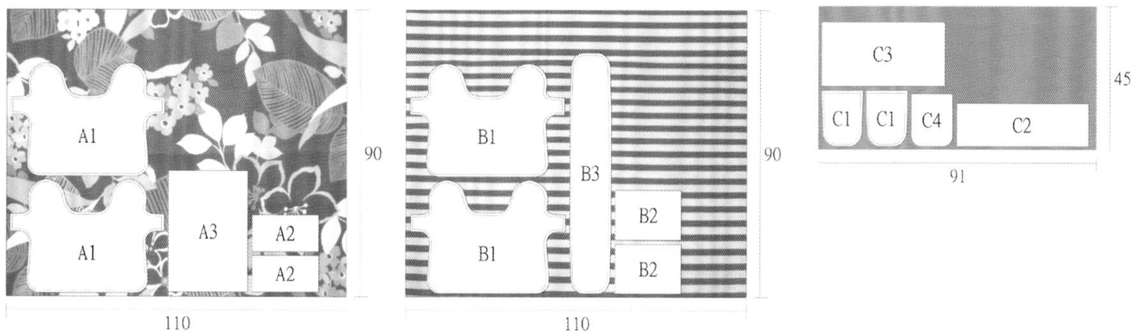

How to make ▸▸▸

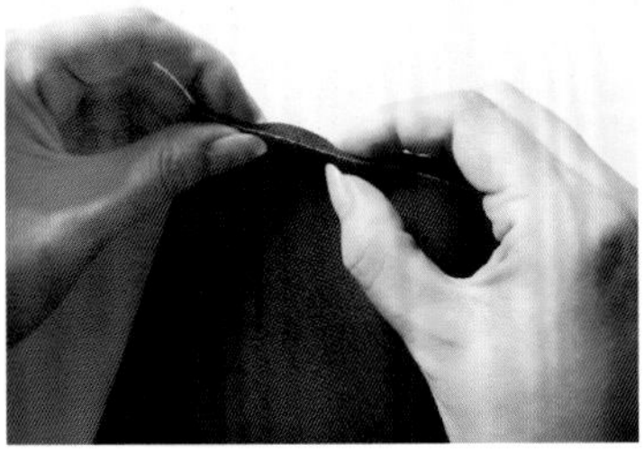

01 裡小口袋 C4 在 0.5cm 處疏縫三邊（使用容易辨識的車線顏色）。

02 三邊沿車線摺入整燙。

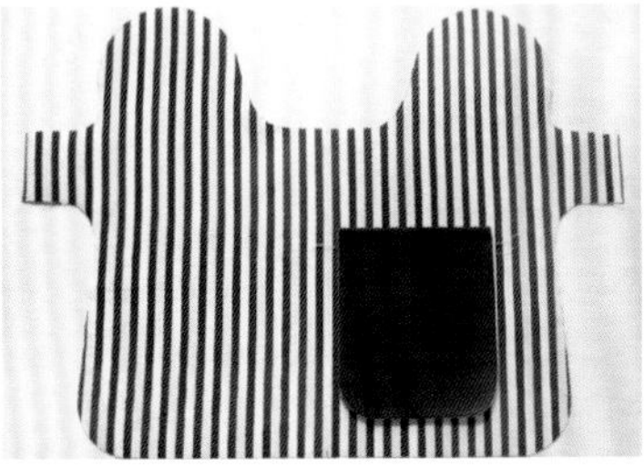

03 上方向內折 1.5cm，在 1cm 處車縫固定裝飾線。

04 放置在裡袋身 B1 右下角處，使用珠針固定位置。

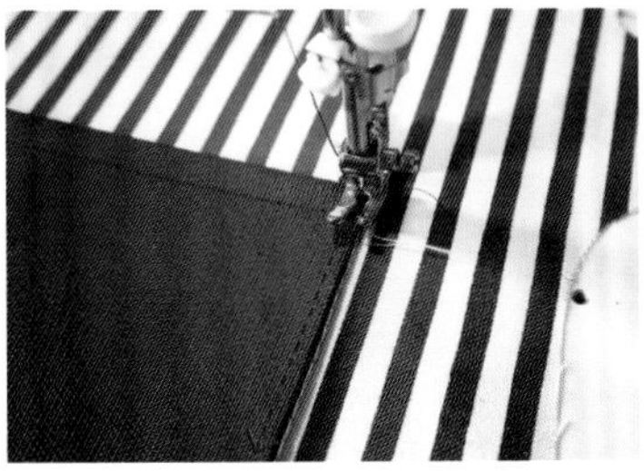

05 沿邊車縫三邊後，用拆線器將疏縫的線拆掉即完成。

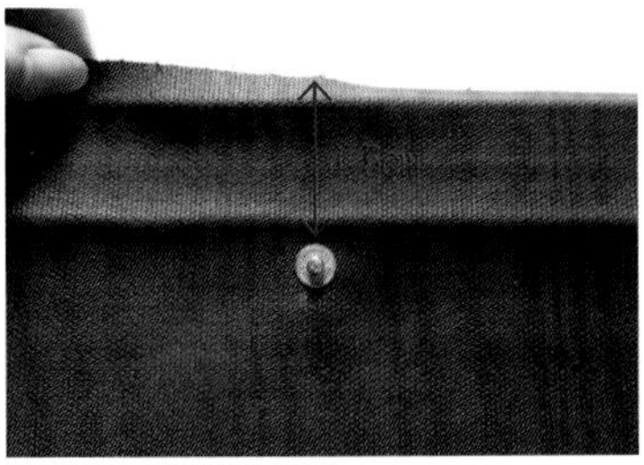

06 裡口袋 C3 向下先折 1cm，再折 3cm。

07 打開摺份，在中心向下 4.5cm 處做記號，釘入四合釦的公釦。

08 從背面沿邊車縫固定裝飾線。

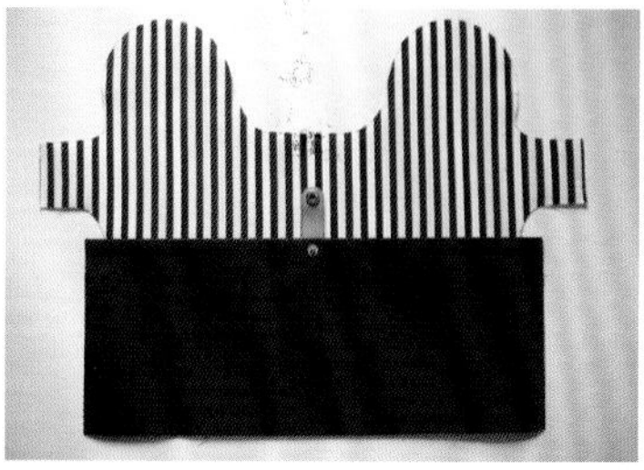

09 6.5cm 皮條兩邊向內 1cm 處打洞，一邊釘入四合釦的母釦。

10 裡袋身 B1 中心點向上 14.5cm 處，釘入固定釦固定皮條（反面向上）。

11 裡口袋 C3 疏縫於裡袋身 B1 上。

12 將多餘的裡口袋布剪掉。

13 皮標置於表袋身 A1 中心點向下 5cm 處，做固定釦的記號，並將其釘入。

14 另一片表袋身 A1 車縫上一字拉鍊口袋。

15 兩片側口袋表布 A2 和側口袋裡布 B2 正面相對，車縫後打開，縫份倒向裡布熨燙。

16 側口袋布對折後，在裡布上車縫固定裝飾線。

17 兩邊向內 3cm 和 5cm 處畫記號線，3cm 處摺谷線，5cm 處摺山線後整燙好。

18 將側口袋布疏縫在表側身 C1 上。

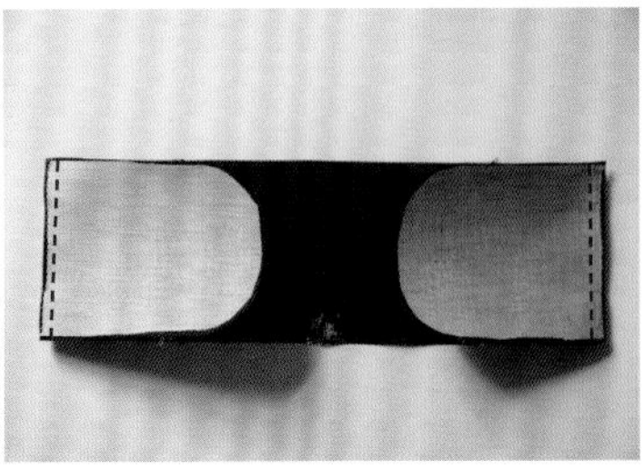

19 接合表側身C1和表袋底C2。

20 縫份倒向表袋底C2，在表袋底C2上車縫固定裝飾線。

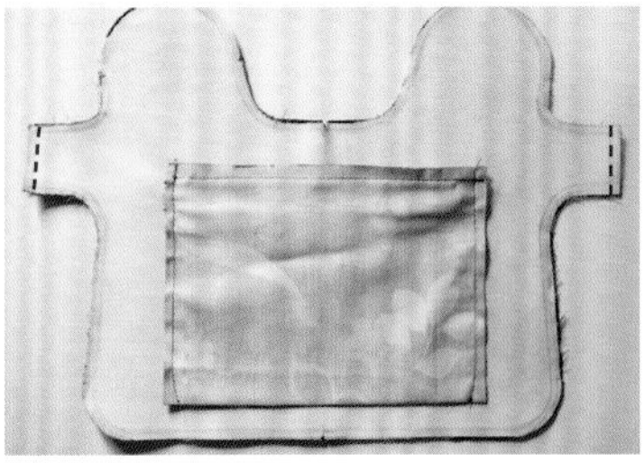

21 兩片表袋身正面相對車縫兩邊。

22 翻至正面，兩邊沿邊緣車縫裝飾線。

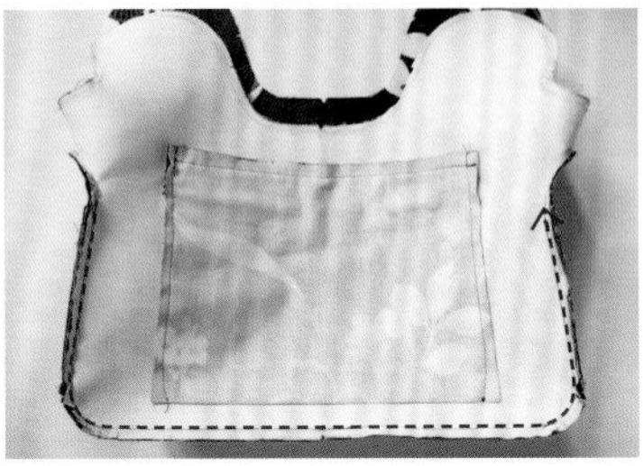

23 車縫表袋身和組合好的側身袋底。先將表袋身放於下方，從側邊記號處（口袋記號）開始車縫到另一邊記號處，另一邊亦如此。

24 圓弧處剪牙口後較容易轉彎車縫。

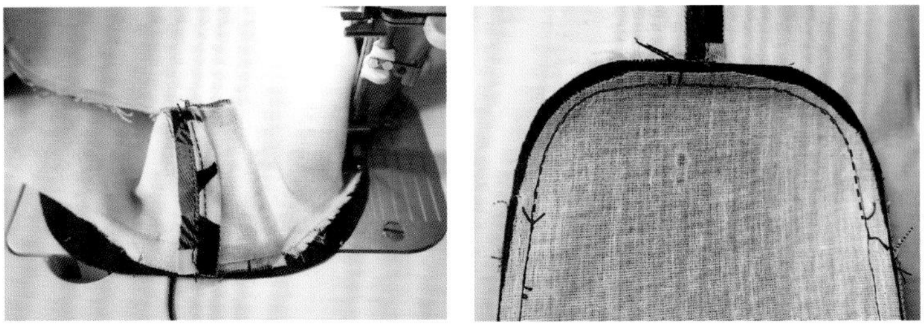

25 將表側身置於下方，車縫兩邊的圓弧處。

26 組合好後翻至正面檢查是否有對齊車縫好。

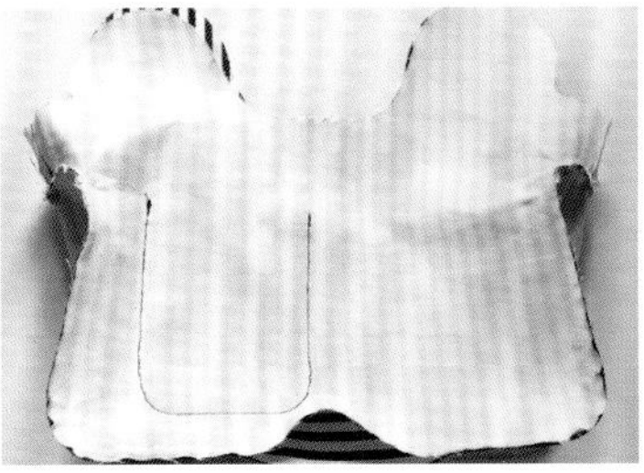

27 裡袋身B1和裡袋底B3同步驟21～25，袋底留一返口。

28 表裡袋身正面相對車縫上端。

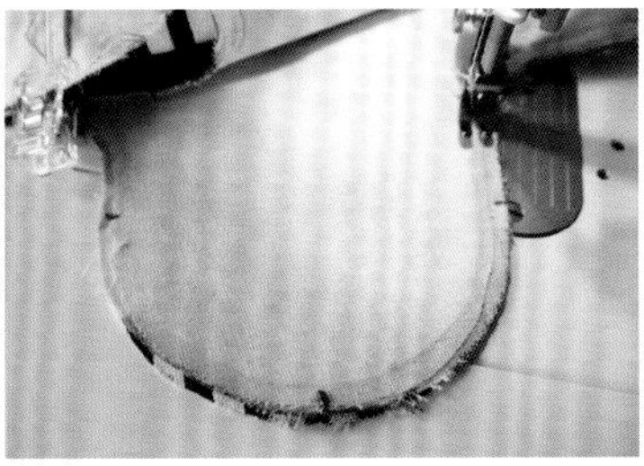

29 圓弧的地方記得對齊記號處。

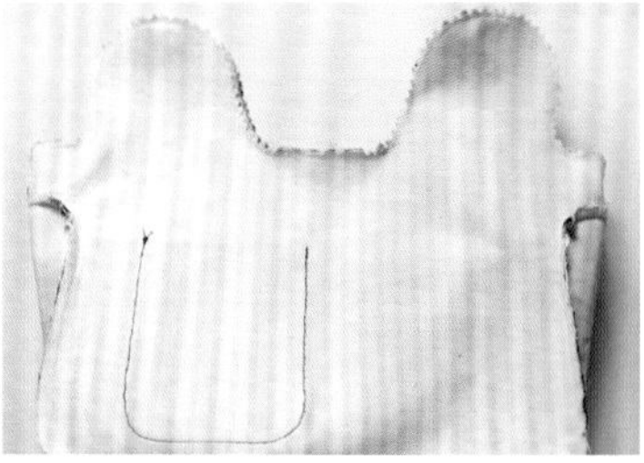

30 車縫一圈後，圓弧和內凹處都需要剪牙口。

31 從返口翻回正面整燙後，將返口縫合。

32 利用紙型將4個圓弧的兩側接合點標出。

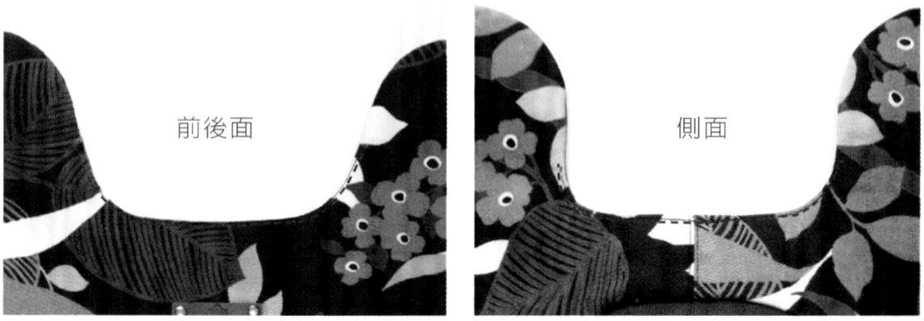

33 從接合點兩側開始，沿邊車縫固定裝飾線。

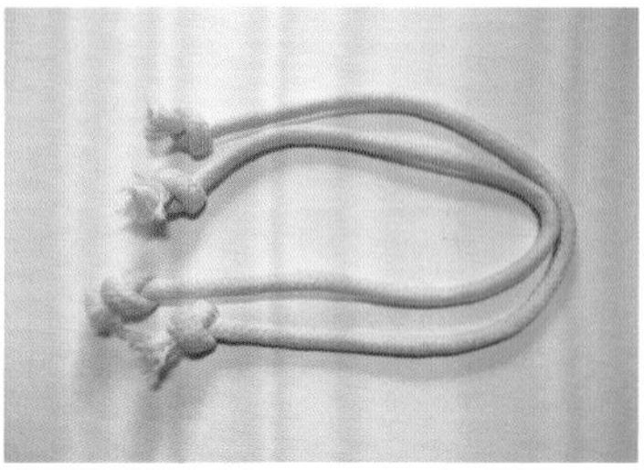

34 2條90cm的棉繩各在兩頭打一個結。

35 從圓弧記號處摺向下包住棉繩，兩側用待針固定確認是否對稱。

36 兩側向內1cm做記號後，用皮革打洞器打洞（不要離棉繩太遠，不然容易鬆脫，但注意勿釘到棉繩）。

37 釘入四合釦（釘入前移動一下棉繩，確認沒有一起被釘住）。

38 完成。

蝴蝶結束口包

束繩收攏出雅緻的波浪皺褶，有深度的袋型，集中的形態像花蕾般，靜靜地，就看見了蝴蝶與花共舞著。

直式拉鍊是有深度的袋型取物必備。

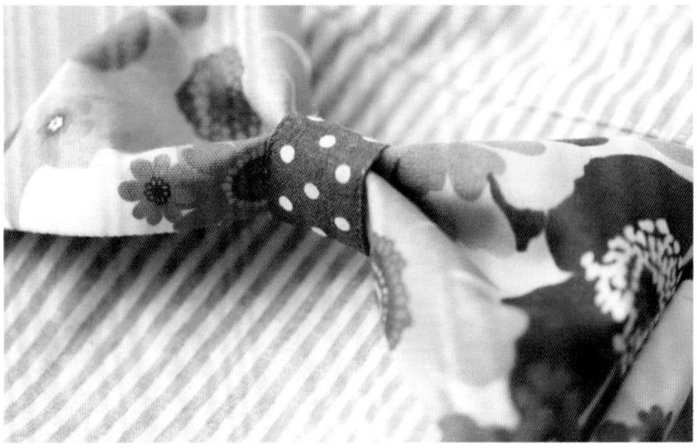

醒目的蝴蝶結裝飾，是視覺的焦點。

花樣與條紋的拼接，溫柔呼應的色系，單純可愛。

蝴蝶結束口包

pattern ▸▸▸ B面

材料

部位名稱	尺寸	數量	燙襯	備註
A1 前側身	紙型 (正反面)	各 1	厚襯	厚襯大於紙型大小
A2 後側身	紙型 (正反面)	各 1	厚襯	厚襯大於紙型大小
A3 蝴蝶結布	25×25 cm ↑	1	厚襯	厚襯尺寸：23.5×23.5cm
A4 表袋底	紙型	1	厚襯	厚襯大於紙型大小
A5 貼式口袋布	18.5×30cm	1	X	
B1 前袋身	21.5×19.5 cm ↑	1	厚襯	二邊向內 2cm 處做記號
B2 後袋身	24×19.5 cm ↑	1	厚襯	
B3 上袋身	41.5×21.5 cm ↑	2	厚襯	厚襯尺寸：41×21cm
B4 拉鍊絆布	2.5×3cm ↑	4	X	
C1 裡袋身	紙型	2	薄襯	薄襯同紙型大小
C2 裡袋底	紙型	1	薄襯	薄襯同紙型大小
C3 拉鍊口袋	18×35cm ↑	2	X	
C4 蝴蝶結束口布	5×10 cm ↑	1	厚襯	厚襯尺寸：3.5×8.5cm
C5 束口繩布	91×4cm ↑	1	X	

※ 數字尺寸已含縫份，紙型需再外加 0.7cm。

其他材料

4mm 腊繩 90cm、13mm 雞眼釦 16 組、6”(15.2cm) 拉鍊 2 條、提把 1 組

裁片示意圖

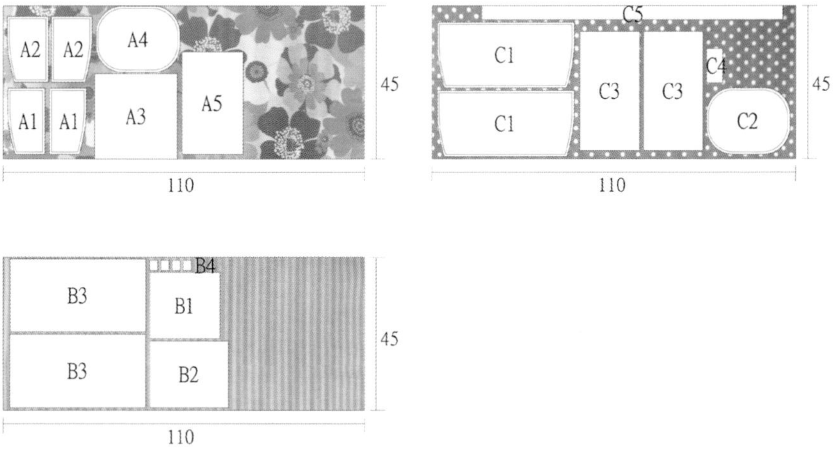

How to make ▸▸▸

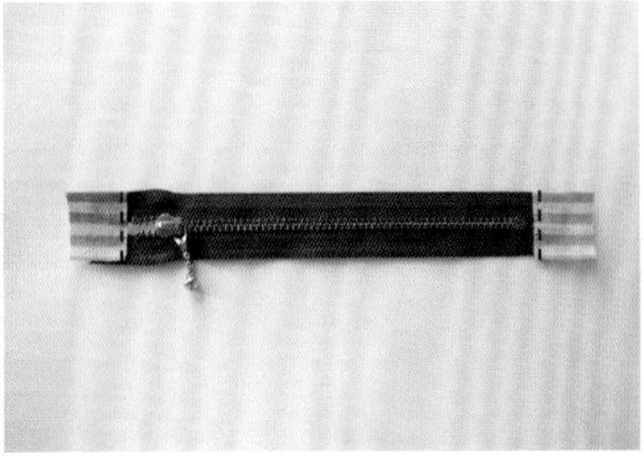

01 拉鍊絆布 B4 向內摺入 0.7cm，車縫在拉鍊的頭尾端。

02 拉鍊置中於後側身 A2 上疏縫。

03 將拉鍊口袋 C3 置中，與後側身 A2 夾車拉鍊。

04 拉鍊另一邊先與後袋身 B2 疏縫。

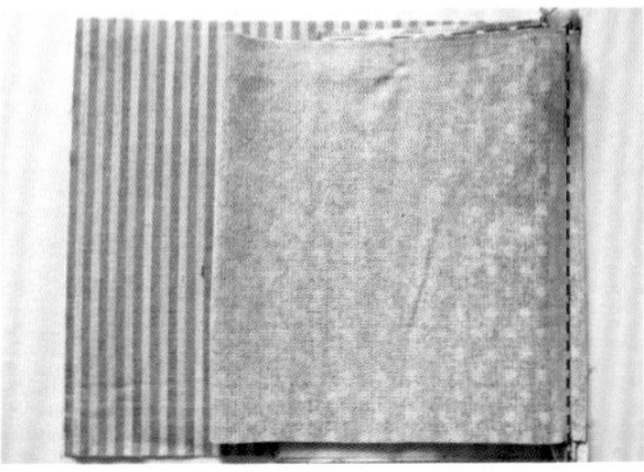

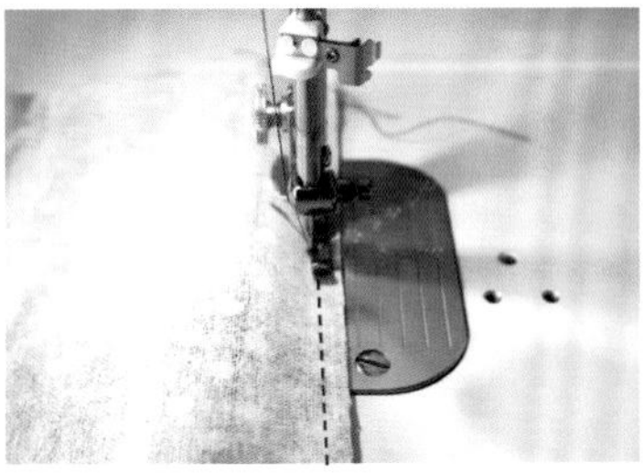

05 拉鍊口袋 C3 另一邊置中，與後袋身 B2 夾車拉鍊。

06 後側身 A2 和後袋身 B2 對齊，從車縫線開始車縫拉鍊口袋的兩邊。

07 後袋身 B2 與後側身 A2 對齊記號位置後，將後袋身 B2 翻開，上下疏縫固定。

08 另一邊同做法 1~7。

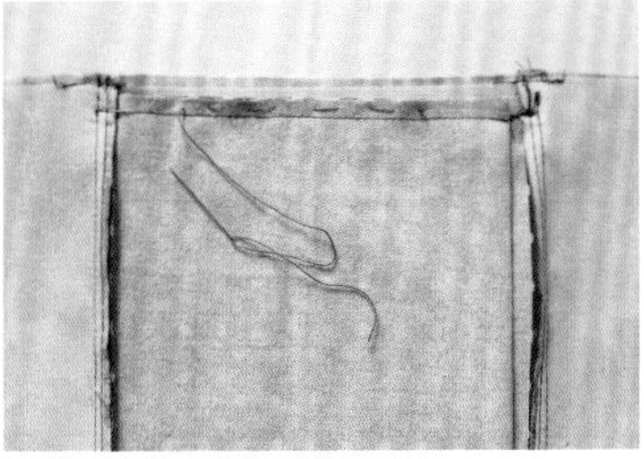

09 翻至背面，將兩片拉鍊口袋手縫固定在一起。

10 兩邊隱藏側邊拉鍊口袋完成。

11 蝴蝶結束口布 C4 兩邊向內摺入 0.7cm 後，沿邊車縫固定線，頭尾正面相對車縫後，翻面即可。

12 蝴蝶結布 A3 正面相對車縫後，翻面整燙。

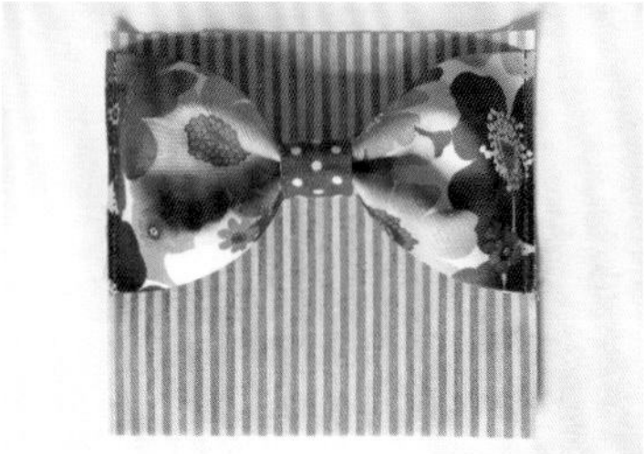

13 蝴蝶結布 A3 折四摺，套入蝴蝶結束口布 C4 中，置中後整理好蝴蝶結的形狀。

14 將蝴蝶結疏縫固定在前袋身 B1 向下約 1cm 處。

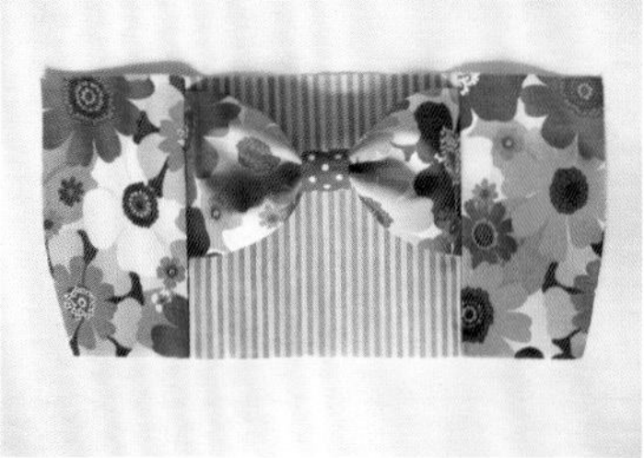
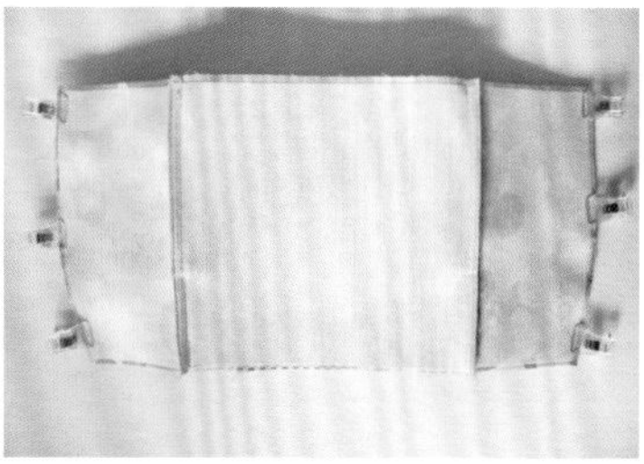
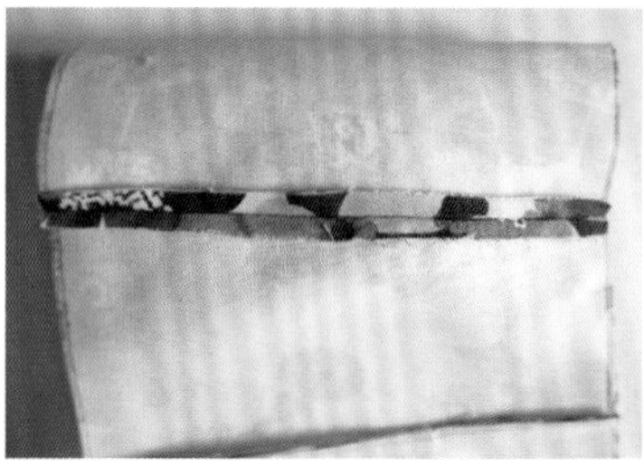

15 二片前側身 A1 與前袋身 B1 接合，縫份倒向側身。

16 前後袋身正面相對車縫，縫份打開熨燙。

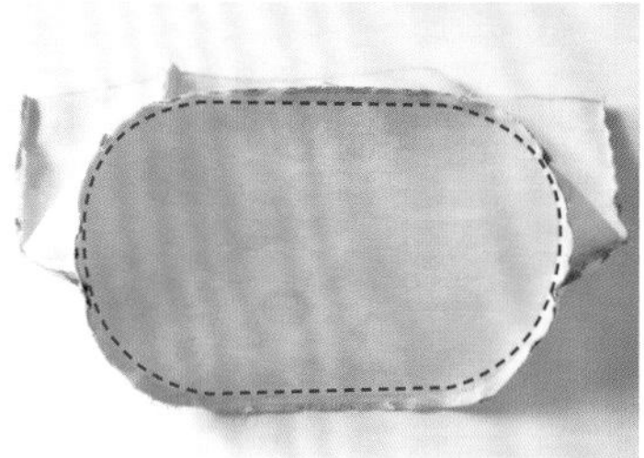
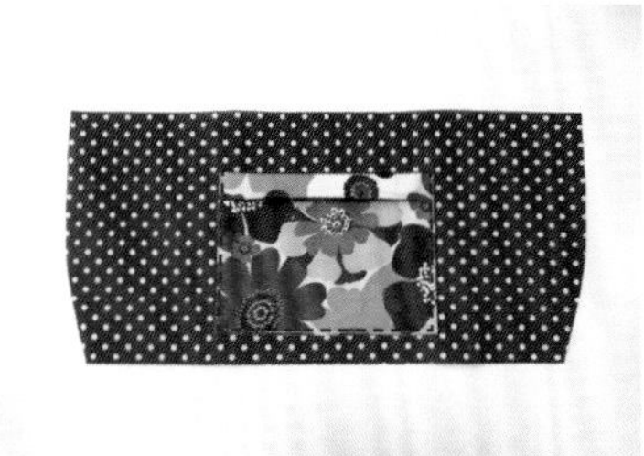
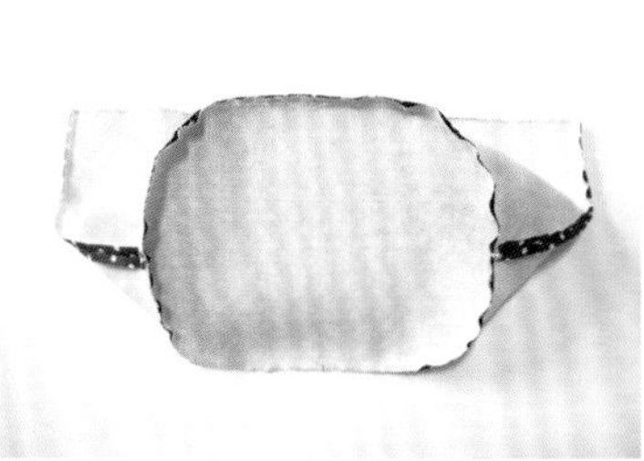

17 依表袋底 A4 的對位記號，與袋身的車縫線位置對齊，車縫表袋身和表袋底。

18 在其中一片裡袋身 C1 上，車縫貼式口袋 A5(車縫側邊時，口袋上方再往下摺，就可以變化出另一種口袋樣式)。

19 二片裡袋身 C1 正面相對車縫，兩側縫份燙開後，再與裡袋底 C2 組合一起。

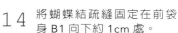

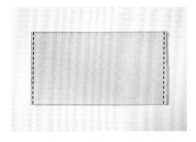

20 二片上袋身 B3 正面相對，側邊一起車縫，縫份打開整燙。

21 上袋身 B3 與表袋身正面相對車縫一圈。

22 翻至正面，縫份倒向上袋身，沿邊車縫裝飾固定線一圈。

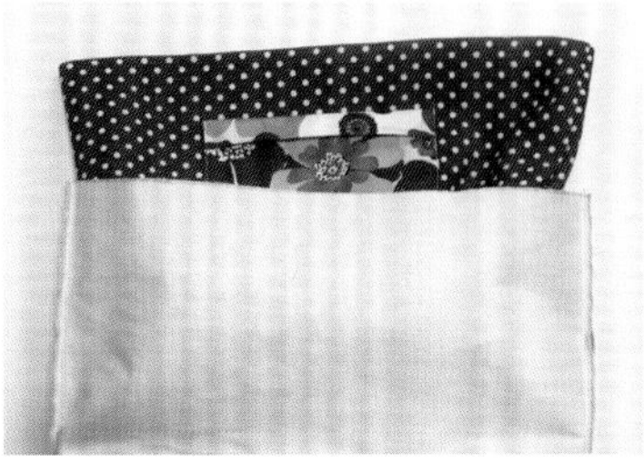

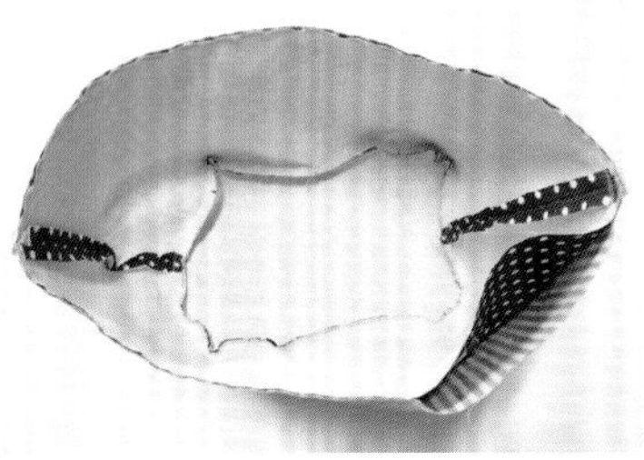

23 將裡袋套入表袋中，與上袋身 B3 車縫一圈並留約 15cm 的返口。

24 從返口翻至正面後，藏針縫縫合返口。

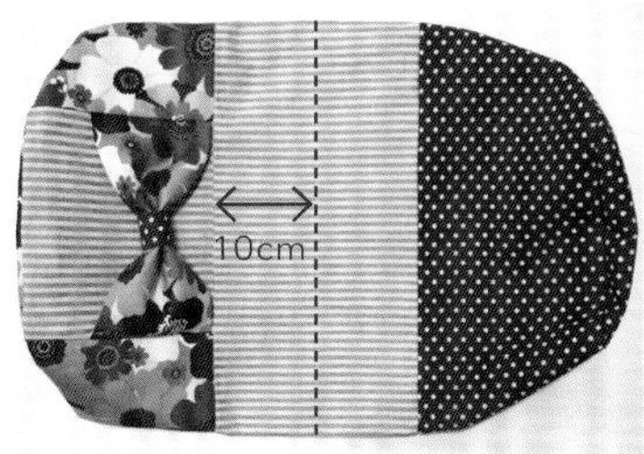

25 在上袋身上畫出中心線，沿線向內摺入整燙固定。

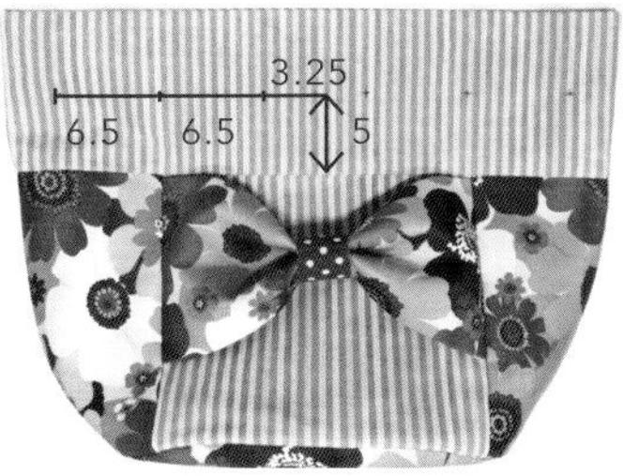

26 在外上袋身上標出中心點(中心點不打洞)和雞眼釦位置。

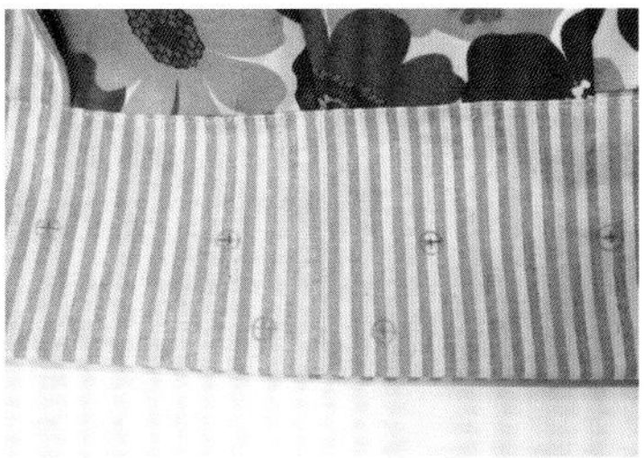

27 上袋身兩側邊縫線向外 2cm，袋口向下 1.5cm 處做記號，用 13mm 雞眼墊片畫出圓並打洞(打洞的下方要墊塑膠板)。

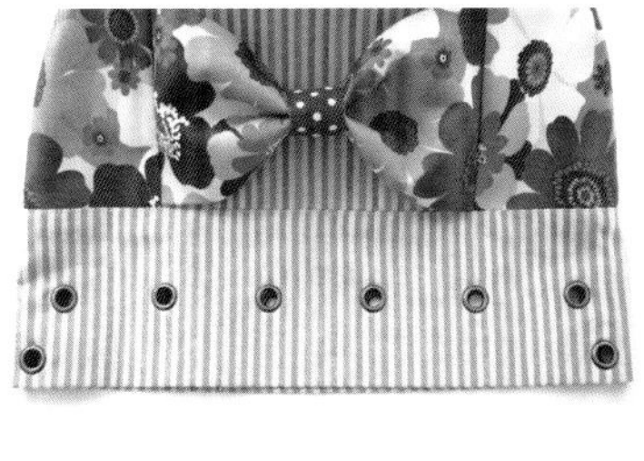

28 完成雞眼打洞。

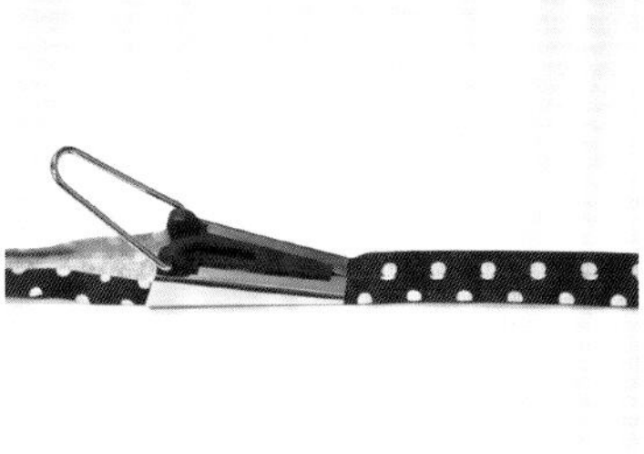

29 將束口繩布 C5，用滾邊器和熨斗整燙一整條。

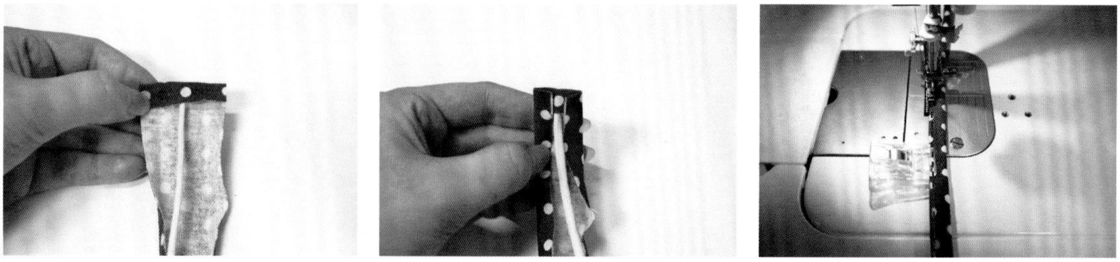

30 將 90cm 長的蠟繩包入，用單邊壓布腳車縫。

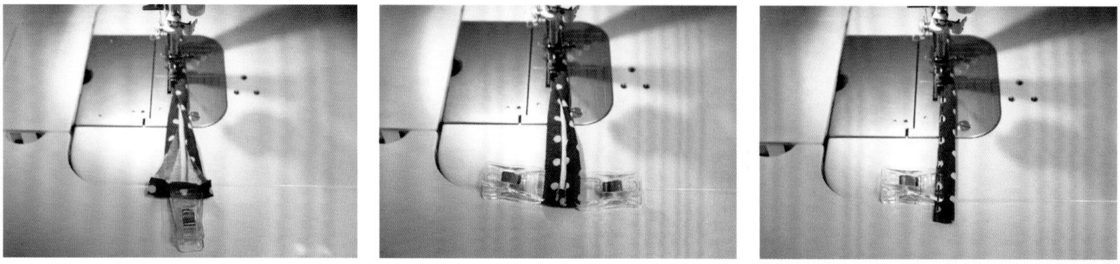

31 束口繩布 C5 尾端，也依序包入車縫到底。

32 穿入束口繩，兩端打結，完成袋身。

33 兩端扣入提袋，完成。

美式條紋手提包

各種細節濃縮在袋身上，打摺及弧度讓袋型變得特別，細細地調整出線條及皺褶，讓擺動的束繩漾著活躍的神采。

袋口弧度增加了空間，讓肩背時更舒適。

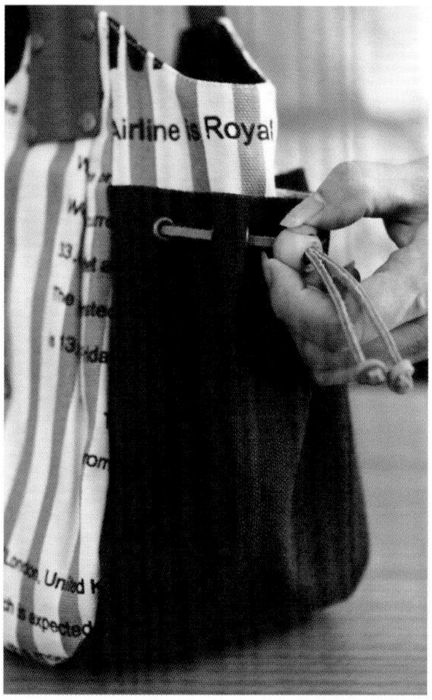

利用繩釦可自由調整側袋的鬆緊及形狀。

美式條紋手提包

pattern ▸▸▸ B面

材料

部位名稱	尺寸	數量	燙襯	備註
A1 表袋身	紙型	2	薄襯	薄襯大於紙型
A2 表側身	紙型	2	薄襯	薄襯大於紙型
B1 表袋底	34.5×13.5cm ↑	1	輕挺襯	輕挺襯尺寸：33×12cm
B2 側口袋	紙型	2	×	
A3 側口袋飾條	紙型	2	薄襯	薄襯同紙型大小
B3 裡袋身	紙型	2	×	
B4 裡側身	紙型	2	×	
B5 裡口袋	紙型	1	×	
A4 裡口袋飾條	紙型	1	薄襯	薄襯尺寸同紙型大小
A5 布標	9.5×16.5cm ↑	1	×	

※ 數字尺寸已含縫份，紙型需再外加 0.7cm。
※ 建議使用針號：16 號針

其他材料

10mm 雞眼釦 12 組、3mm×18cm 皮繩 4 條、10mm 撞釘磁釦 1 組、12mm 四合釦 1 組、2×6.5cm 皮條 2 片、8mm 固定釦 2 組、繩釦 2 個、提把 1 組

裁片示意圖

單位：cm

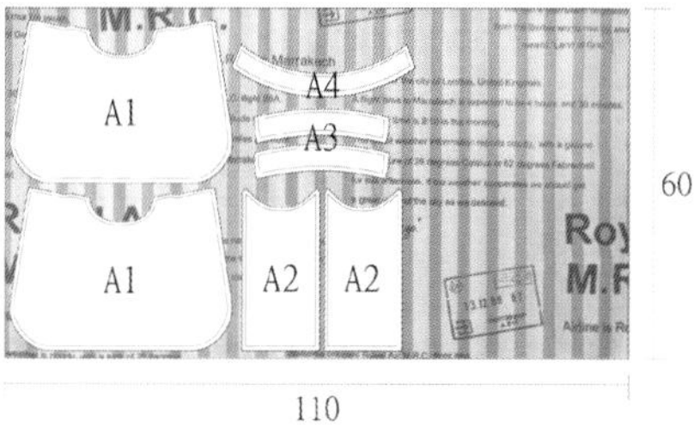

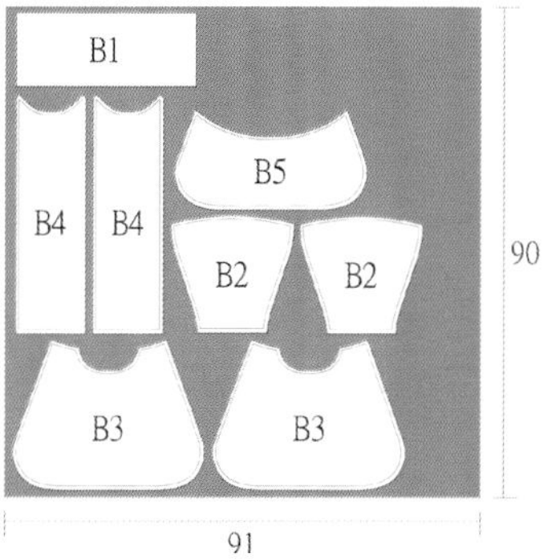

How to make ▸▸▸

01 上方第一個記號處與側邊平行對摺，沿邊車縫至止點(約15cm)回針後剪斷。

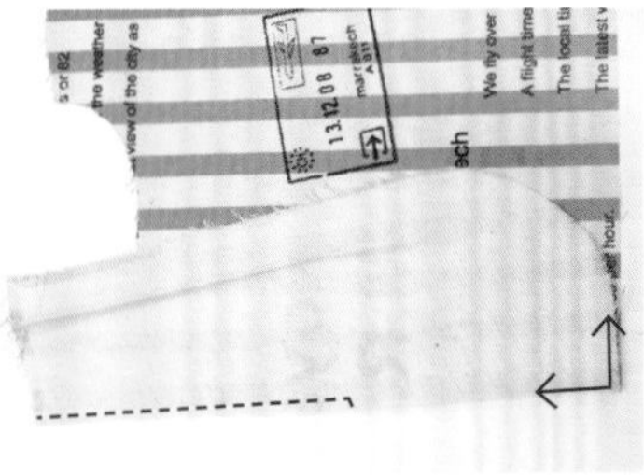

02 第 4 個記號處與底部垂直對摺，沿邊車縫至止點(約15cm)回針後剪斷。

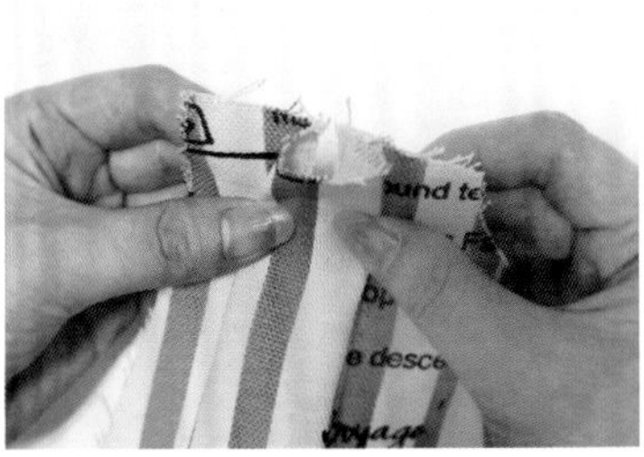

03 第 2、3 個記號處向內摺(上方要對齊，摺入後是平直的)。

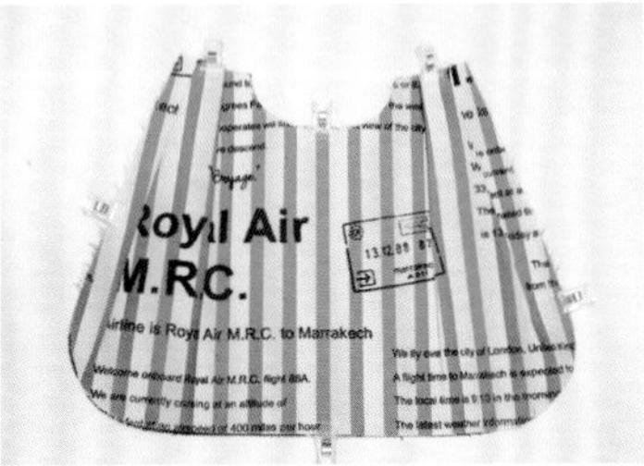

04 另一邊同步驟 1~3；可將裡袋身放置在下方，上下左右對齊，以固定夾固定，整理好皺褶後整燙固定。

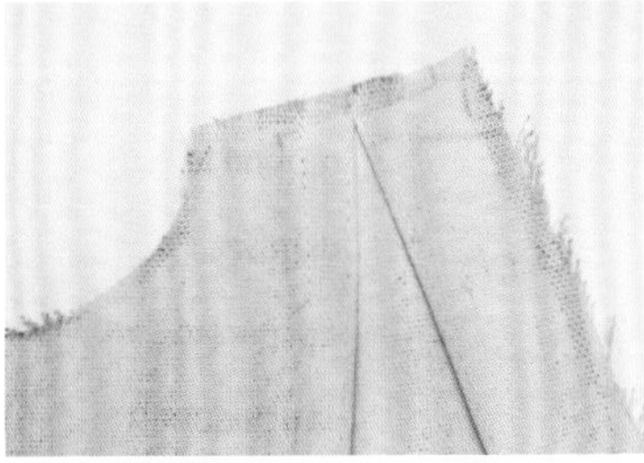

05 在皺褶上車壓約 4cm 的固定線。

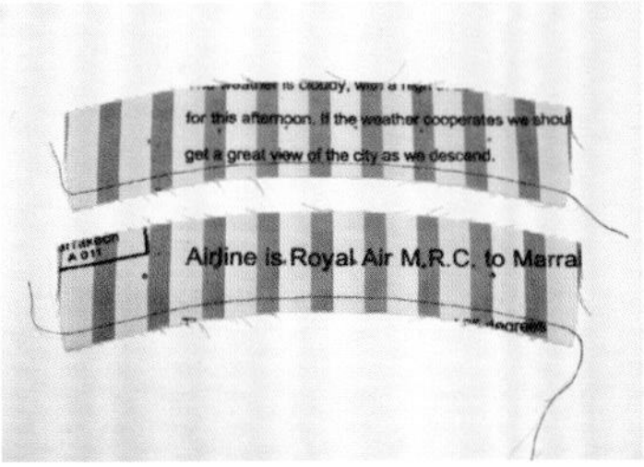

06 側口袋飾條 A3 下方 0.7cm 處疏縫。

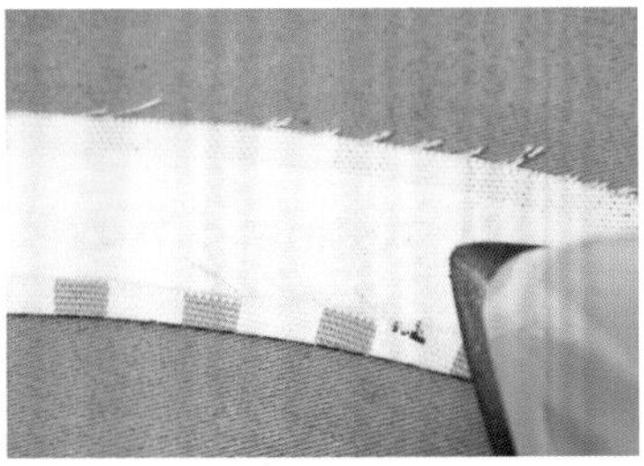

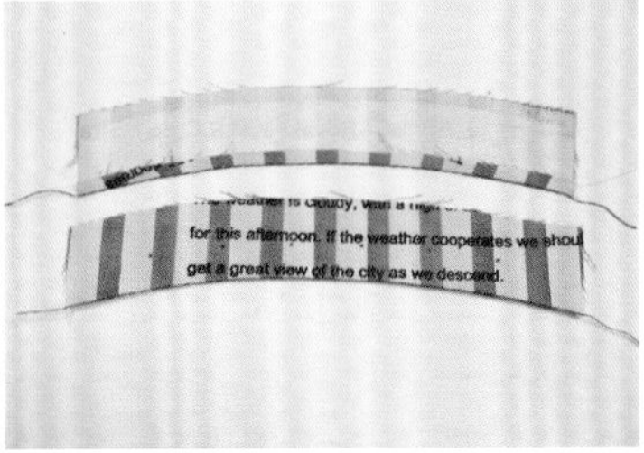

07 沿線向內摺入後，整燙固定。

08 側口袋飾條 A3 與側口袋 B2，正面相對車縫。

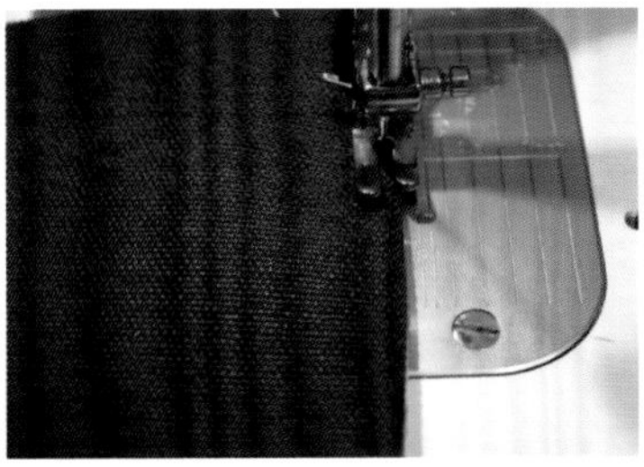

09 側口袋飾條 A3 剪牙口後翻到背面整燙後， 在側口袋 B2 上沿邊車壓固定裝飾線。

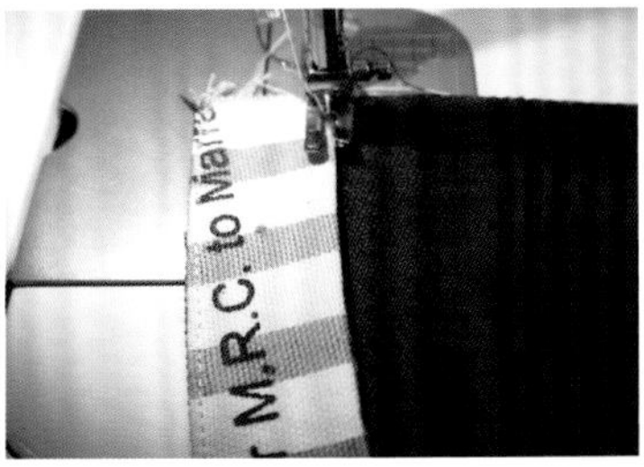

10 側口袋飾條 A3 上沿邊車壓下方的固定裝飾線(※ 注意：上下線要對調，翻到正面顏色才會正確)。

11 車縫後，將疏縫的線用拆線器挑掉。

12 完成兩邊的側口袋飾條後，依紙型上的記號打洞。

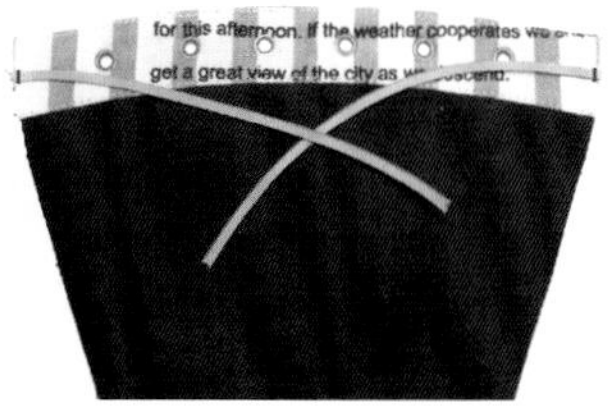

13 將 10mm 的雞眼釦釘上，兩邊飾條的中心處車縫固定皮繩。

14 將側口袋 B2 疏縫在表側身 A2 上。

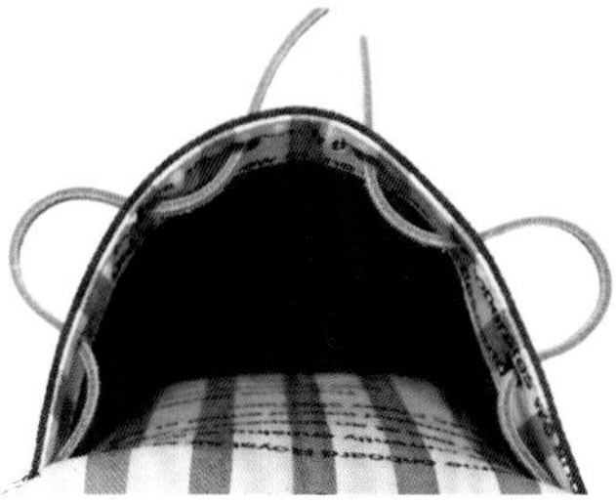

15 將皮繩依序穿出；另一邊側口袋 B2 同做法。

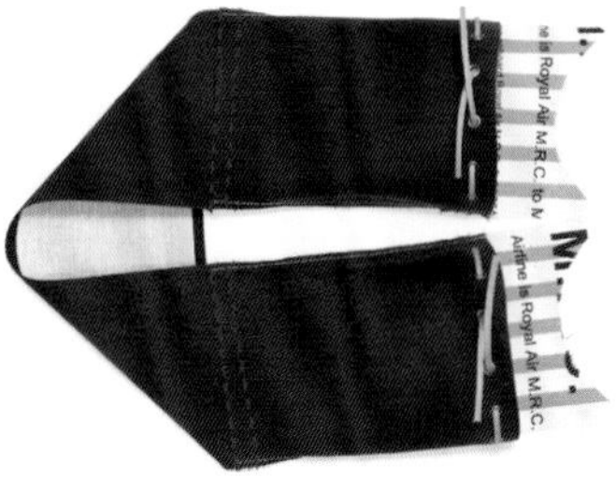

16 表側身 A2 與表袋底 B1 正面相對車縫，打開縫份整燙後，在正面車縫線兩邊車壓上固定裝飾線。

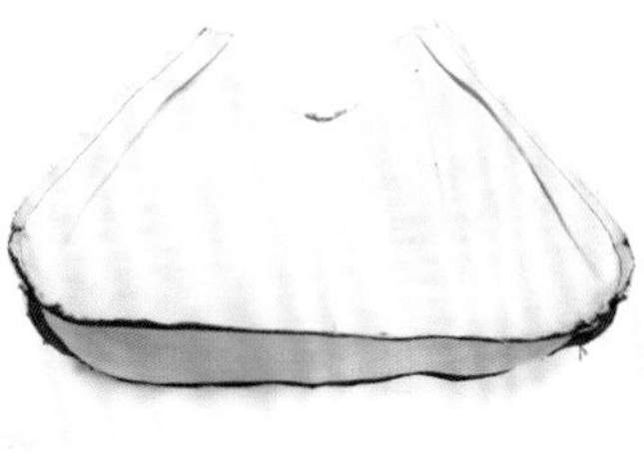

17 組合側身與 2 片表袋身 A1。

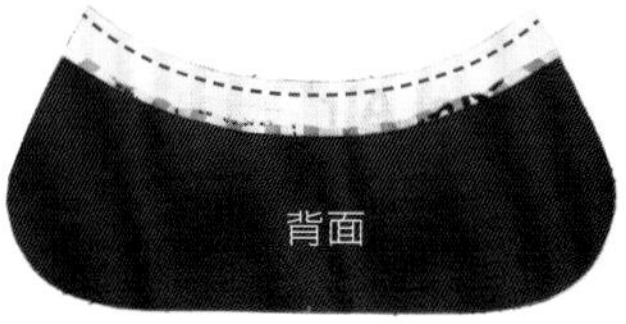

18 裡口袋飾條 A4 同步驟 6 和 7 折燙好，放在裡口袋 B5 背面上車縫。

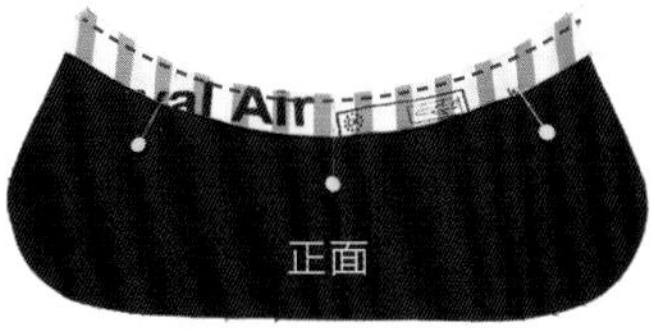

19 縫份剪牙口後，翻至正面，上方沿邊壓線後，將裡口袋飾條 A4 用針固定於裡口袋上後，再沿邊車縫固定裝飾線。

20 車縫後記得將疏縫線拆掉。

21 將裡口袋 B5 疏縫於裡袋身 B3 上。

22 在裡口袋上方中心處做記號，用錐子刺穿， 裝入撞釘磁釦。

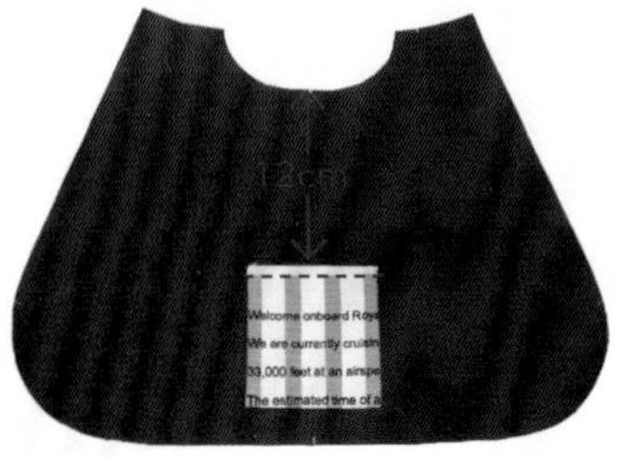

23 將布標 A5 依貼式口袋作法車縫好後，放於另一片的裡袋身 B3 上車縫。

24 翻到上方，沿邊車縫 4 邊固定，也可再加上自己的布標或喜愛的圖案布標。

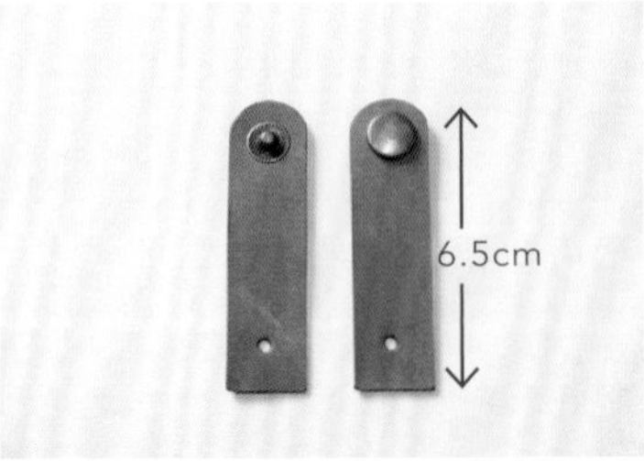

25 皮片兩邊向內 1cm 處打洞，一邊釘入 12mm 的四合釦。

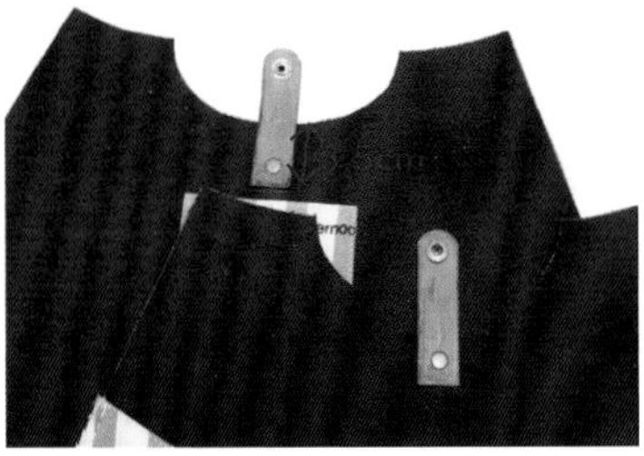

26 將皮片用固定釦固定於裡袋身中心向下 3.5cm 處 (皮片背面朝上)。

27 車縫 2 片裡側身 B4， 打開縫份整燙後，在正面車縫線兩邊車壓上固定裝飾線。

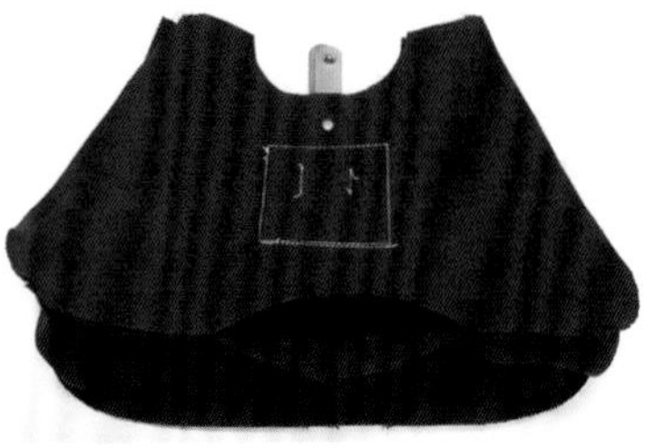

28 組合裡側身和裡袋身，留約 15cm 的返口。

29 將表袋放入裡袋中， 上方正面相對車縫一圈。

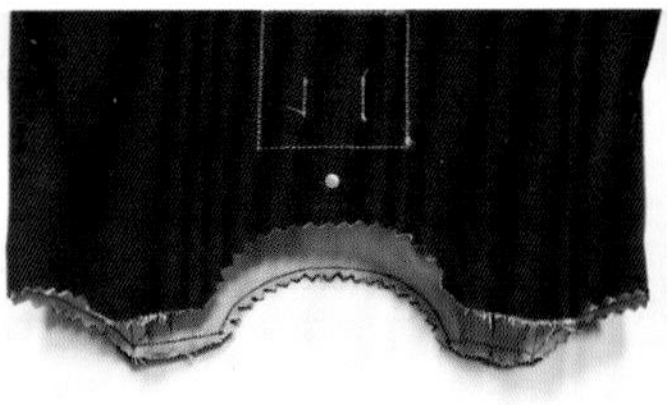

30 圓弧處剪牙口並修掉尖角。

31 從返口翻至正面。

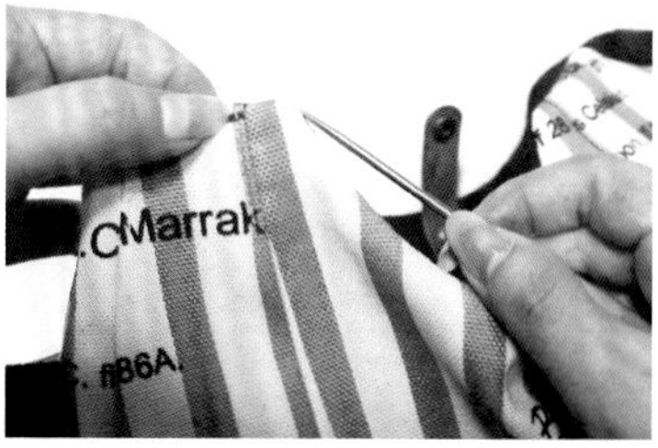

32 尖角處可以用錐子輔助翻出漂亮直角。

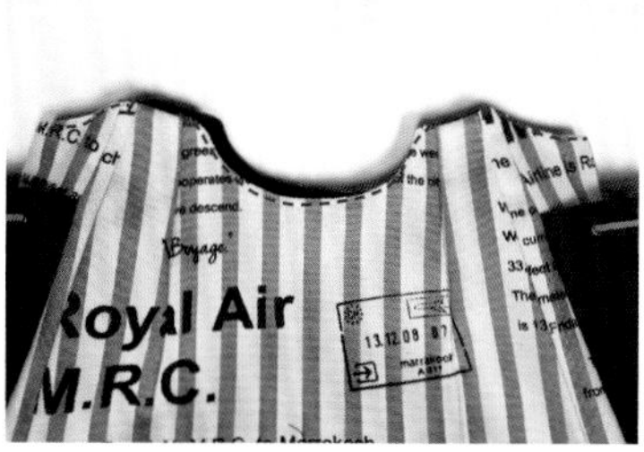

33 沿邊車縫固定線，止點處須回針(皺褶處比較厚，建議不要車縫)。

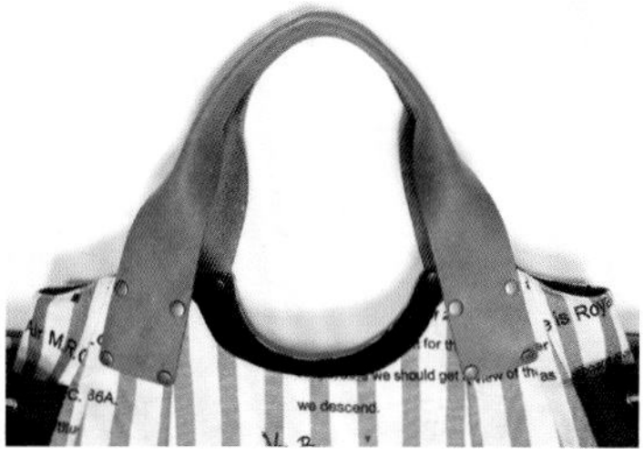

34 順著皺褶的方向釘上兩邊的提把。

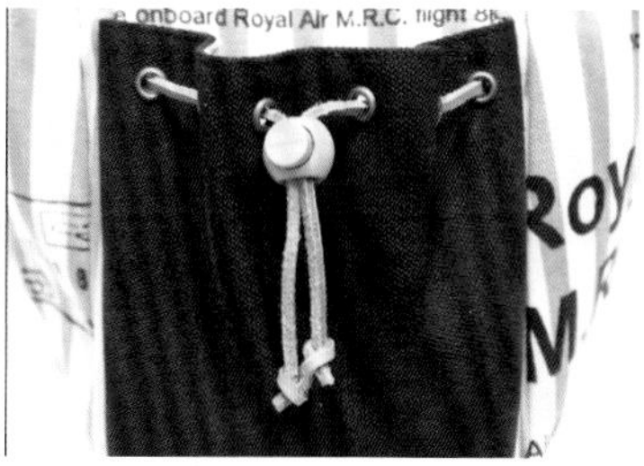

35 繩釦穿過皮繩後再將其尾端打一個結。

36 完成。

偶遇帆布後背包

可後背、可肩背的大容量書包，淡雅的藕紫色與簡潔的外觀，交融成一種令人想親近的文青氣質。

以皮條及原子釦組合成調節式的實用設計。

很容易就能拿取鑰匙的貼心功能，不必在包包裡大海撈針。

偶遇帆布後背包

pattern ▸▸▸ B面

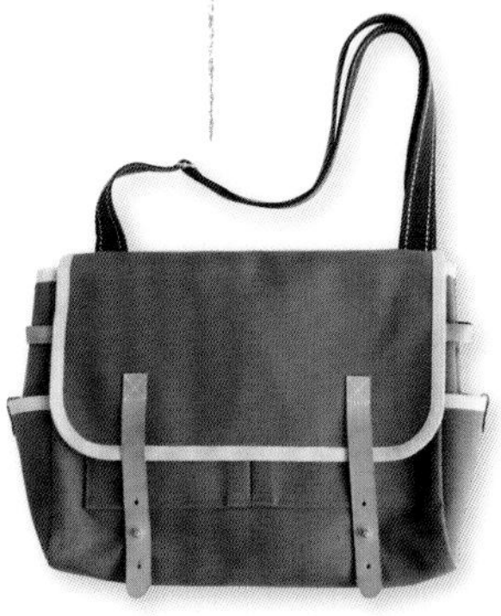

材料

部位名稱	尺寸	數量	燙襯	備註
A1 表袋身	36.5×58 cm ↑	1	×	
A2 表袋蓋	34×25 cm ↑	1	×	
A3 前口袋	37.5×20 cm ↑	1	×	
A4 背面壓條	37×5 cm ↑	1	×	
A5 底壓條	37×8cm ↑	1	×	
A6 表側身	紙型	2	×	
A7 表側口袋	紙型	2	×	
B1 裡袋身	36.5×58 cm ↑	1	×	
B2 裡袋蓋	34×25 cm ↑	1	×	
B3 內口袋	36.5×28.5 cm ↑	1	×	
B4 內口袋	36.5×31.5 cm ↑	1	×	
B5 裡側身	紙型	2	×	
B6 拉鍊夾層	24×37 cm ↑	1	×	

※ 數字尺寸已含縫份，紙型需再外加 0.7cm。
※ 建議使用針號：16 號針

其他材料

8”(21cm) 拉鍊 1 條、2cm D 型環 4 個、2.5cm 人字帶 250cm、2.5cm 鉤釦 1 個、3.2cm 日型環 1 個、2cm 棉織帶 40cm、3.2cm 棉織帶 150cm、8mm 固定釦 4 組、6mm 原子釦 4 組、真皮皮條：A-2×18cm2 條、B-1.5×18cm2 條、C-2×5cm2 條、D-1.5×7cm2 條

裁片示意圖 單位：cm

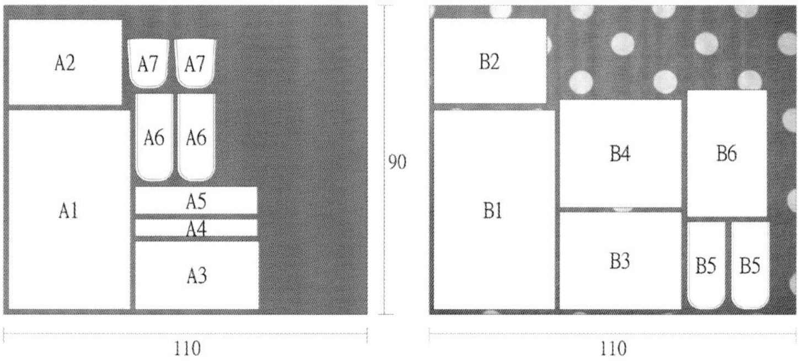

✦真皮皮條製作✦

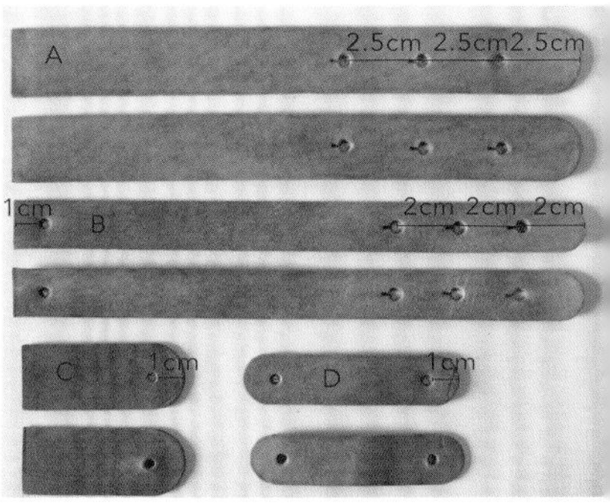

How to make ▸▸▸

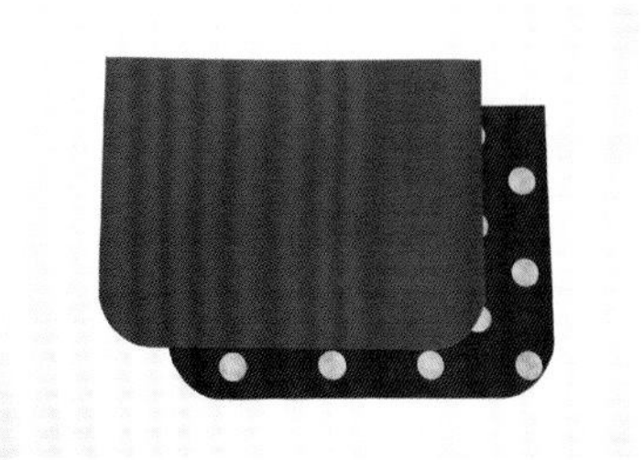

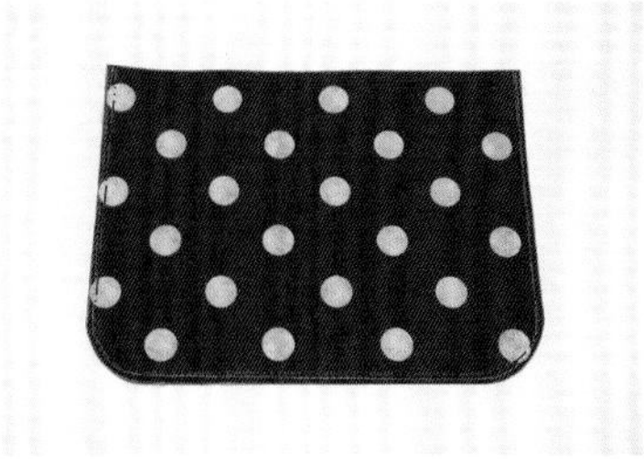

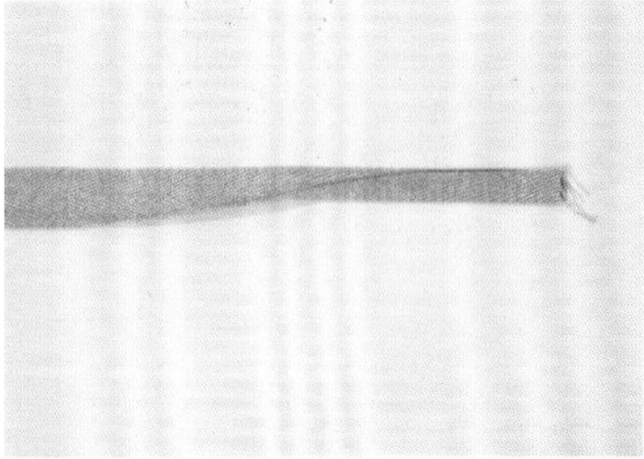

01 表袋蓋 A2 與裡袋蓋 B2 下方兩邊，依通用紙型弧度 2 畫線剪下。

02 背面相對疏縫三邊。

03 取約 85cm 的 2.5cm 人字帶，對折熨燙一整條。

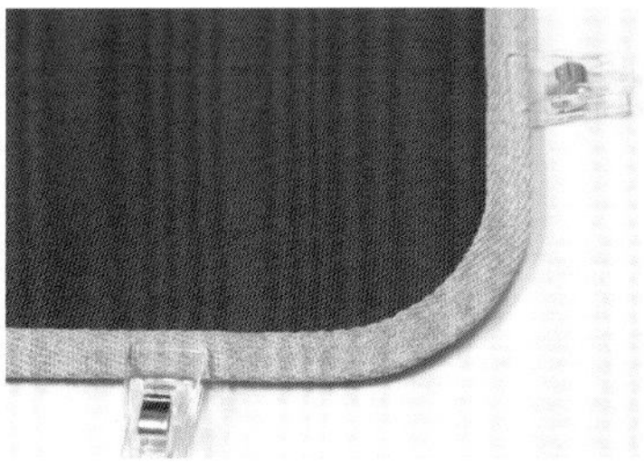

04 先沿袋蓋邊用固定夾固定，轉角位置開蒸氣熨燙後就會平順 (背面也要熨燙) 。

05 沿邊車縫固定線。

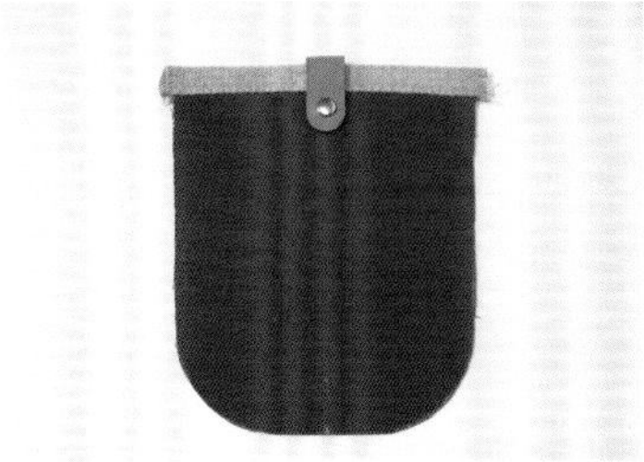

06 取 2 段約各 14cm 的人字帶對折熨燙，於 2 片表側口袋 A7 上方包邊車縫。

07 中心點往下約 1.8cm 處做記號，並用錐子打洞。

08 取皮片 D 對折夾住表側口袋後釘入固定釦。

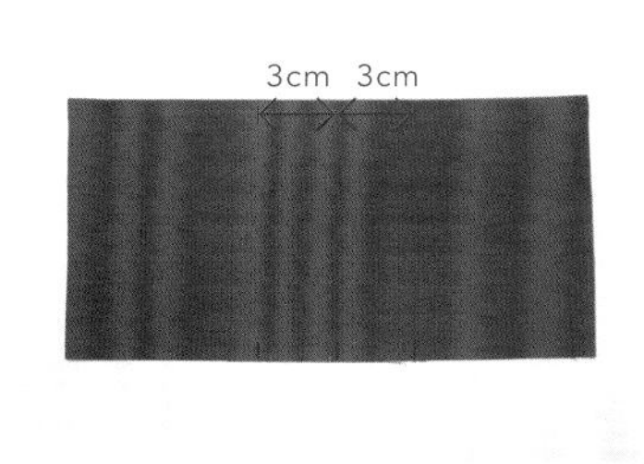

09 疏縫表側口袋 A7 在表側身 A6 上；另一邊同步驟 6 ～ 9。

10 前口袋 A3 兩邊向內 1.2cm 處畫線，兩邊折入，對齊至 1.2cm 處整燙。上方向下 4.5cm 處畫線，折兩摺對齊至線再整燙。

11 翻至正面，約 1.2cm 處車縫固定線。接著在中心處和左右 3cm 處做記號。

12 線對線向中心摺入後，整燙。

13 表袋身A1由上向下19.5cm處畫線，口袋布對齊線置中後，車縫在0.5cm處。

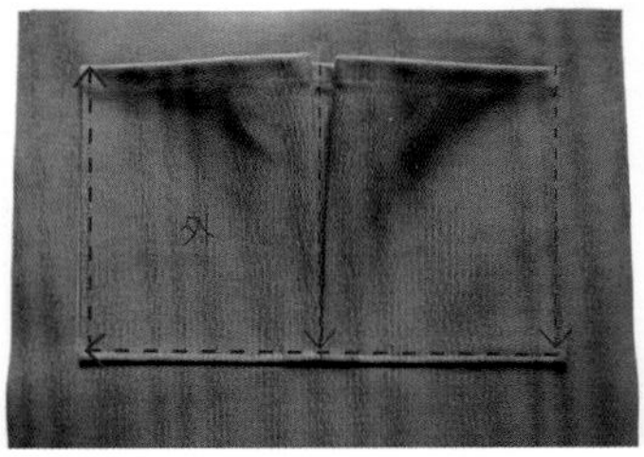

14 往上翻整燙，三邊壓固定線後，將口袋布摺燙處扳開，車縫中心固定分隔線。

15 使用皮革線車縫固定皮片C。

16 剪4段6cm的棉織帶，個別穿入D型環車縫固定。

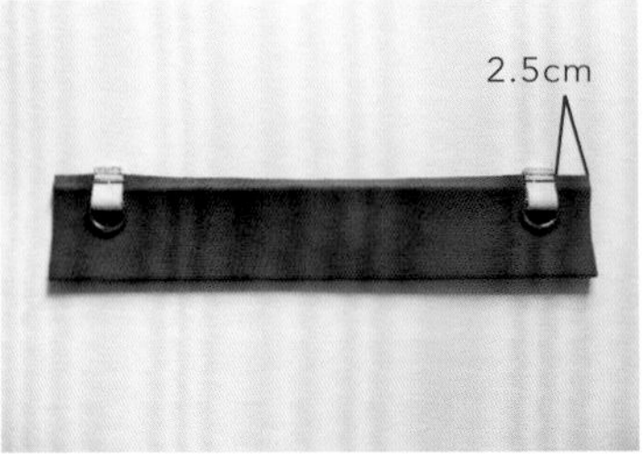

17 底壓條A5上下2邊各摺入1cm，兩邊向內2.5cm處疏縫固定釦環。

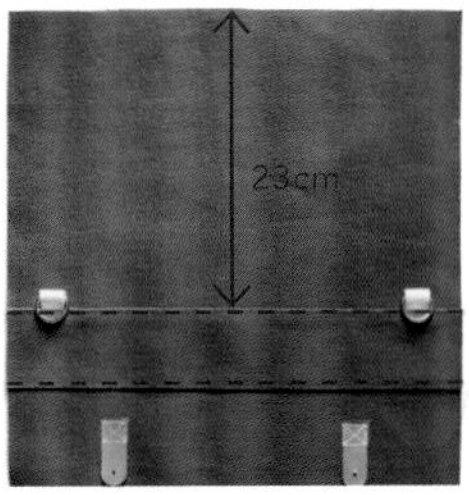

18 將底壓條A5車縫固定在表袋身A1上。

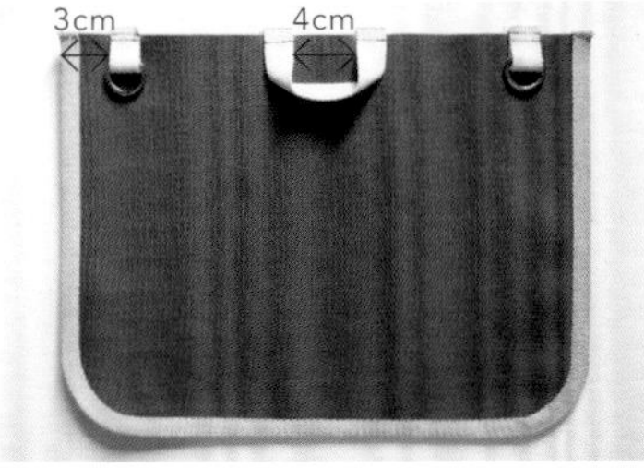

19 在袋蓋上疏縫固定棉織帶。

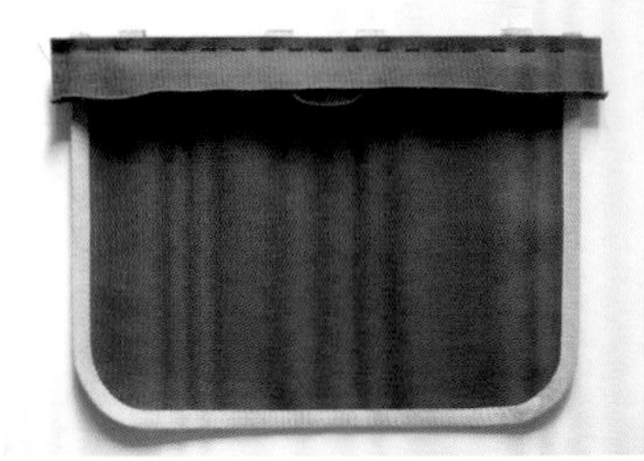

20 將背面壓條A4一邊摺入1cm，另一邊置中於袋蓋上車縫。

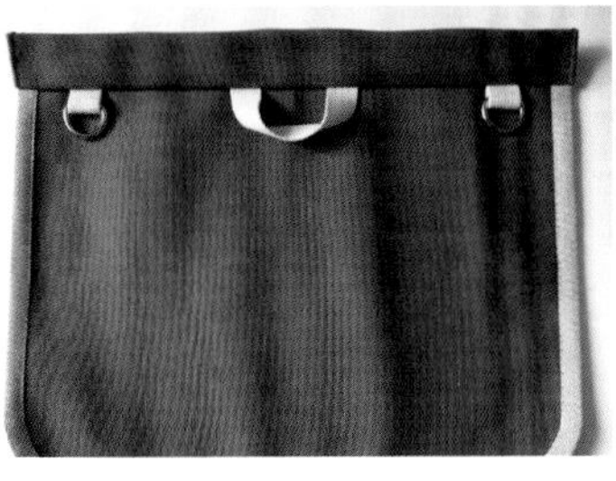

21 背面壓條A4向上翻，兩側沿袋蓋邊摺向內，並沿邊車縫固定裝飾線。

22 表袋身A1向下7cm處畫線，將背面壓條置中固定車縫在表袋身上。

23 組合表袋身A1和兩側表側身A6。圓弧處剪牙口，完成表袋。

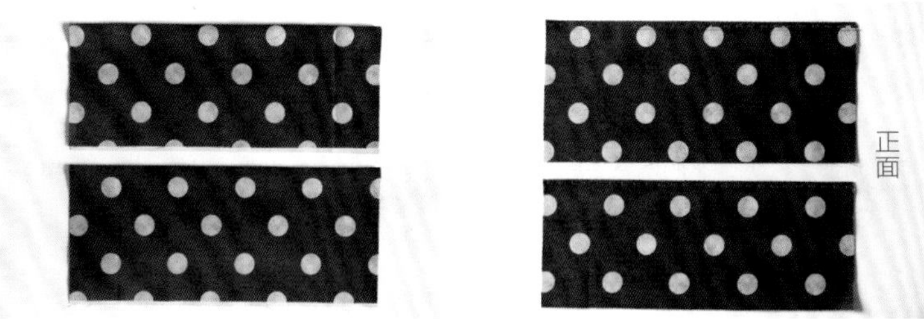

24 內口袋 B3、B4 下方留 0.5cm 對摺熨燙後，翻至正面，上方（對折處）車壓固定裝飾線。

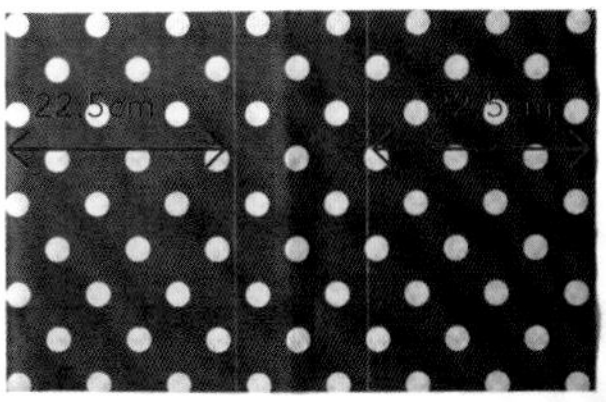

25 裡袋身 B1 左右向內 22.5cm 處畫記號線。

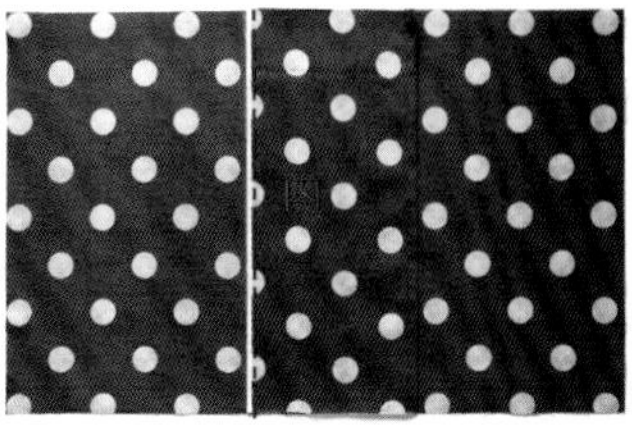

26 將內口袋 B4 對齊線，車縫在 0.5cm 處。

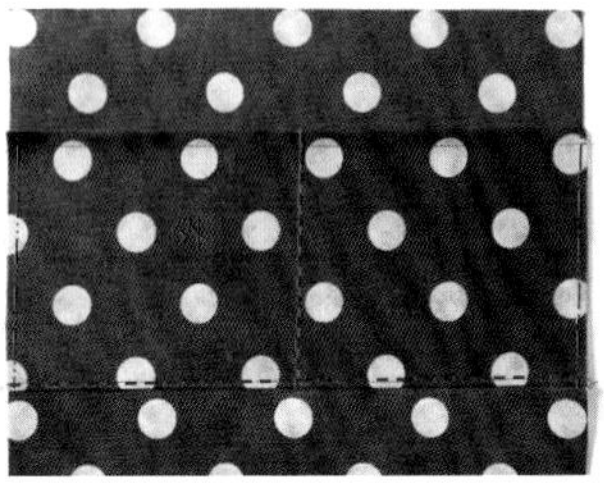

27 內口袋 B4 往上翻，在下方車壓固定線後，在中心處車壓分隔線，並疏縫兩邊。

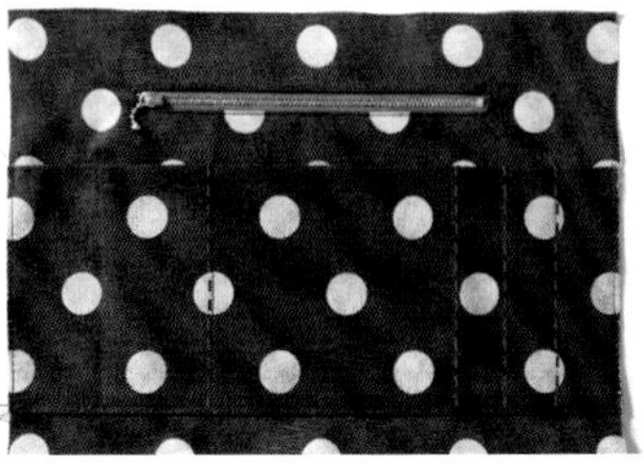

28 內口袋 B3 同前做法，可依自己喜歡的大小做口袋分割和製作拉鍊口袋。

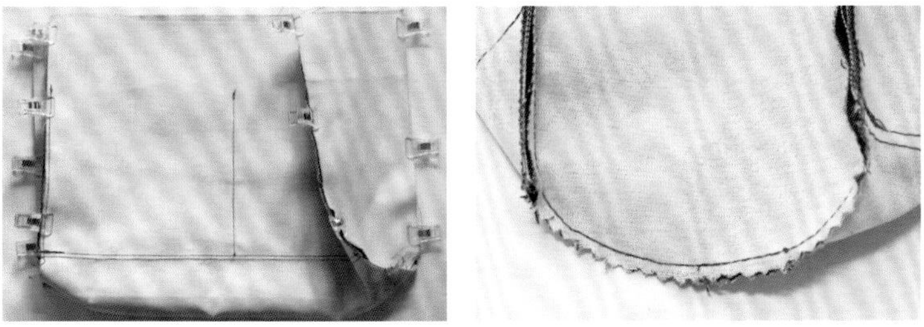

29 組合裡袋身 B1 和裡側身 B5，圓弧處剪牙口，完成裡袋。

30 裡袋放入表袋中，背面相對，袋口對齊疏縫一圈。

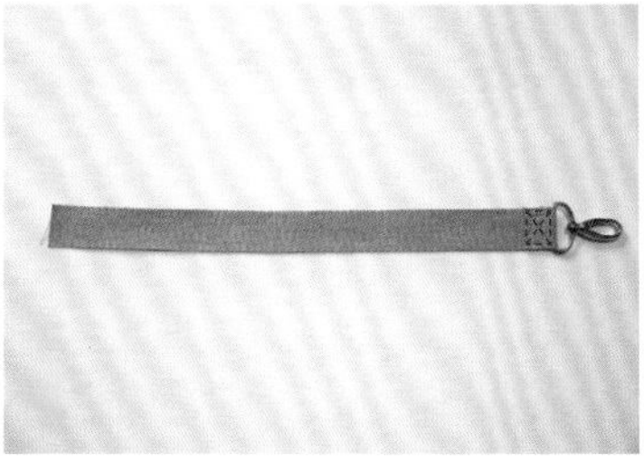

31 取 2.5cm 人字帶約 35cm，一端放入鉤釦內折 2 摺後車縫固定。

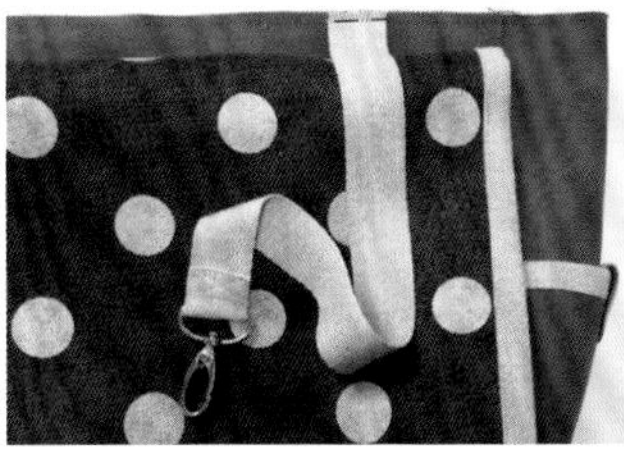

32 將另一端人字帶疏縫固定在表袋背面。

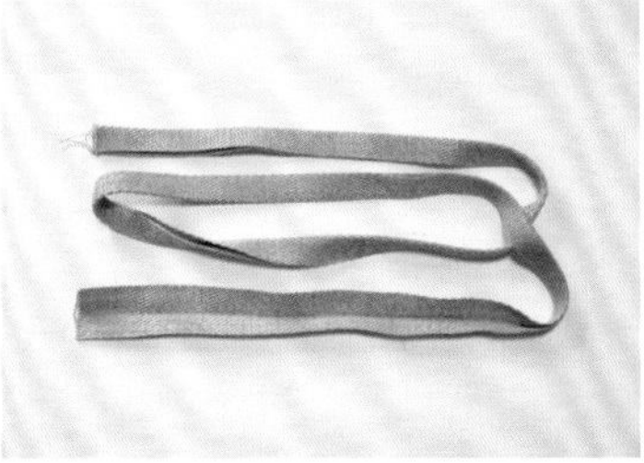

33 取約 100cm 的 2.5cm 人字帶，對摺整燙一整條。

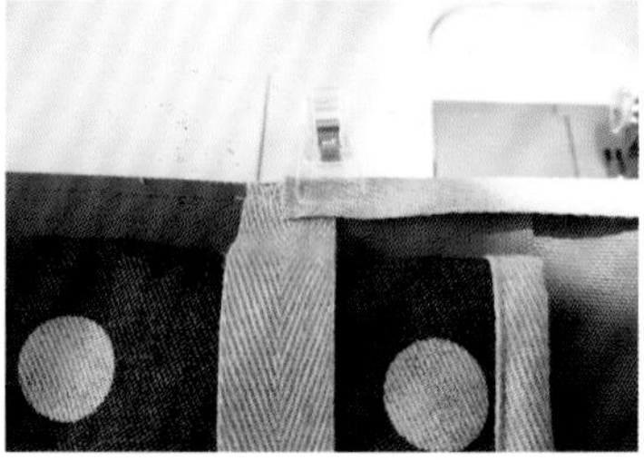
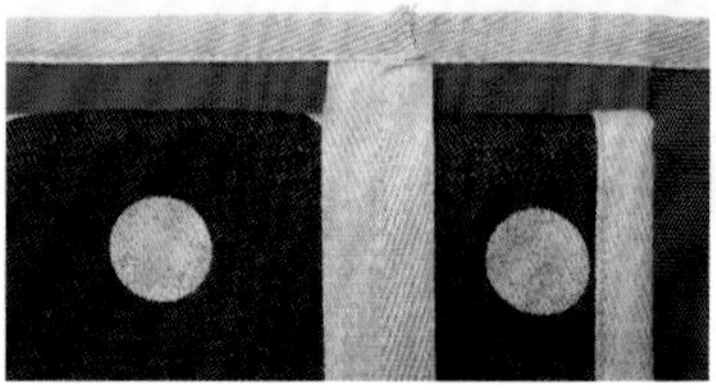

34 從另一人字帶上，開始車縫滾邊一圈。

35 鉤釦的人字帶向內包住接縫處後，車縫固定。

36 在背面壓條向內 1cm 處打洞（下方記得墊膠板）。

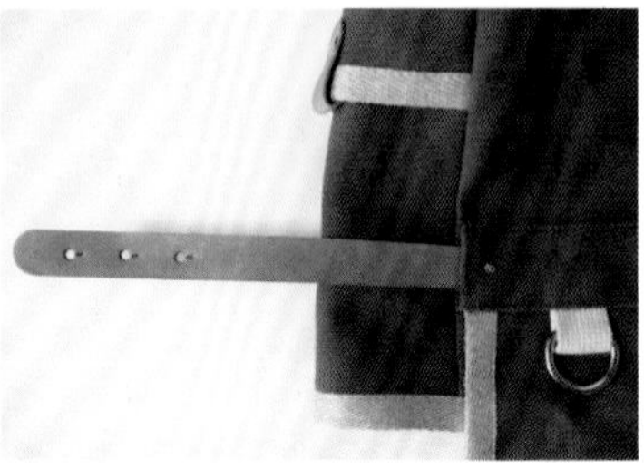

37 將皮條 B 塞入，釘上固定釦。

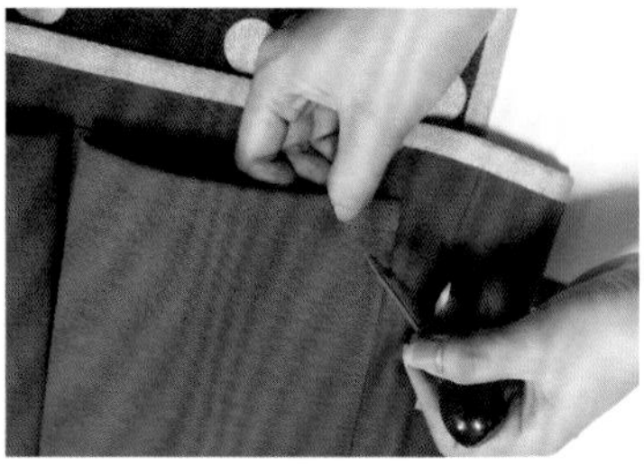

38 皮條繞至前方，在對等的位置上做記號，錐子打洞後，將原子釦鎖入固定。

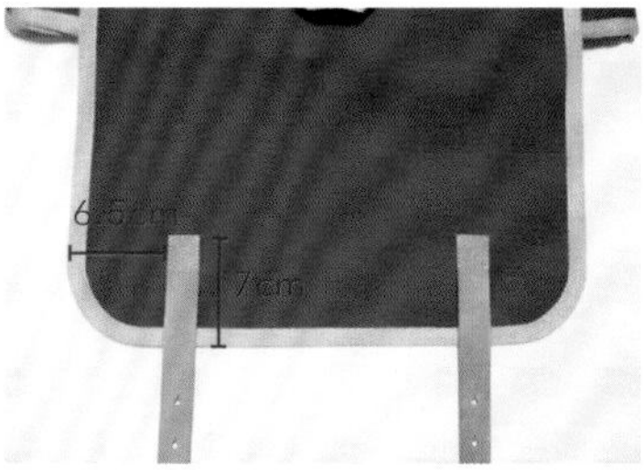

39 使用皮革線，車縫 2 條皮條 A 於袋蓋上。

40 下方皮片 C 鎖入原子釦。

41 完成。

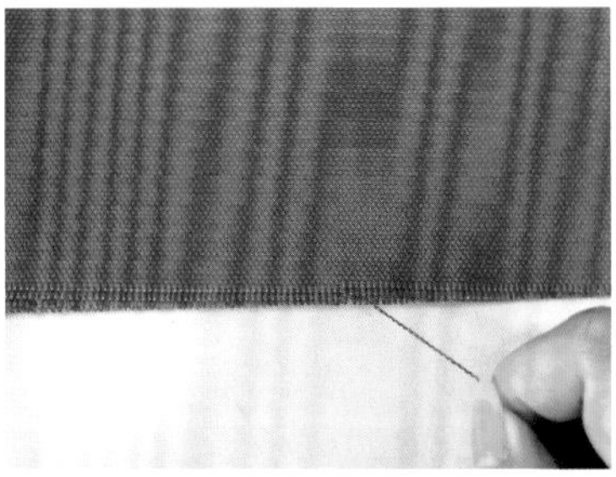

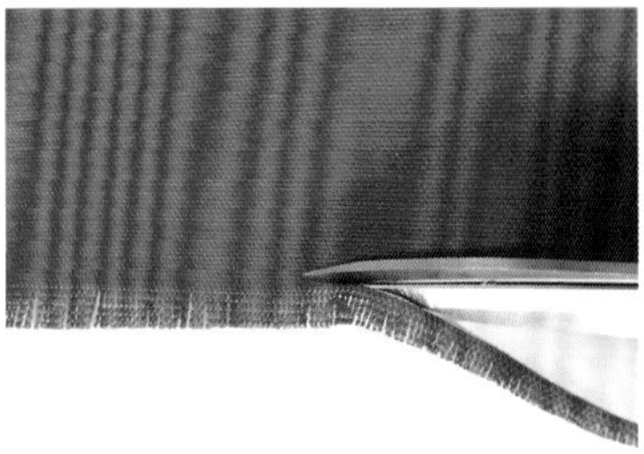

布紋調整小技巧

要讓帆布做的袋物好看，除了布紋要拉正之外，還有另一個技巧，就是袋物直線的地方一定要沿著布紋裁剪。布的直橫紋若不好辨認，可以從鬚掉的布邊將線一一抽出，沿鬚邊就比較容易裁剪了（凱莉在使用不需對圖案的一般布時，也會先這麼做）。

I hope the following year will be another wonderful one.

酷酷機器人書包

Robot Messenger bag :

男女生都適用的中性包款，藉由顏色的疊合、線條的對稱，就讓包包擁有了自己的表情，在大人的外表下隱藏著可愛的童心。

做為視覺焦點的雞眼釦，好像鐵皮機器人帶著憨厚感的雙眼。

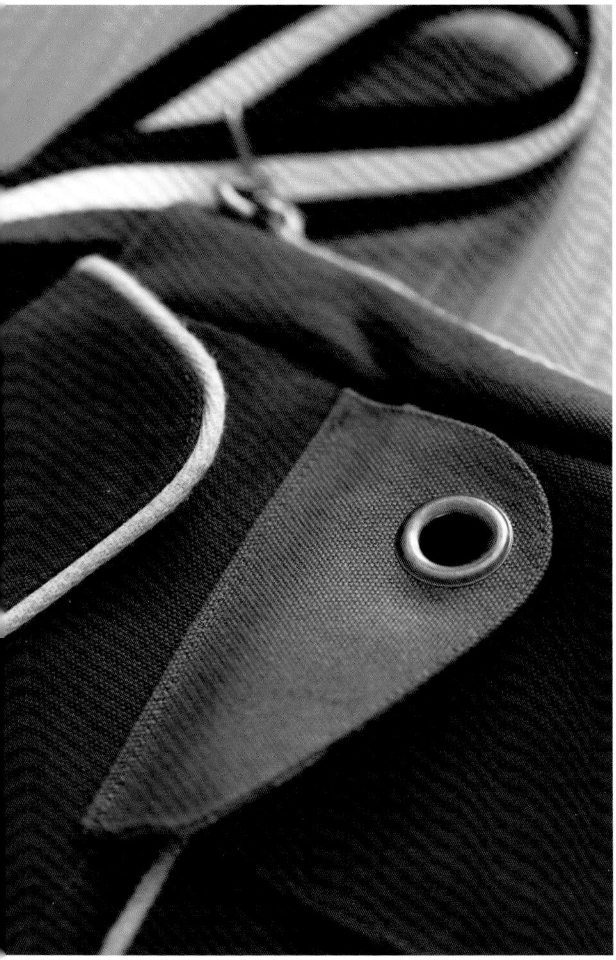

人字帶繞邊的設計，不僅僅是裝飾，也能為承重盡一份力。

酷酷機器人書包

pattern ▸▸▸ B面

材料

部位名稱	尺寸	數量	燙襯	備註
A1 前表袋身	33.5×25.5cm ↑	1	×	
A2 後表上袋身	33.5×5.5cm ↑	1	×	
A3 後表下袋身	33.5 X 21.8cm ↑	1	×	
A4 表側身	11.5×27.5 cm ↑	2	×	
A5 袋蓋表布	紙型	1	×	
C1 袋蓋裡布	紙型	1	薄襯	薄襯大於紙型
B1 前口袋蓋表布	紙型	2 (正反各 1)	×	
C2 前口袋蓋裡布	紙型	2 (正反各 1)	薄襯	薄襯同紙型大小
A6 前口袋表布	44.5×15.5 cm ↑	1	×	
C3 前口袋裡布	44.5×15.5 cm ↑	1	×	
B2 表袋底	11.5×25.5 cm ↑	1	×	
B3 裡上袋身	33.5×4.5 cm ↑	2	×	
B4 裡上側身	11.5×4.5 cm ↑	2	×	
C4 裡袋身	33.5×22.5 cm ↑	2	薄襯	薄襯尺寸：33×22cm
C5 裡側身	36.5×11.5 cm ↑	2	薄襯	薄襯尺寸：36×11cm
C6 後口袋布	31.5×40 cm ↑	1	×	

※ 數字尺寸已含縫份，紙型需再外加 0.7cm。
※ 建議使用針號：16 號針

其他材料

2.5cm 人字帶約 165cm、3mm 棉繩約 105cm、2cmD 型環 2 個、12mm 四合釦 1 組、8mm 固定釦 2 組、28mm 雞眼 2 組、背帶 1 條、磁釦皮帶材料：11×2.5cm 皮革 1 片、15×2.5cm 皮革 1 片、6.5×0.7cm 皮革 1 片、2.5cm 皮帶頭 1 個、磁釦 1 組

裁片示意圖 單位：cm

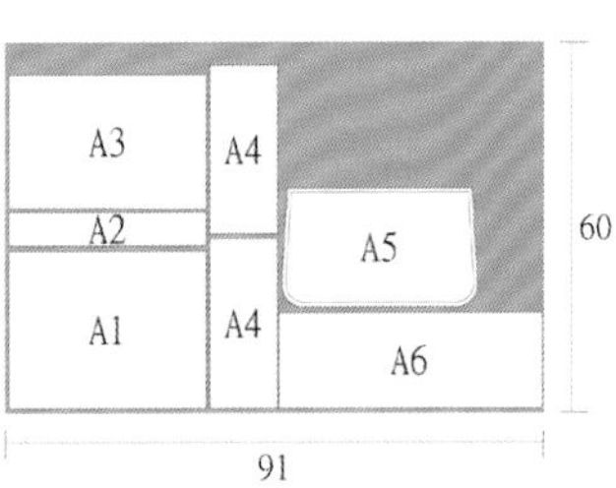

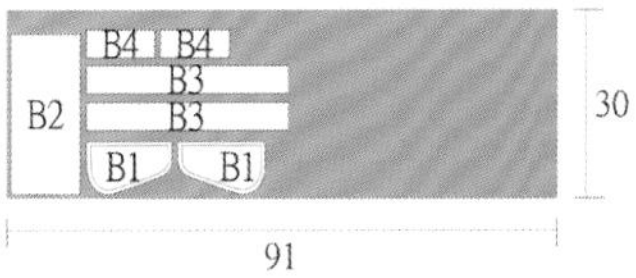

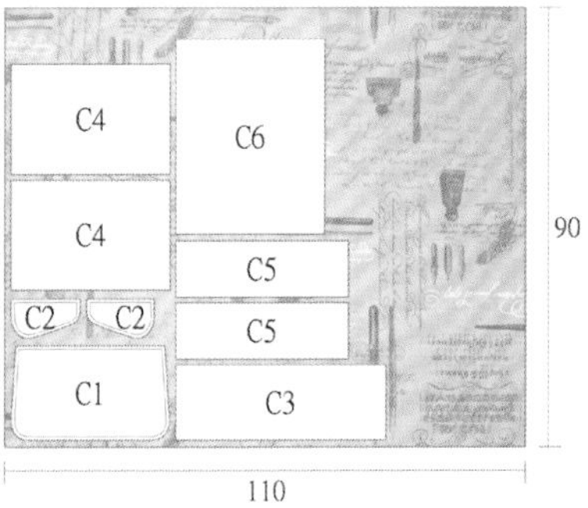

How to make ▸▸▸

01 使用通用紙型弧度 2，將前表袋身 A1，後表下袋身 A3 和裡袋身 C4 的兩邊下方剪成圓弧形。

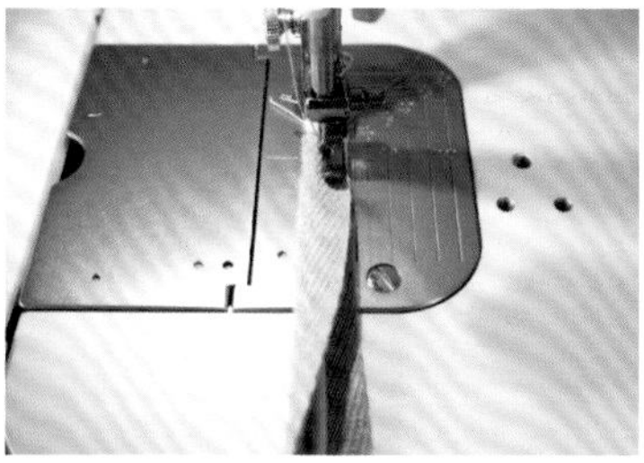

02 取約 35cm 長的人字帶，包住棉繩疏縫。

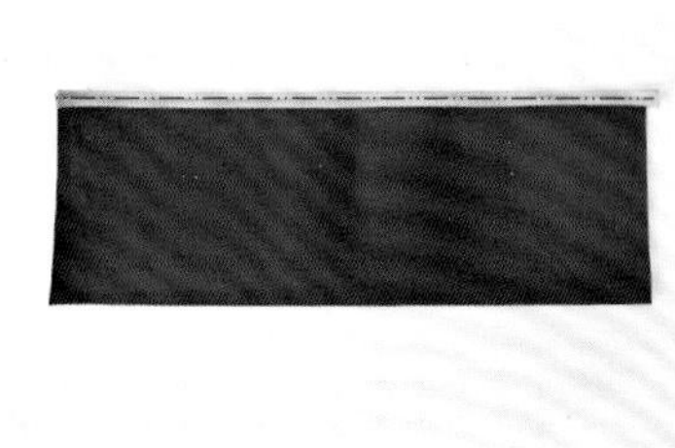

03 將包繩先疏縫在前口袋表布 A6 上。

04 使用單邊壓布腳與前口袋裡布 C3 夾車包繩後，翻至正面車壓固定裝飾線。

05 從前口袋布中心兩側向外 5cm 和 2.5cm 處做記號，中心處向下 7cm 處做磁釦位置。

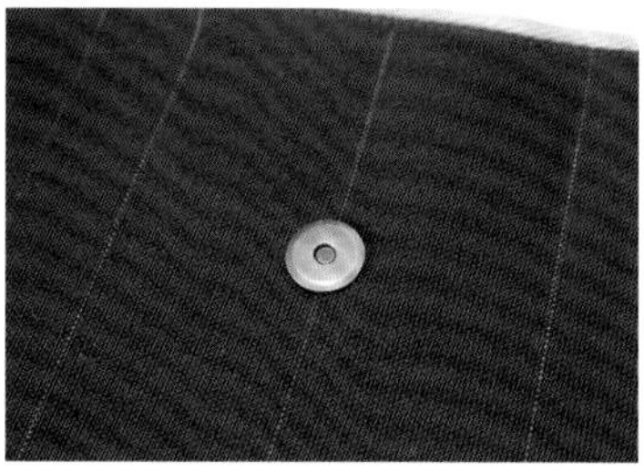

06 將磁釦的母釦裝入前口袋表布中。

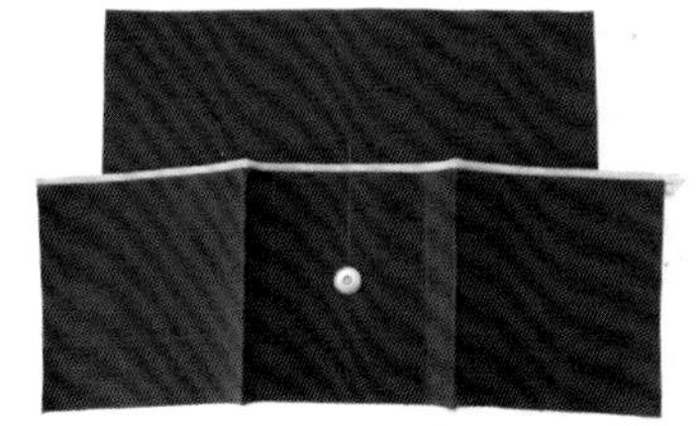

07 口袋兩邊最外側的記號線向內對摺後，沿邊車縫固定線。

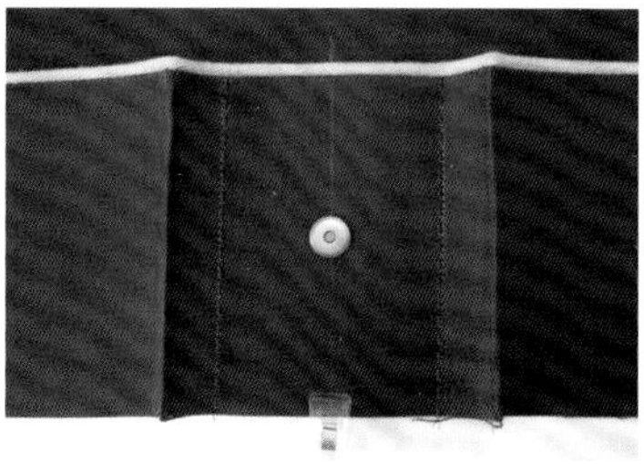

08 前口袋置中放在前表袋身 A1 上，車縫兩邊的記號線，固定。

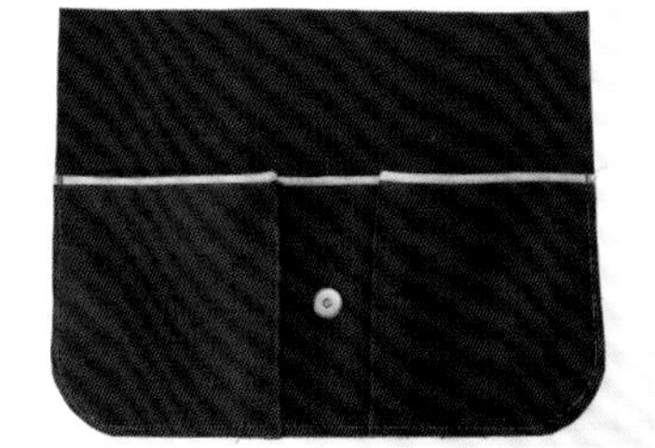

09 口袋折燙好後，疏縫三邊在前表袋身 A1 上，並依前表袋身在下方剪出圓弧。

10 前口袋蓋表布 B1 和前口袋蓋裡布 C2 正面相對車縫。

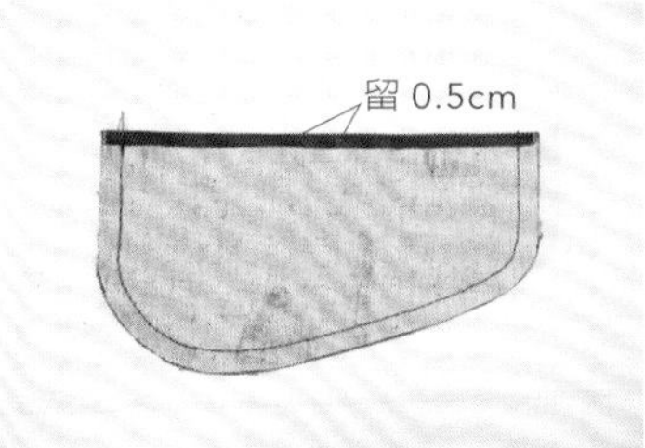

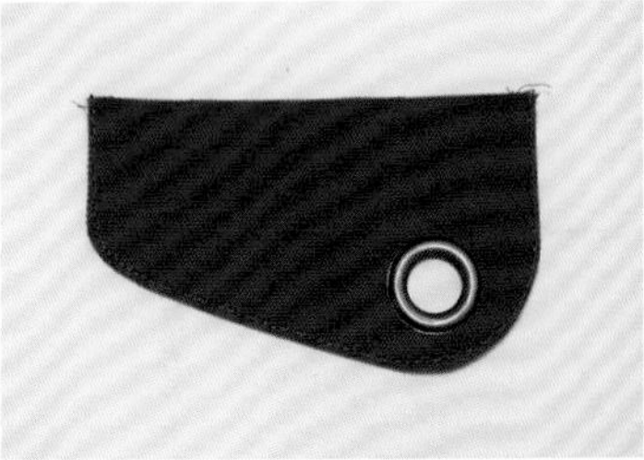

11 翻至正面延邊車壓上固定裝飾線後，在適當的位置釘入雞眼釦。

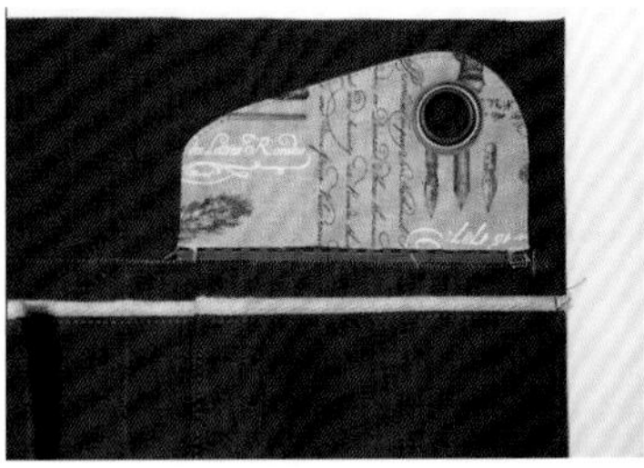

12 將袋蓋置於前口袋向上1cm和表袋身向內1cm處，在0.5cm處車縫固定在表袋身上。

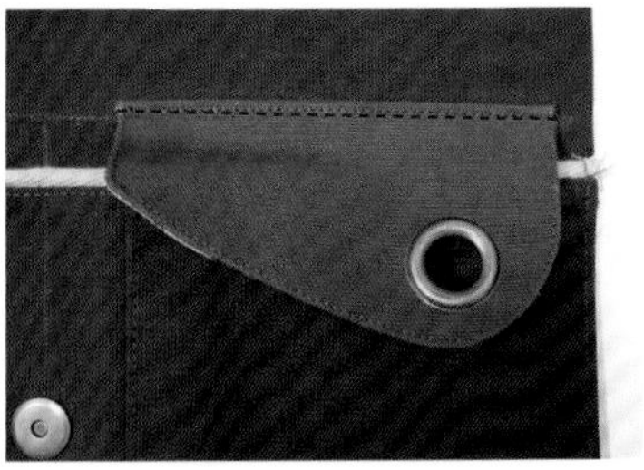

13 前口袋蓋向下翻後，沿邊約0.5cm處車壓固定線。

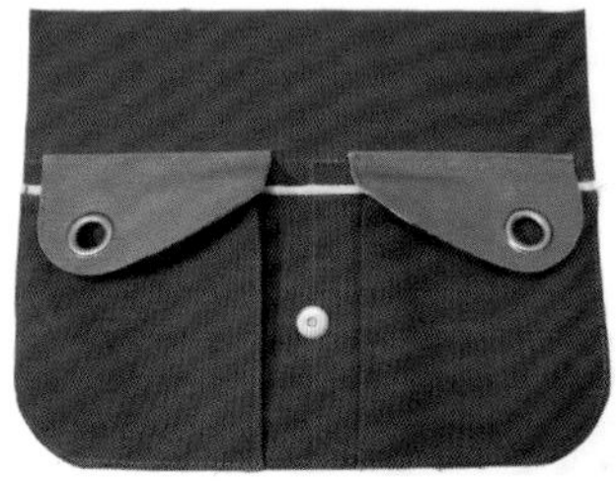

14 另一邊同作法10~13，完成前口袋。

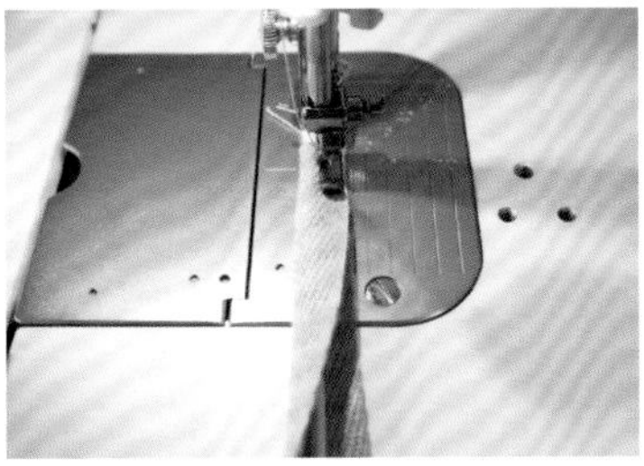

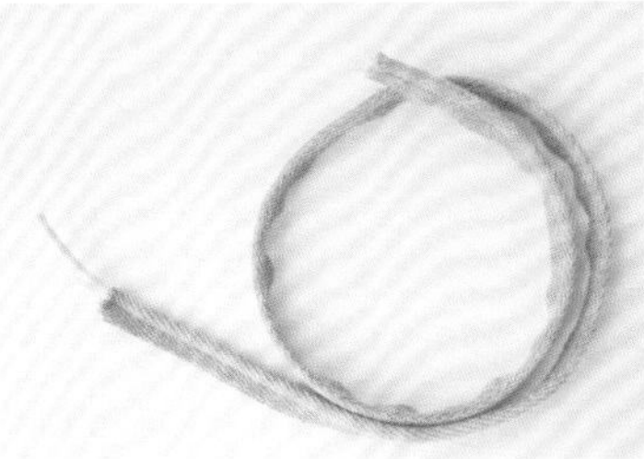

15 取約70cm的人字帶，包住棉繩疏縫。

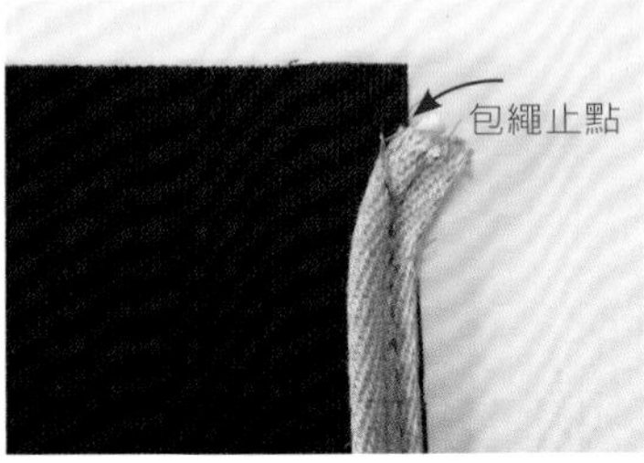

16 將包繩止點開始，將其疏縫在袋蓋表布A5上，剪掉多餘包繩。

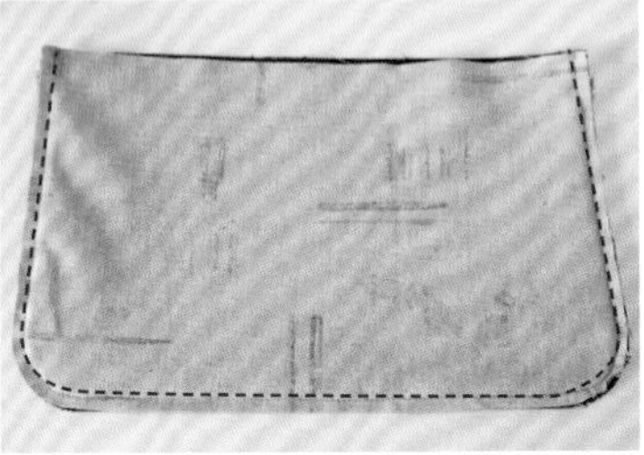

17 使用單邊壓布腳與袋蓋裡布C1夾車包繩。

18 翻面整燙後，使用單邊壓布腳沿邊車縫固定裝飾線。

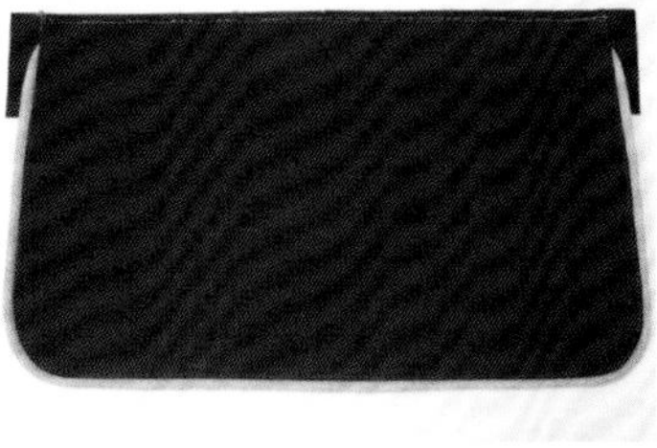

19 將袋蓋置中，疏縫在後表上袋身A2的正面。

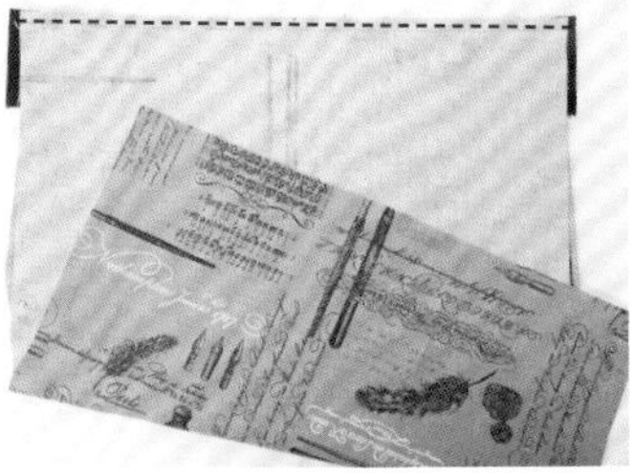

20 後口袋布C6與後表上袋身A2夾車袋蓋。

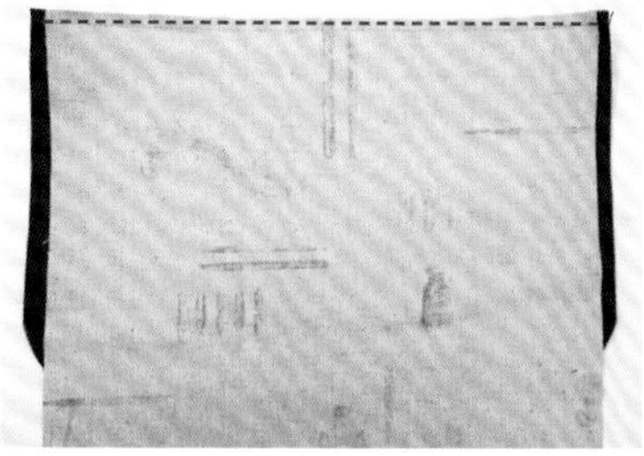

21 翻開整燙後，沿邊車縫固定裝飾線。

22 後口袋布 C6 另一邊與後表下袋身 A3 正面相對車縫，翻面整燙後，沿邊車縫固定裝飾線。

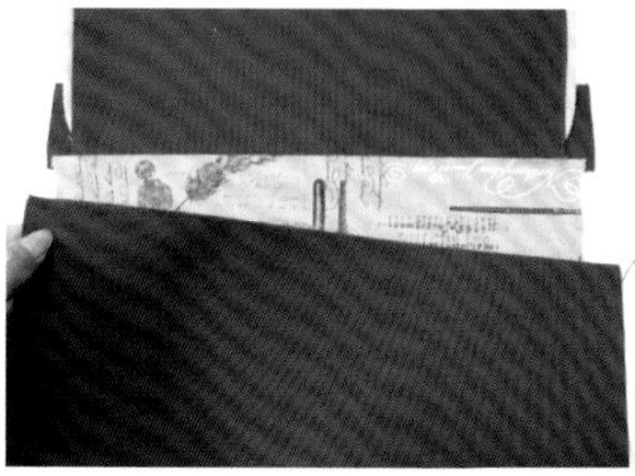

23 將後表下袋身 A3 蓋住後口袋布，在兩邊車縫固定。

24 車縫後口袋布 C6 兩側。

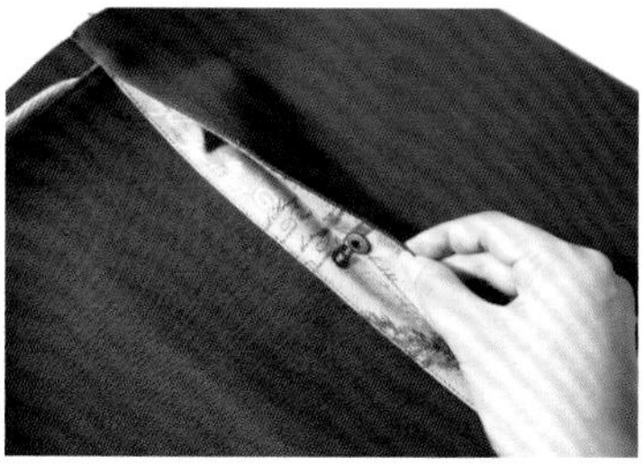

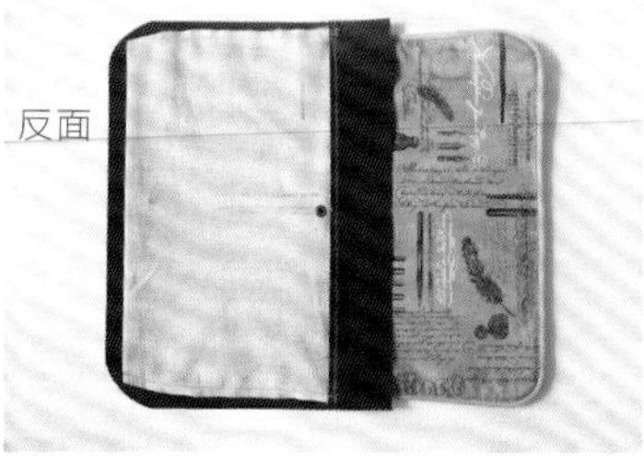

25 在口袋上端釘上四合釦。(參考：P.67 步驟 8 ～ 9)

26 完成後口袋。

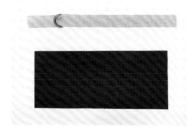

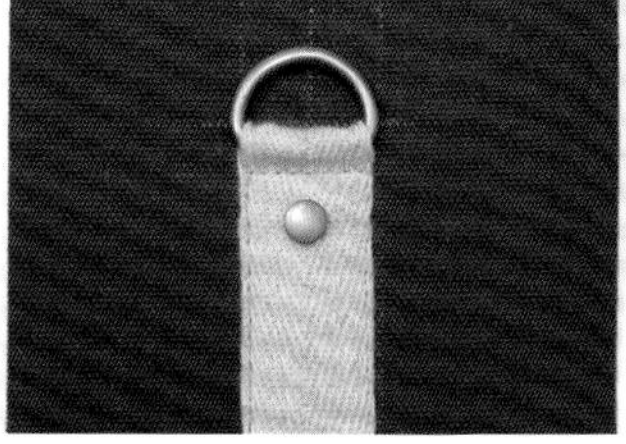

27 2cmD 型環穿入約 30cm 的人字帶，置中於表側身 A4 上車縫(多餘的人字帶向內摺)。

28 車線往下 1cm 釘入固定釦；另一邊表側身 A4 同做法。

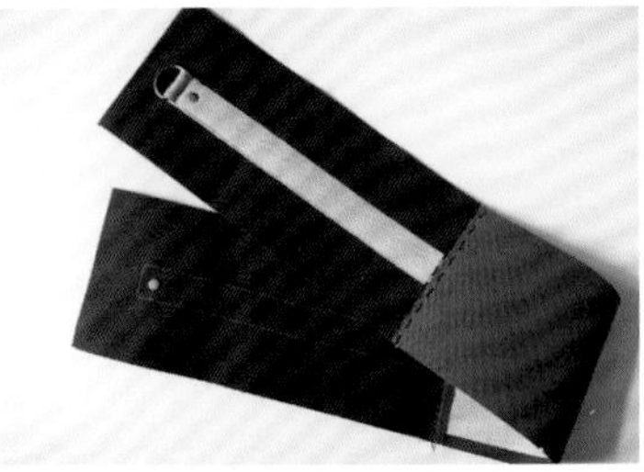

29 兩片表側身 A4 與表袋底 B2 正面相對車縫後，翻至正面，兩邊燙開縫份後，沿邊車縫固定裝飾線。

30 組合前後表袋身與側身，圓弧處剪牙口。

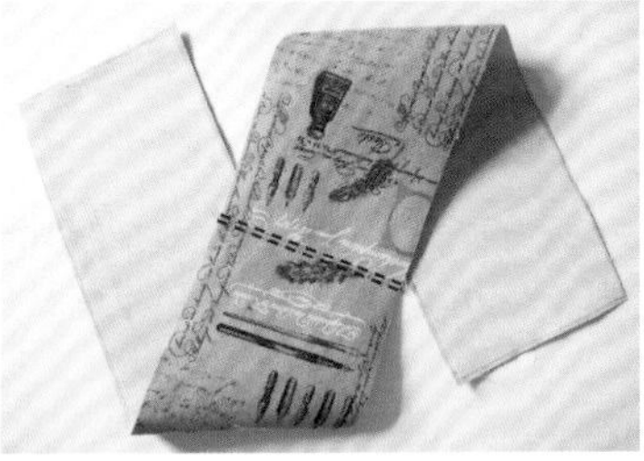

31 兩片裡側身 C5 正面相對車縫後，翻至正面，兩邊燙開縫份後，沿邊車縫固定裝飾線。

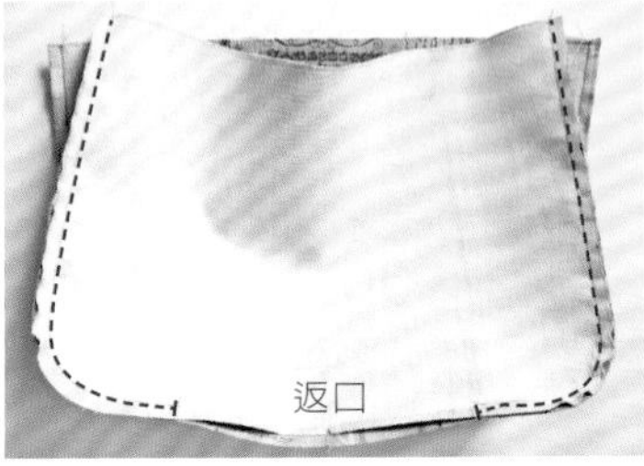

32 組合裡袋身 C4 和裡側身 C5，單邊下方留約 20cm 的返口。

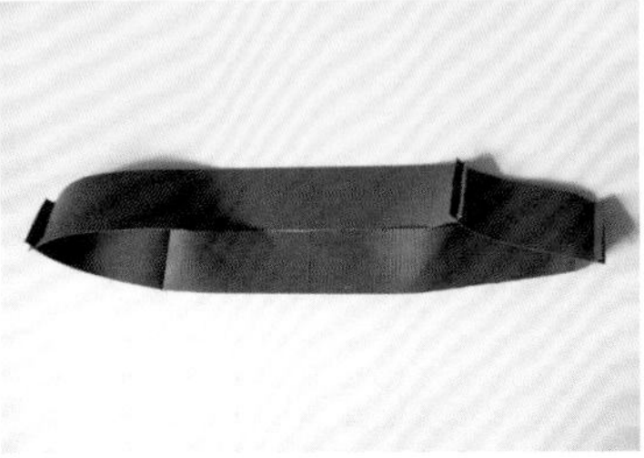

33 裡上袋身 B3 與裡上側身 B4 車縫相接一起。

34 與組合好的裡袋身正面相對車縫一圈。

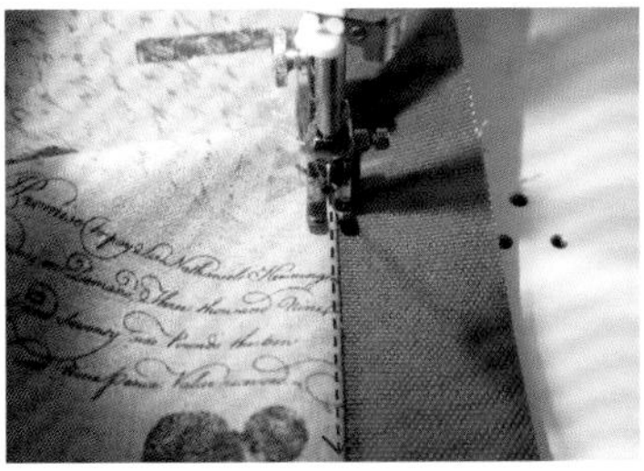

35 翻至正面，縫份倒向裡袋身後，在裡布上車縫固定裝飾線一圈。

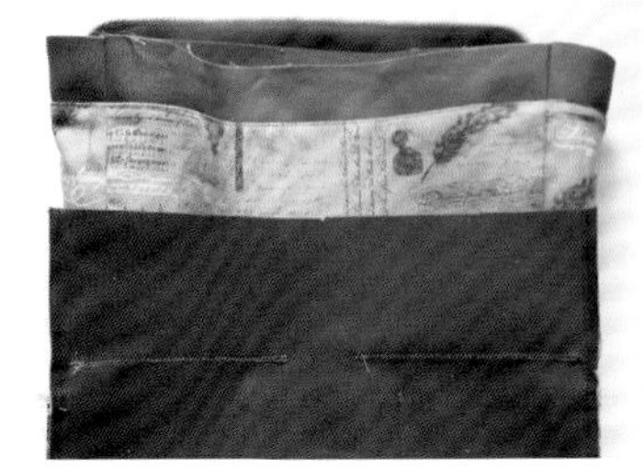

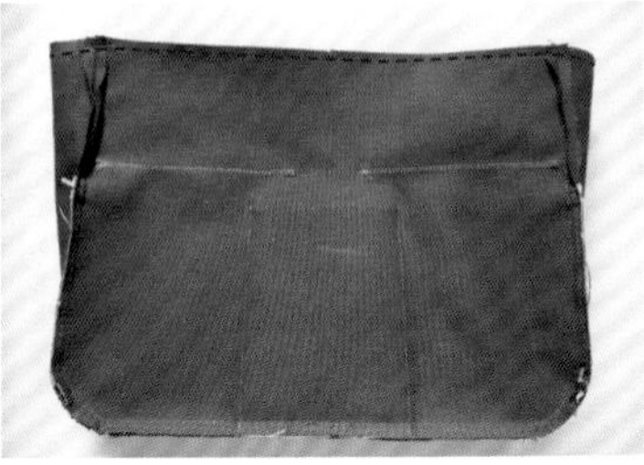

36 表袋與裡袋正面相對車縫一圈。

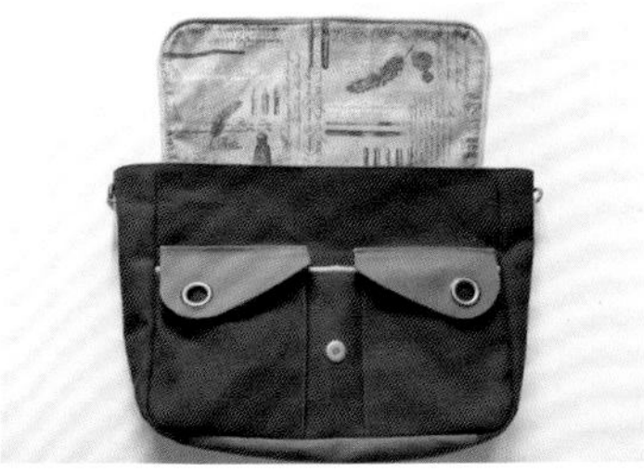

37 從返口翻至正面後，將返口縫合。

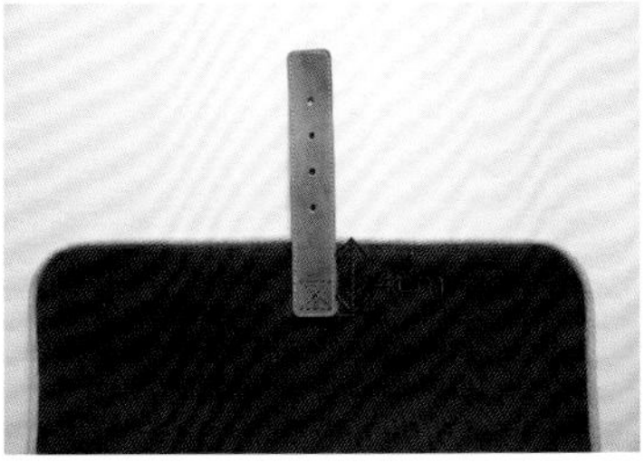

38 組合好的磁釦皮帶先拆開；將 15cm 的皮革置中車縫在袋蓋上。

39 將磁釦皮帶扣上，即完成。

✦磁釦皮帶製作✦

01 用角斬將 11cm 和 15cm 的皮革四邊敲出弧度。

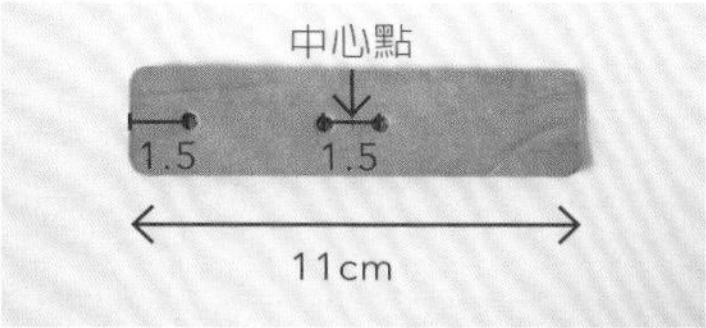

02 在 11cm 的皮革上打洞。

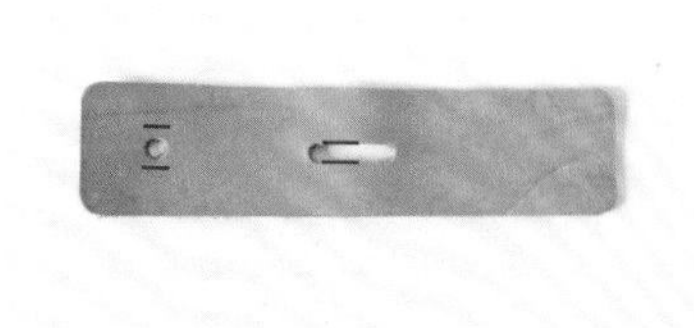

03 將磁釦墊片放上做記號後，用美工刀割開記號處。

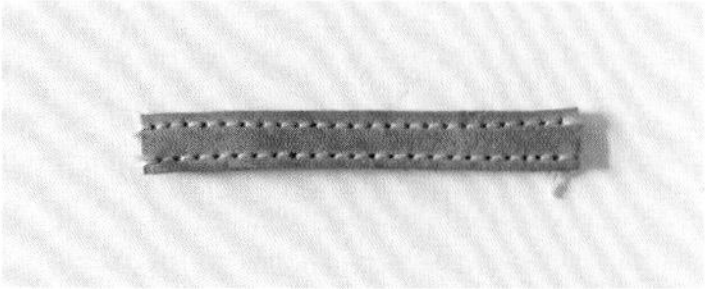

04 6.5×0.7cm 的皮革兩邊壓縫皮革線後，頭尾接合手縫固定。

05 裝入磁釦的公釦和皮環。

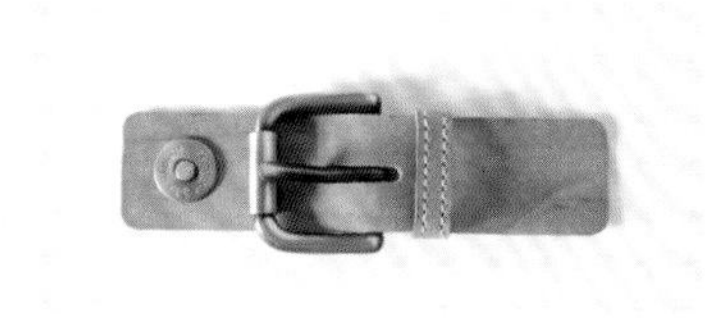

06 皮帶釦套入後，對摺對齊（不用再套入皮環中）並車縫兩邊。

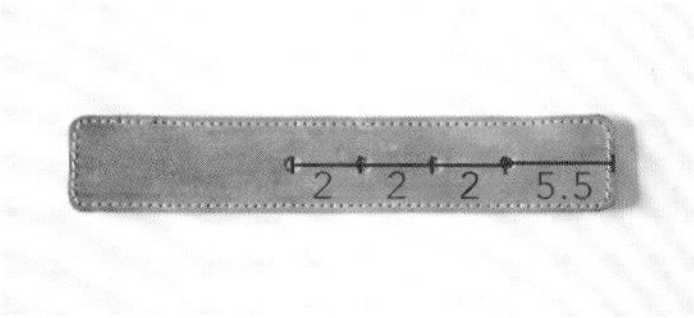

07 先沿邊車縫 15cm 的皮革一圈，再做記號打洞。

08 套入皮帶釦後即完成。

I hope the following year will be another wonderful one.

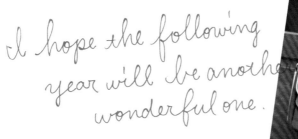

麋蹤保齡球包

Reindeer Bowling bag.

在茂密森林的背光處，似乎看見了牠的蹤影，想要靠近一點，才發現是自已對於自然純粹的憧憬，想留住一閃即逝的美好幻影。

✢ 側身一片成型無拼接，使拉鍊袋口顯得更加精緻。

✢ 利用拉鍊的寬度，前口袋擁有微微的立體感。

麋蹤保齡球包

pattern ▸▸▸ A面

材料

部位名稱	尺寸	數量	燙襯	備註
A1 前表袋身	紙型	1	輕挺襯	輕挺襯尺寸大於紙型
A2 後表袋身	紙型	1	輕挺襯	輕挺襯尺寸大於紙型
A3 前口袋表布	紙型	1	輕挺襯	輕挺襯尺寸同紙型大小
B1 前口袋裡布	紙型	1	薄襯	薄襯尺寸同紙型大小
C1 前表袋口袋布	紙型	1	薄襯	薄襯尺寸同紙型大小
D1 表袋底	紙型	1	輕挺襯	輕挺襯尺寸：36×12cm(置中)
C2 表側身	紙型	1	薄襯	薄襯尺寸同紙型大小
B2 裡側身	紙型	1	薄襯	薄襯尺寸大於紙型
B3 裡袋身	紙型	2	薄襯	薄襯尺寸大於紙型
D2 裡袋底	37.5×13.5cm ↑	1	薄襯	薄襯尺寸：36×12cm
A4 裡口袋表布	37.5×14 cm ↑	1	薄襯	薄襯尺寸：36×12.5cm
B4 裡口袋裡布	37.5×19cm ↑	1	薄襯	薄襯尺寸：36×17.5cm
C3 表袋身飾條	38×2.5cm ↑	1	×	
A5 拉鍊絆布	2.5×7cm ↑	2	×	
B5 出芽飾條	2.5×180cm ↗	1	×	
C4 提把裝飾布	25×4.5cm ↑	2	×	
C5 提把固定布	7×4.5 cm ↑	4	×	

※ 數字尺寸已含縫份，紙型需再外加 0.7cm。
※ 建議使用針號：16 號針

其他材料

14" 塑鋼拉鍊 1 條、20" 塑鋼雙頭拉鍊 1 條、2cm 人字帶 30cm、2cm 旋轉釦 1 個、2cm 人字帶約 180cm、2.5cm 棉織帶 70cm、2.5cm 口型環 4 個、6mm 固定釦 16 組

裁片示意圖

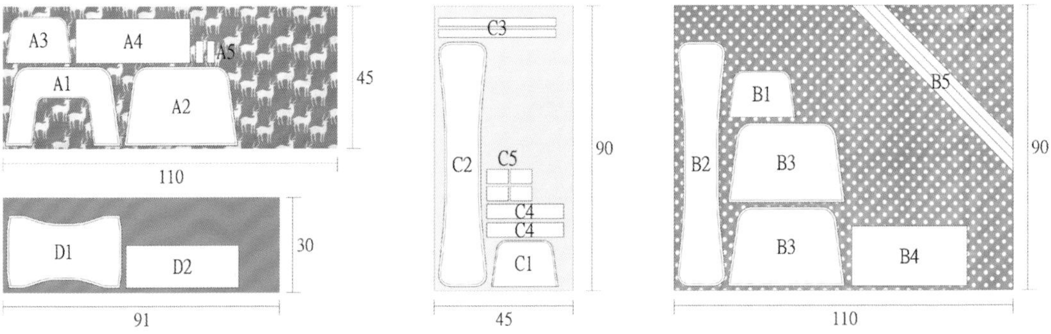

How to make ▸▸▸

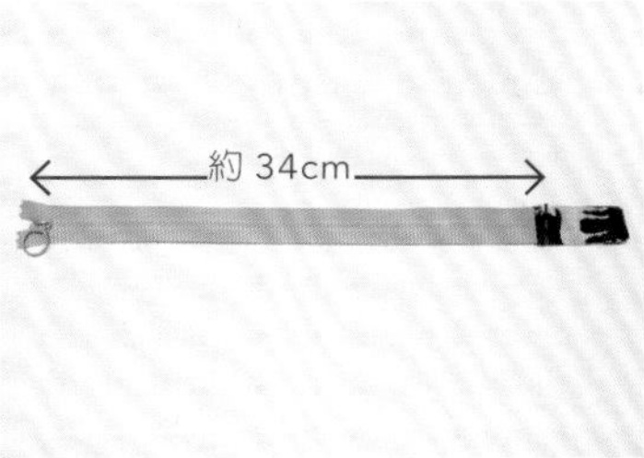

01 兩片拉鍊絆布 A5 夾車拉鍊後，翻至正面沿邊壓線。

02 將拉鍊頭向內摺入固定，從拉鍊起點的記號處，開始疏縫（少於 0.5cm）於前口袋表布 A3 上。

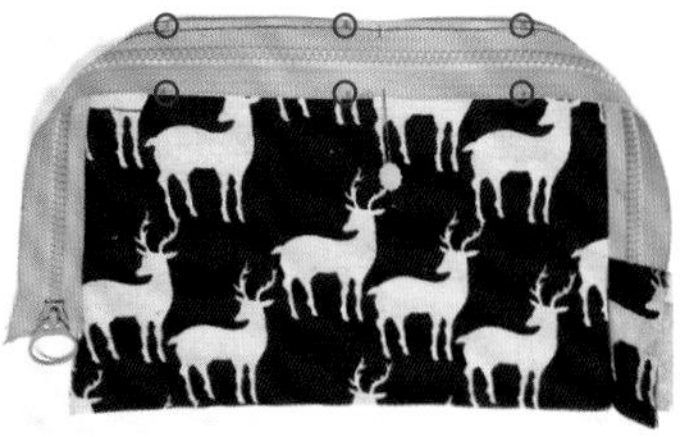

03 將前口袋表布 A3 上的對齊記號，對應到拉鍊上畫線。

04 與前口袋裡布 B1 車縫 0.5cm 夾車拉鍊。

05 翻至正面整燙後，使用單邊壓布腳沿邊車壓上固定裝飾線。

06 拉鍊另一邊與前表袋口袋布 C1，疏縫三邊。

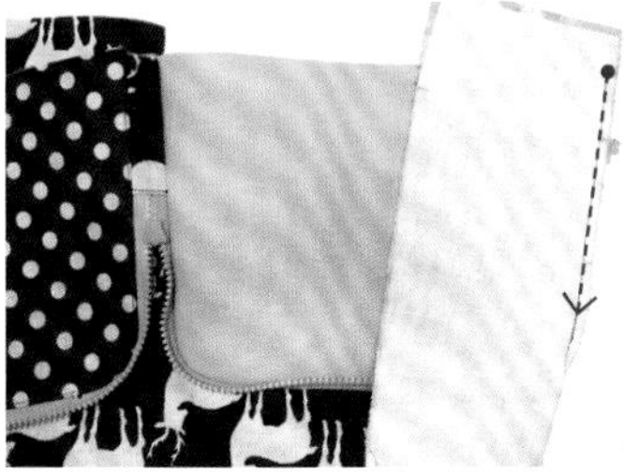

07 前表袋身 A1 從口袋對齊點開始車縫 0.5cm 夾車拉鍊。

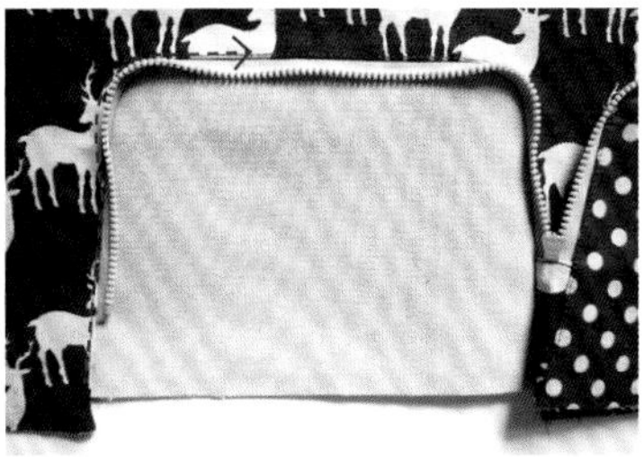

08 在前表袋身 A1 上沿 3 邊車壓固定裝飾線（單邊壓布腳）。

09 口袋下方疏縫固定。

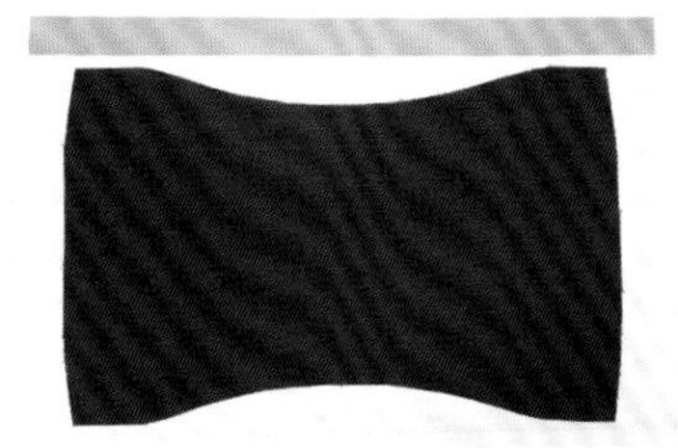

10 表袋身飾條 C3 對折，沿表袋底 D1 的兩邊弧度車縫 0.7cm。

11 翻到正面整燙後，再把多餘的飾條剪掉。

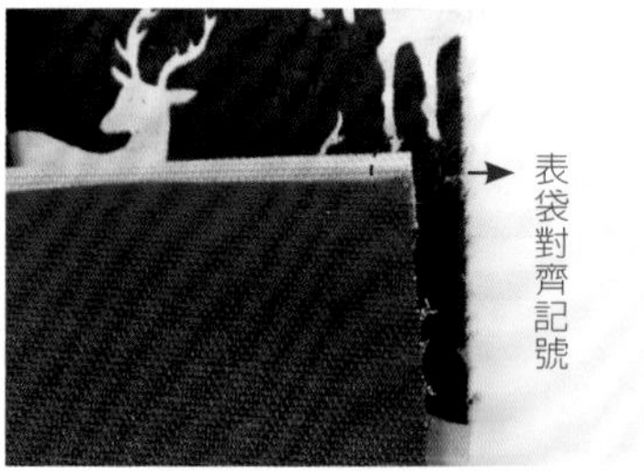

12 表袋底 D1 放上表袋，兩邊對齊紙型標示的記號。

13 先用待針固定袋底在袋身上，沿邊車縫 2 條固定裝飾線。

14 另一邊同作法。

15 出芽飾條 B5 接合長度約 180cm。

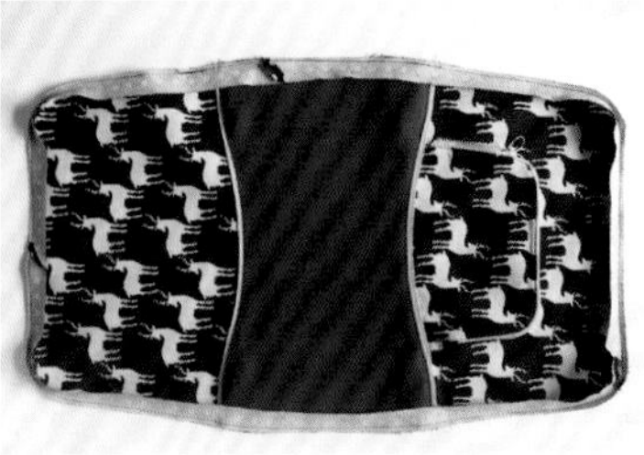

16 出芽飾條 B5 先疏縫到表布上。

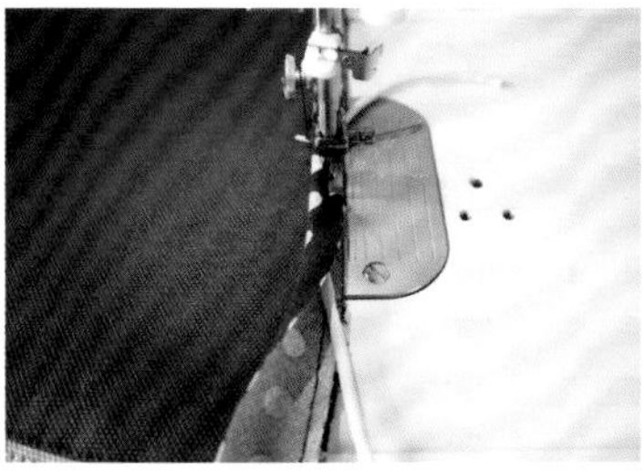

17 包入棉繩後，再疏縫一圈。

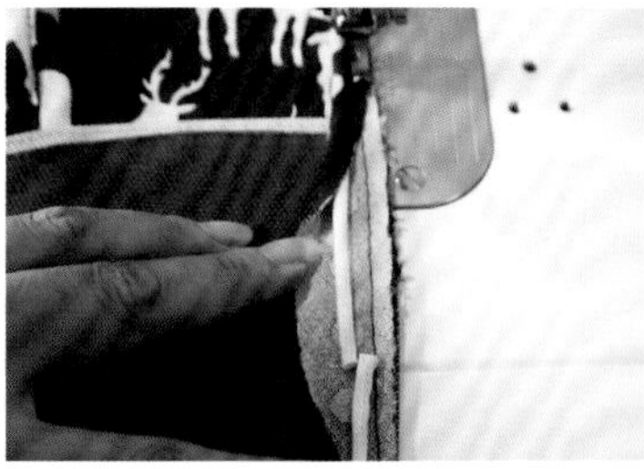
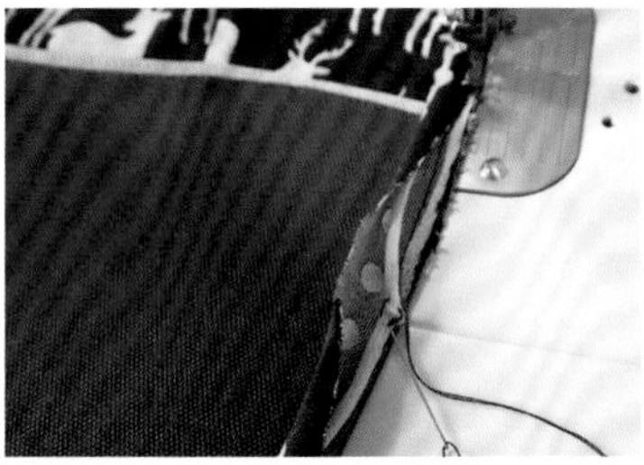

18 車縫到頭尾相接處前，先將四邊的轉角稍往外翻後(參考：P.13 步驟 7)，多餘的棉繩修剪後手縫一起，再把包繩疏縫完畢。

19 完成表布。

20 裡口袋表布 A4 和裡口袋裡布 B4 車縫，翻至正面對折整燙。

21 沿車縫線上車縫隱形的固定線(不想表面會看到車線，但又想固定 2 片布的話，可用此方法)。

22 口袋布放上裡袋身 B3 車縫分隔線，三邊疏縫後，將多餘的口袋布剪掉。

23 取 2cm 人字帶約 30cm，一端放入鉤釦折 2 摺後車縫固定。

24 另一端人字帶，疏縫固定在裡袋身 B3 上。

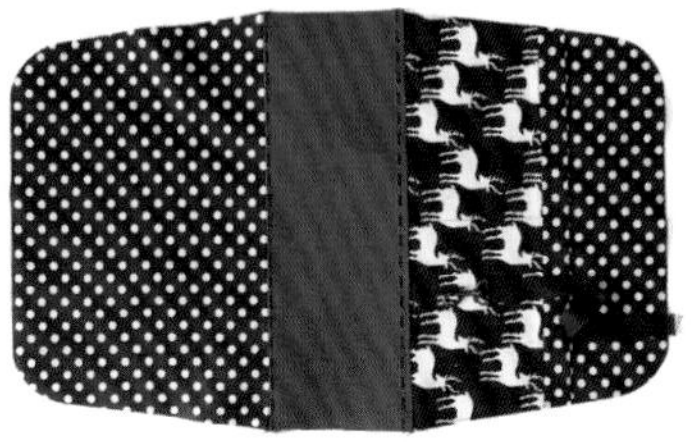

25 組合裡袋身 B3 和裡袋底 D2，縫份倒向裡袋底，在裡袋底上沿邊車縫固定裝飾線。

26 將裡袋身和表袋身反面相對疏縫一起。

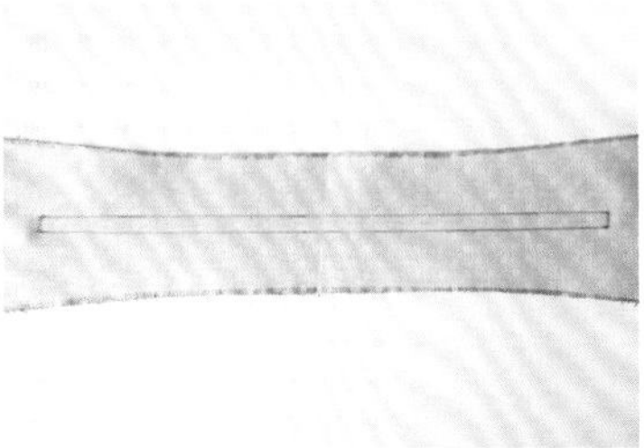

27 表側身 C2 和裡側身 B2 正面相對，依紙型記號車縫一圈。(參考：P.137 一字拉鍊做法)

28 先用骨筆，從正面沿著車縫線推開(翻面後會較好整理)。

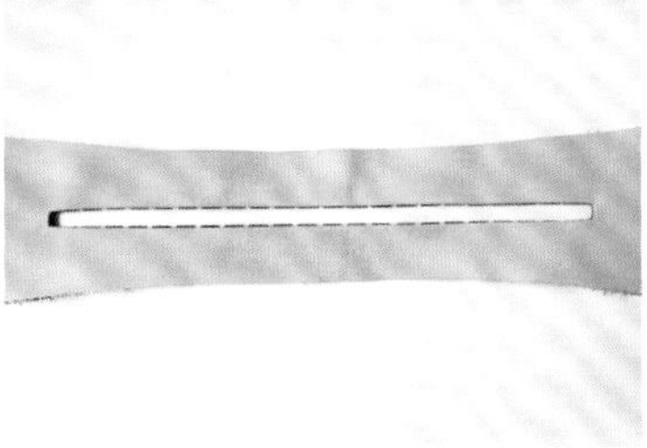

29 中間剪開後，翻面整燙。

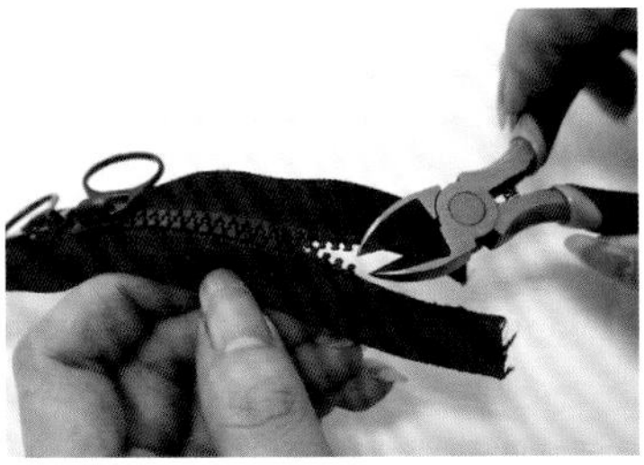

30 拉鍊 50cm 處做記號，用鉗子夾掉多餘的齒，多餘的拉鍊布先不要剪掉。

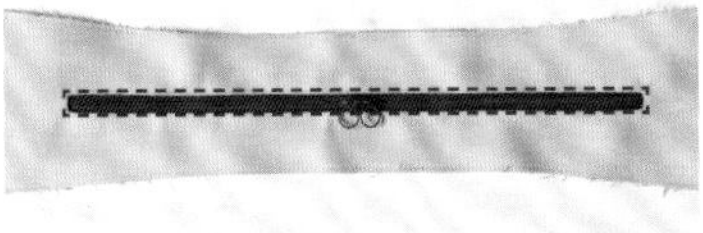

31 拉鍊對齊洞口後，沿邊車縫一圈 。

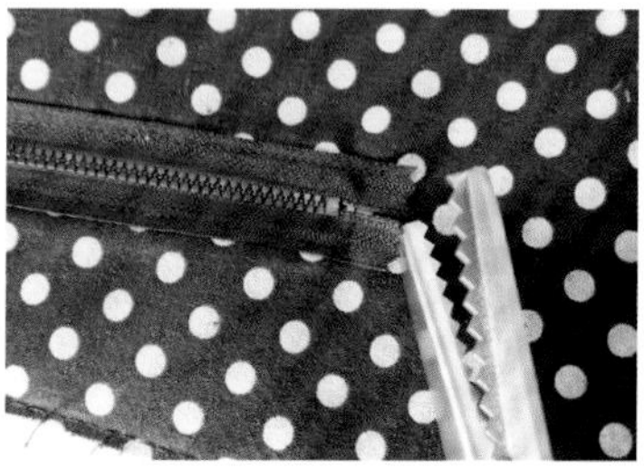

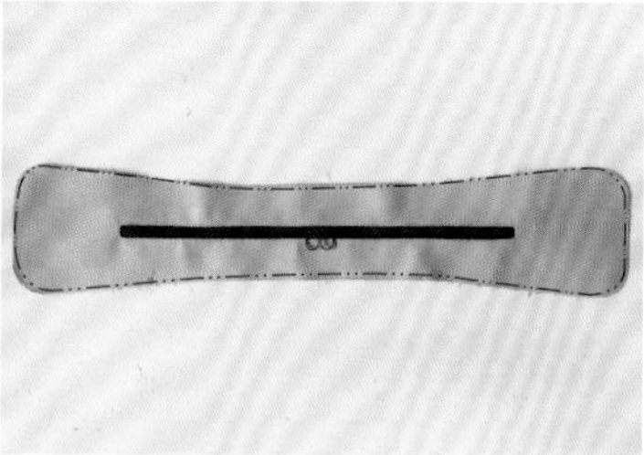

32 拉鍊車縫完成後，再用鋸齒剪刀修剪拉鍊布。

33 側身表裡布疏縫一圈固定。

34 袋身和側身依紙型的記號對齊，車縫一圈。

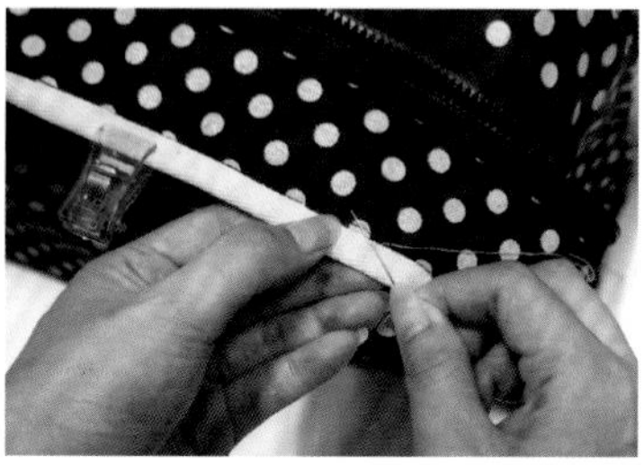

35 取約 180cm 長的包邊人字帶，沿邊車縫一圈在縫份上。

36 包住縫份後，手縫藏針縫一整圈。

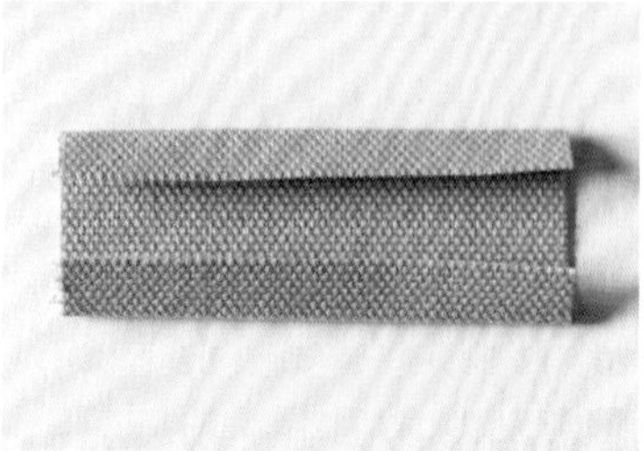

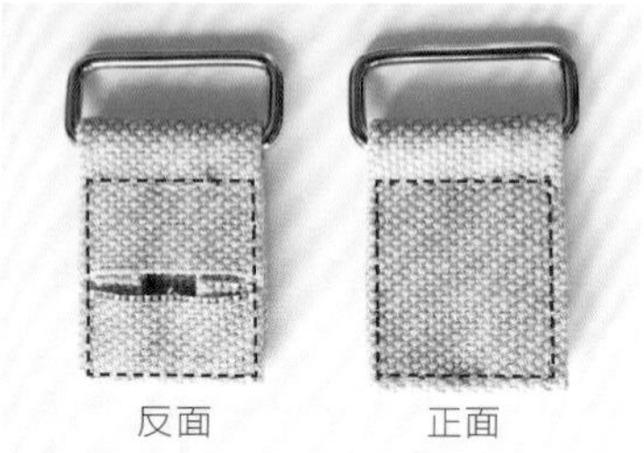

37 包邊後即完成袋身。

38 提把固定布 C5 兩邊向內摺入 1cm。

39 套入口型環，2 邊向內摺，強力夾固定後車縫一圈。

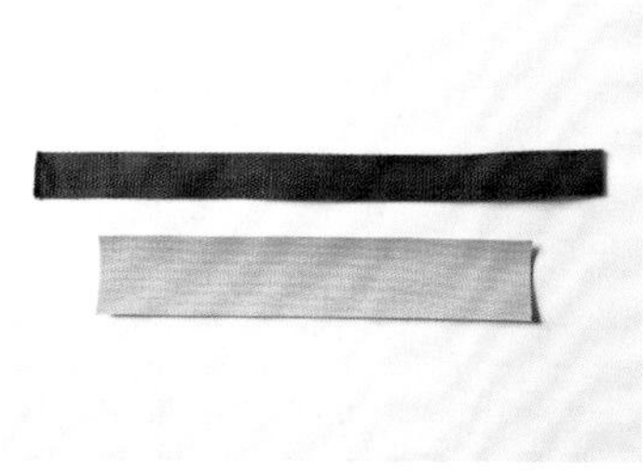

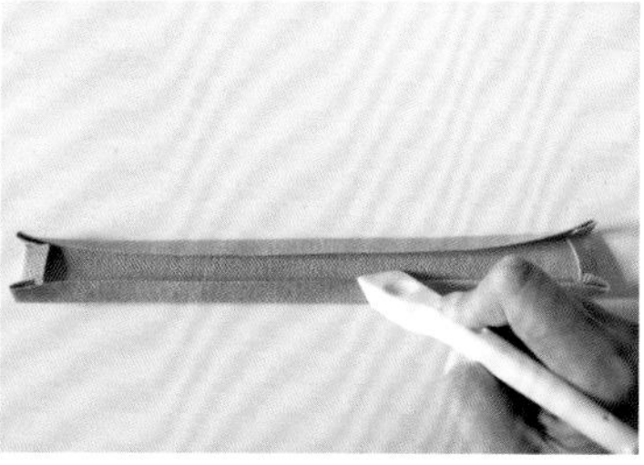

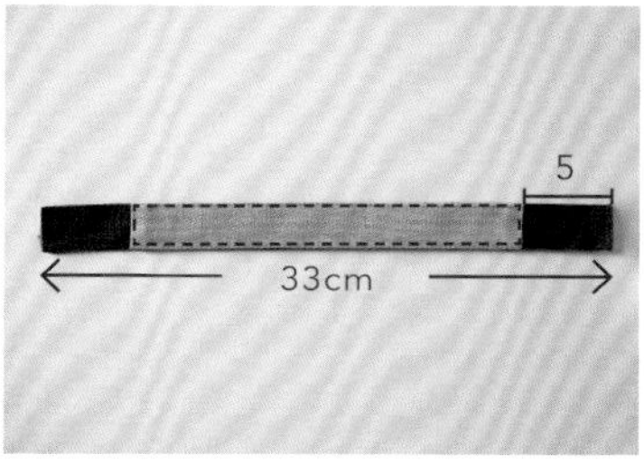

40 提把裝飾布 C4 的四邊往內各摺入 1cm 後，將其置中車縫在 33cm 長的棉織帶上。

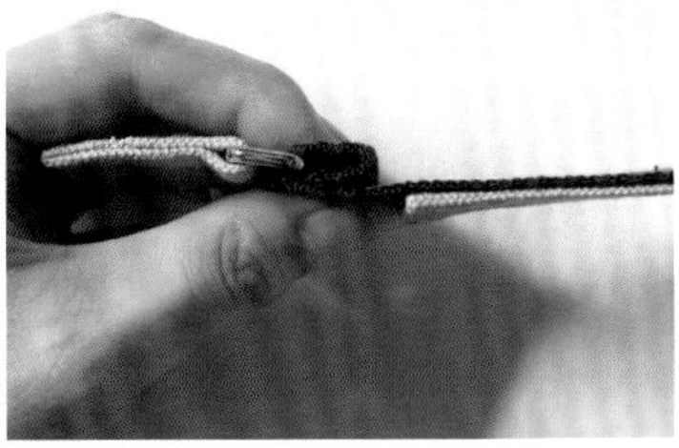

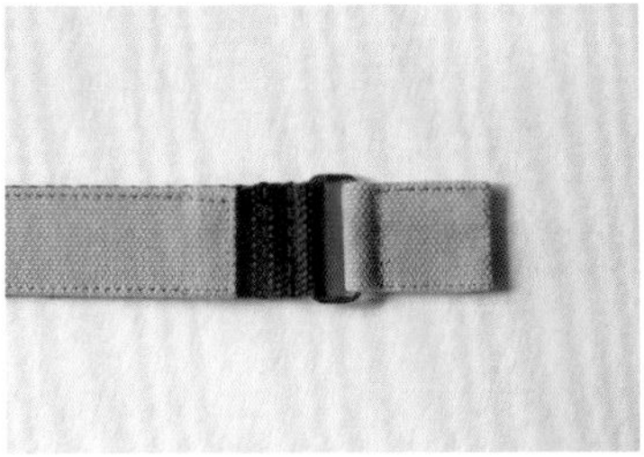

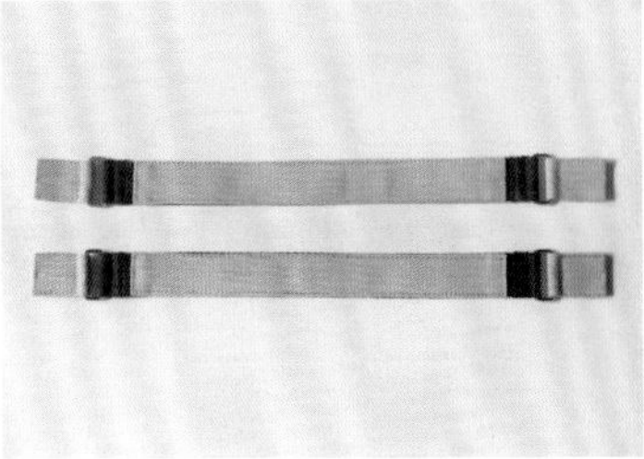

41 棉織帶套入口型環另一端，折 2 摺後車縫固定。

42 完成二條提把。

43 在適當位置，釘上固定釦固定提把。

44 即完成。

I hope the following year will be another wonderful one.

反正兩用帆布包

提著時，是好用的A4文件袋；側背時，是輕便的隨身包。單色與格紋的正反面貌，不一樣的反差魅力。

隨著內容物的多寡，一或是二分之一，隨心所欲。

以不加修飾的原皮做為配件，帶著粗獷的帥氣。

反正兩用帆布包

pattern ▸▸▸ B面

材料

部位名稱	尺寸	數量	燙襯	備註
A1 前表布 (帆布)	35×42cm ↑	1	X	
B1 後表布 (格子)	35×42cm ↑	1	輕挺襯	輕挺襯尺寸：34×41cm
C1 裡布	35×34cm ↑	2	薄襯	薄襯尺寸：34×33cm
A2 前表布口袋	35× 17.5cm ↑	1	X	
B2 前裡布口袋	35×17.5cm ↑	1	X	
C2 一字拉鍊內袋	25×40cm ↑	1	薄襯	拉鍊位置貼薄襯
B3 內袋隔層	25×31cm ↑	1	X	

※ 數字尺寸已含縫份 0.7cm。

其他材料

8" (21cm) 拉鍊 1 條、皮片 2.5×6cm 2 片、皮片 1.2×7cm 2 片、1.2cmD 型環 2 個、8mm 固定釦 12 個、18mm 磁釦 1 個、3.8cm 背包織帶 115cm、3.8cm 鉤釦 2 個、3.8cm 日型環 1 個、36cm 皮提把 1 對

裁片示意圖 單位：cm

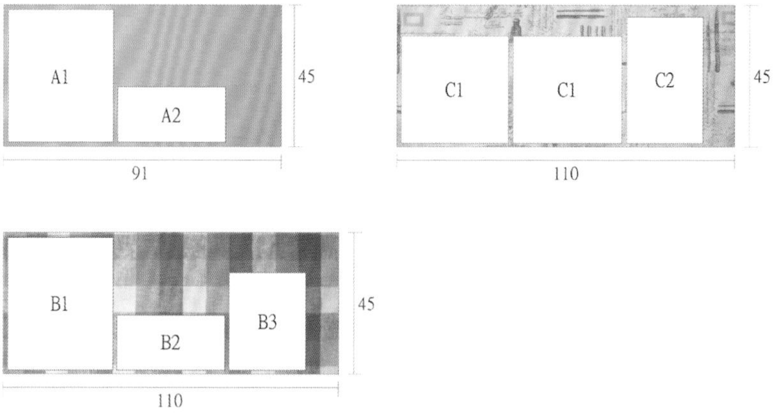

How to make ▸▸▸

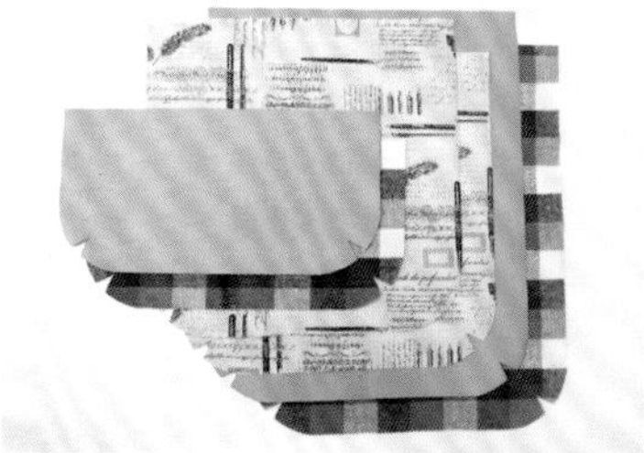

01 表布 A1、B1、前口袋 A2、B2、裡布 C1、依紙型畫下方兩側的弧度和角並剪下。

02 將所有的三角兩側對摺，用消失筆畫出縫份後，再車縫。

03 前口袋 A2 和前裡布口袋 B2，正面相對車縫。

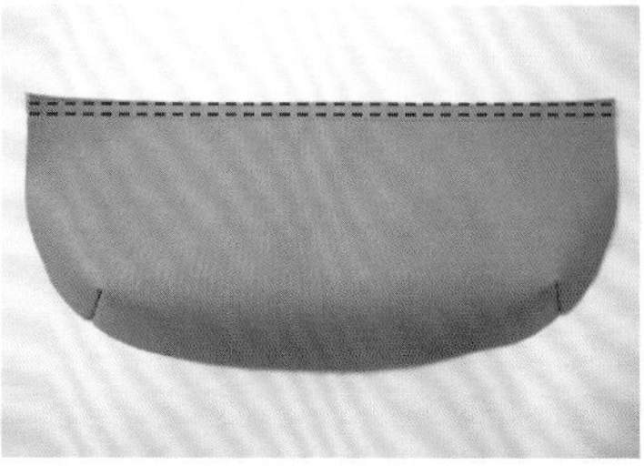

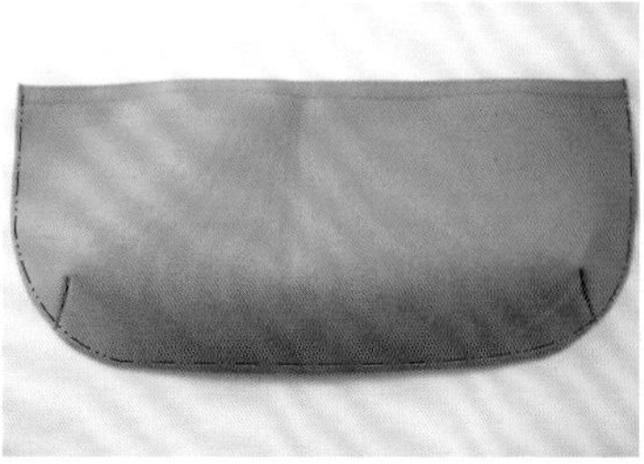

04 翻至正面整燙後，在 0.1cm 和 1cm 處車縫固定裝飾線。

05 將打角的縫份錯開，在 0.3~0.5cm 處疏縫一圈。

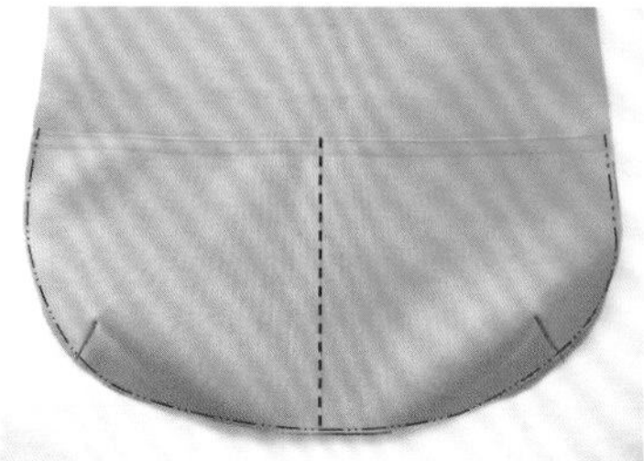

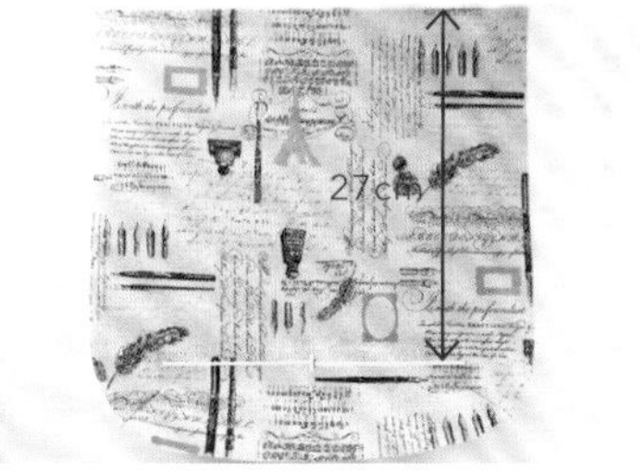

06 前口袋和前表布 A1 下緣對齊（由下而上約 16.7cm 的位置），再疏縫一圈。
在中心處做記號並車縫口袋分隔線。

07 內袋隔層 B3 長邊正面相對，下方要有 0.5cm 的落差，兩側車縫 0.5cm。

08 在其中一片裡布 C1 上，由上而下 27cm 處畫一橫線和中心點記號。

09 將內袋隔層（短邊朝上）置中放在記號線下方，在 0.5cm 處車縫。

10 內袋隔層往上摺後，可利用尺來確認高度一致後，車縫三邊；並在適當的位置上車縫分隔線。

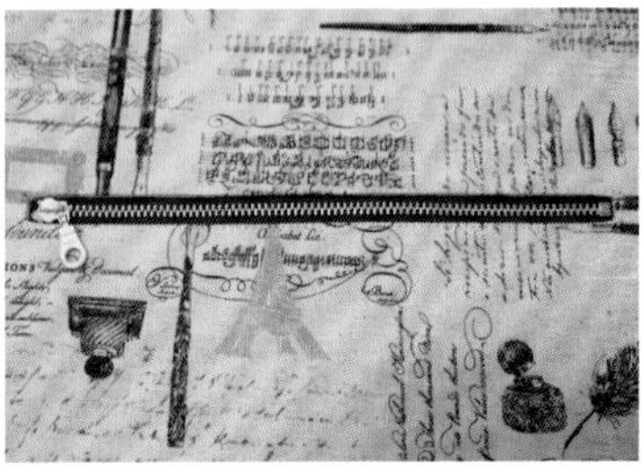

11 在另一片裡布 C1 上，製作一字拉鍊口袋（由上而下約 12cm 處）。

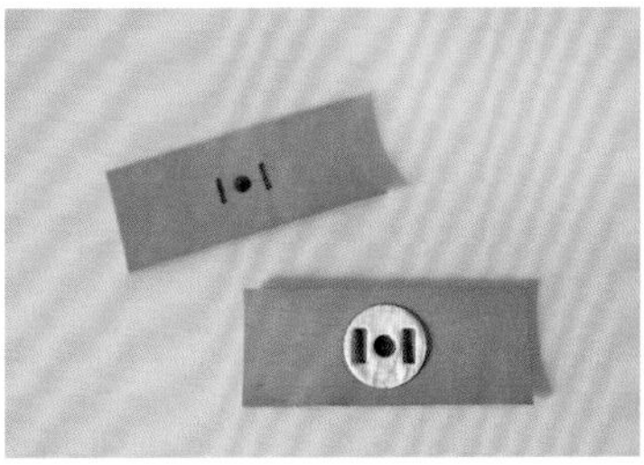

12 將 2.5×6cm 的皮片中心點標出，利用磁釦墊片描出 2 直線和中心圓圈。

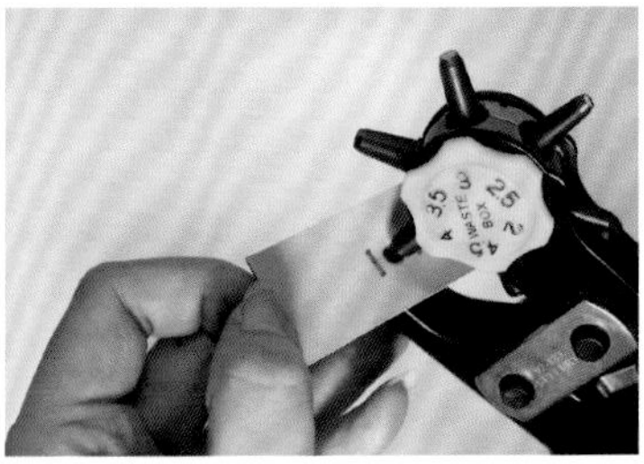

13 用美工刀將 2 直線割開，中心圓圈則利用皮革打洞器打洞。

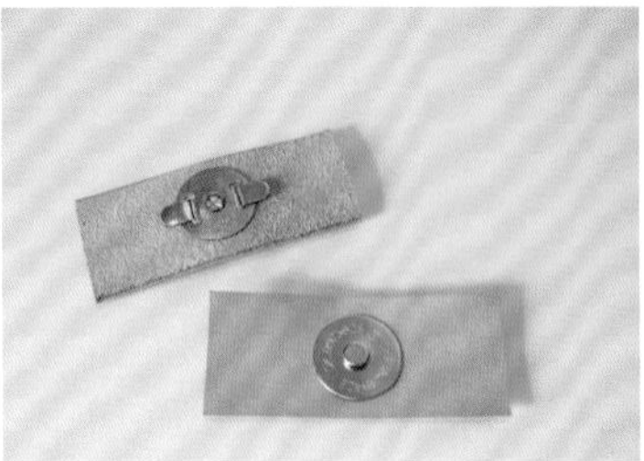

14 穿過腳釘套入墊片後，將腳釘向外壓平。

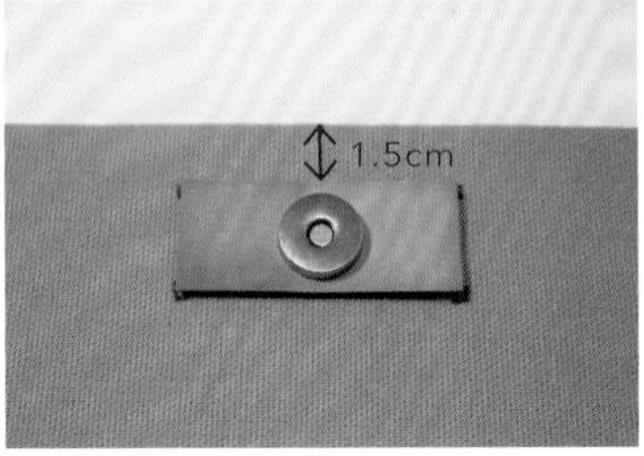

15 在前表布 A1、後表布 B1 上標記中心點，向下 1.5cm 處將皮片置中並做記號。

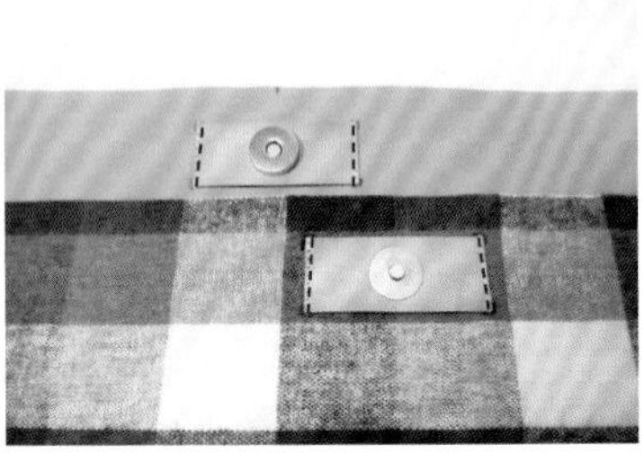

16 皮革線車縫兩邊固定。

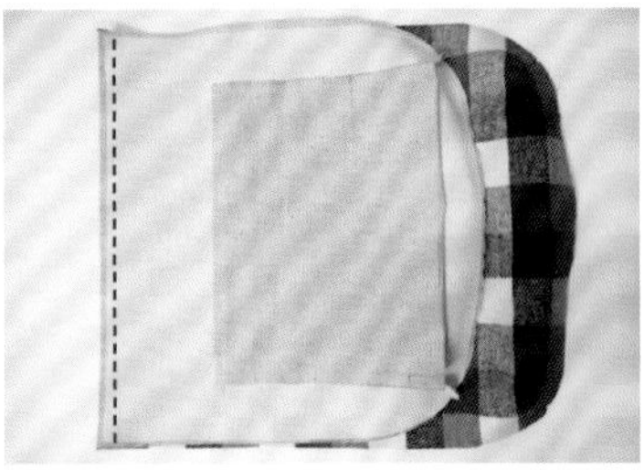

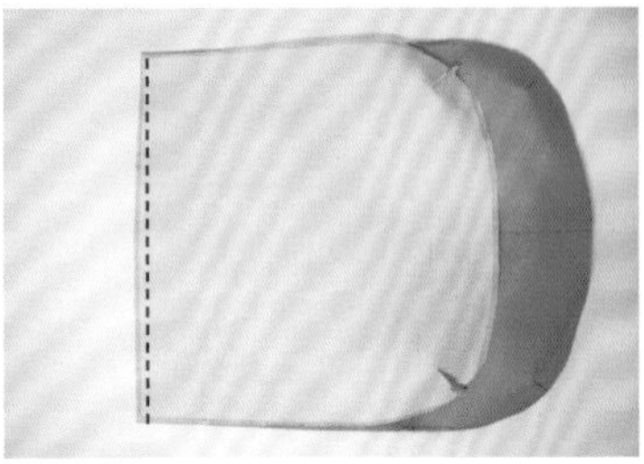

17 表布 A1、後表布 B1，各與裡布 C1 正面相對車縫。

18 二片皆翻至正面整燙，縫份倒向裡布，並沿邊車縫的固定裝飾線。

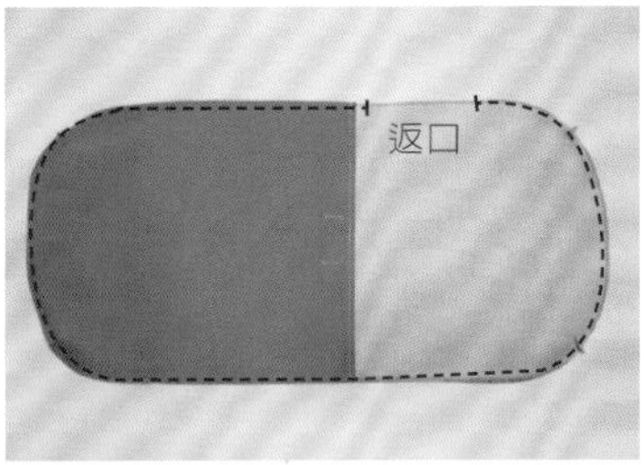

19 兩片正面相對車縫，留約 12cm 的返口。車縫後，從返口翻至正面，袋身即完成。

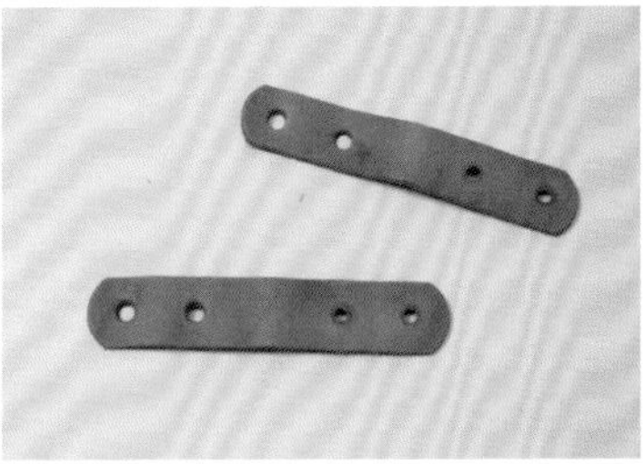

20 在 1.2×7cm 的皮片上打洞；兩邊前口袋向上 2.5cm 做固定釘釦位置的記號。

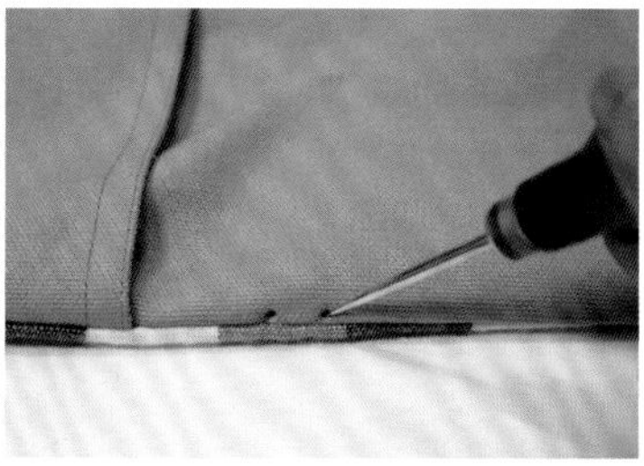

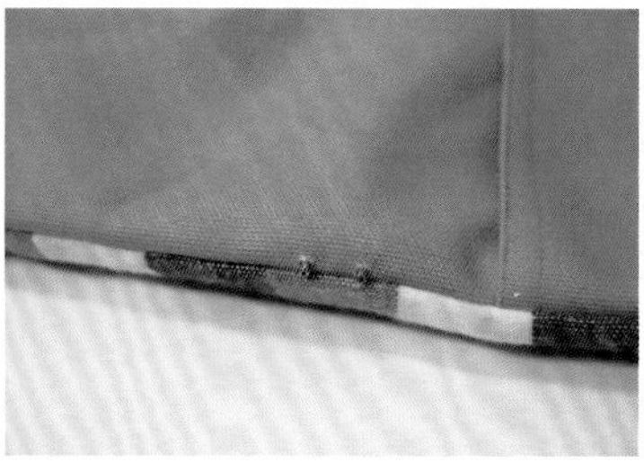

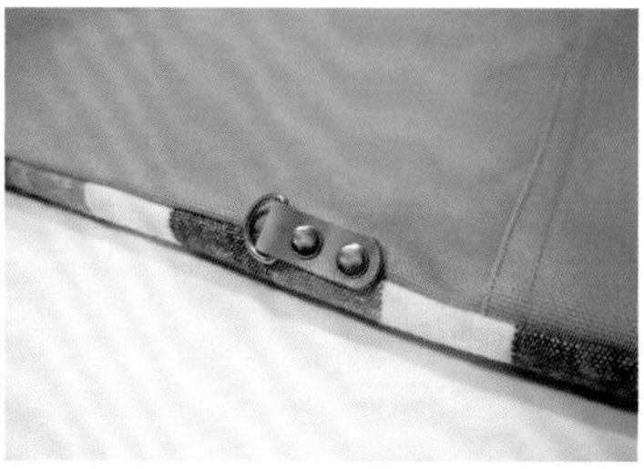

21 使用錐子刺穿帆布，從返口將固定釦公釦放入。

22 皮片放入 D 型環，對折後將固定釦母釦扣上，使用工具敲入固定。

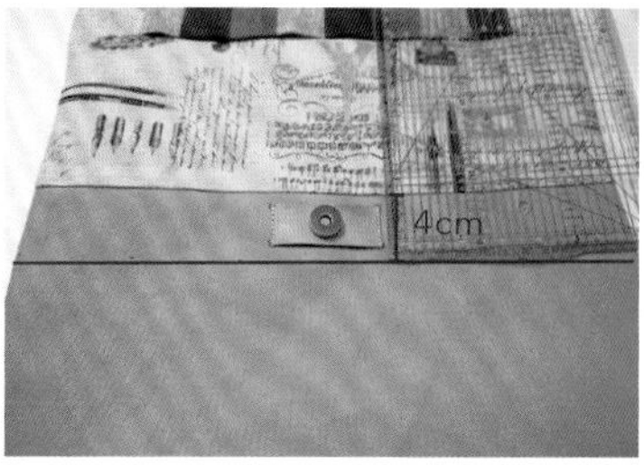

23 將返口縫合後，在 4cm 的位置上做記號並向外摺，把裡布摺向內。

24 整燙後，在適當的位置釘入提把。

25 完成。

✦背帶製作✦

26 織帶穿入日型環後摺雙，來回車縫數次加強固定，再穿入鉤釦。

27 織帶另一邊穿過日型環後，再套入另一個鉤釦。

28 摺雙後，來回車縫加強固定即完成。

製作前須知

工具及配件

常用的縫紉工具

1. 定規尺
2. 剪刀
3. 鋸齒剪刀
4. 裁布刀
5. 水消筆
6. 小紗剪
7. 捲尺
8. 骨筆
9. 拆線器
10. 錐子
11. 強力夾
12. 待針
13. 滾邊器
14. 手縫針
15. 布用雙面膠

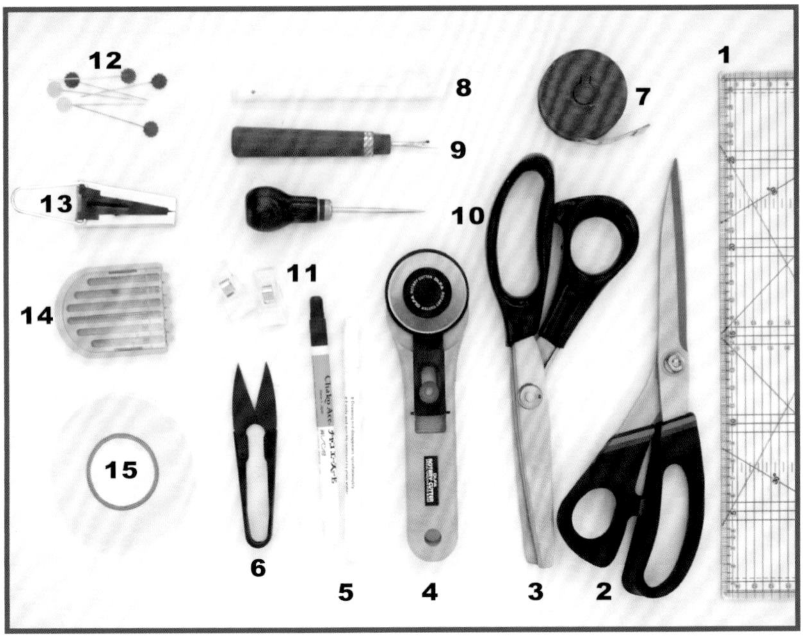

常用的五金配件

1. 鐵鎚
2. 小膠板
3. 小花崗石
4. 旋轉鈎釦
5. D 型環
6. 口型環
7. 日型環
8. 原子釦
9. 撞釘磁釦
10. 四合釦
11. 強力磁鐵
12. 固定釦
13. 磁釦
14. 雞眼釦

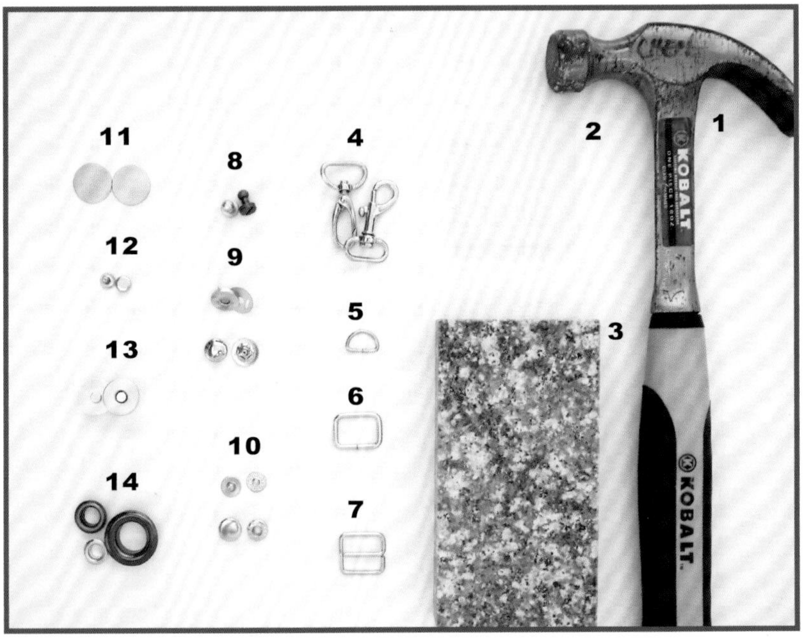

皮革處理工具

1. 牛角油（皮面處理劑）
2. 床面處理劑
3. 木製磨緣器
4. 修邊器
5. 皮革打洞器
6. 角斬
7. 半圓斬
8. 平斬

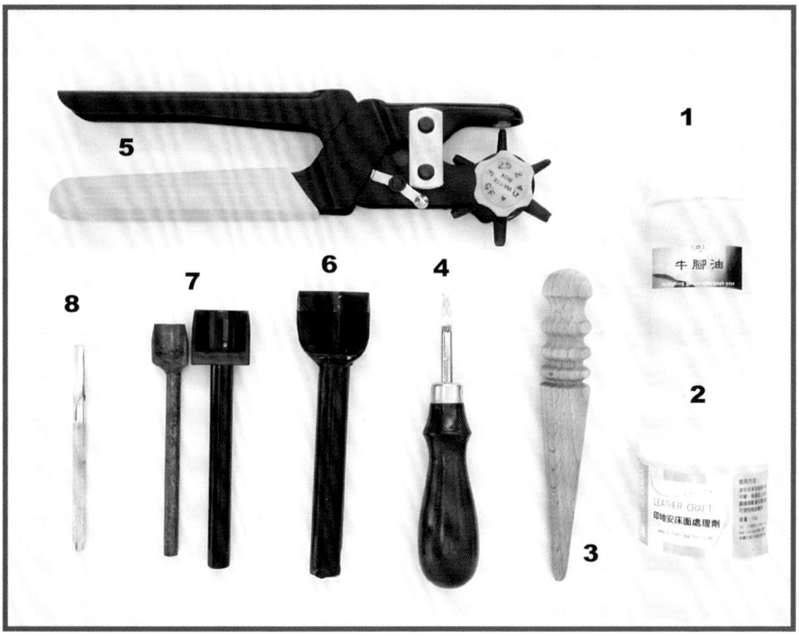

布紋方向

布紋方向分爲三種：

直紋（布邊）－方向是與布邊平行的，若沿直紋拉扯，布料沒有彈性；袋身的中心線必須要與直紋平行，負重後才不會拉扯變形。

橫紋（幅寬）－方向是與布邊成 90 度角，若沿橫紋拉扯，布料稍微有彈性。

斜紋－與布邊成 45 度角為正斜紋，沿正斜紋拉扯時，布料彈性最大，適合做滾邊和出芽。

擺放紙型時可以利用布邊來判斷擺放方向，通常袋物的袋身是直布裁（與布邊平行），才能負重不變形，若手邊的布沒有布邊時，也可以利用彈性與否來判斷直橫紋。

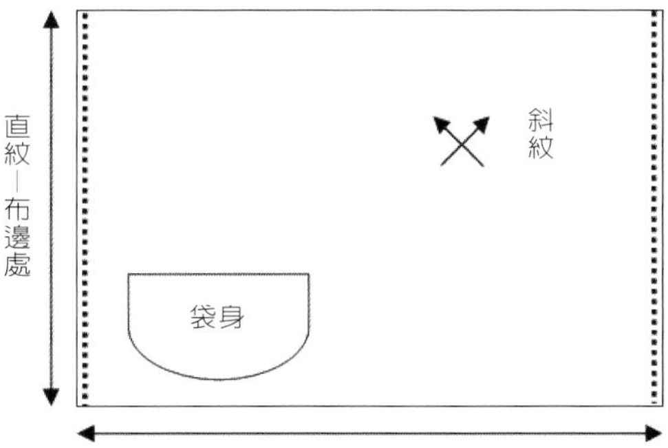

橫紋—也就是幅寬處，棉布的幅寬通常是 110cm

裁布前的注意事項

✦蒸氣整燙前✦

✦蒸氣整燙後✦

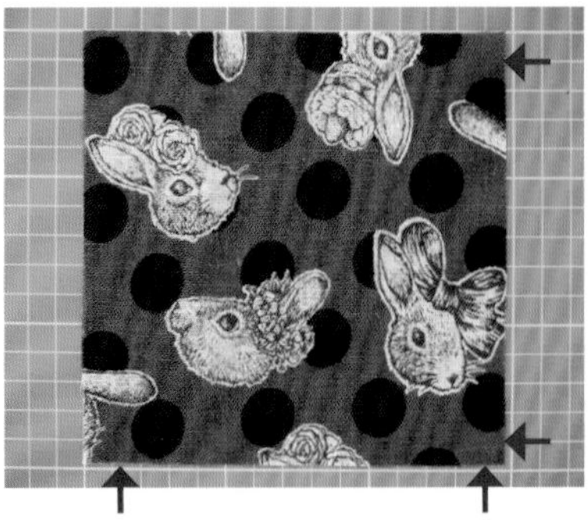

棉布或棉麻布若沒有經過特殊處理，在遇熱或水洗後，多會發生縮水的情形，裁切前最好的方法是開蒸汽熨斗熨燙後再畫紙型裁剪，就可以避免燙襯或清洗後尺寸縮水的情形。

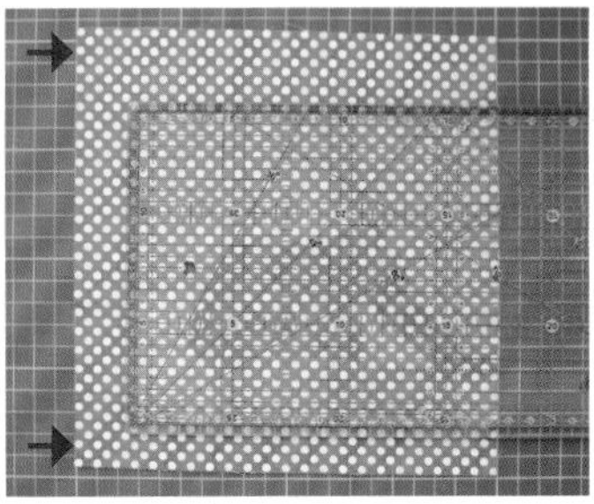

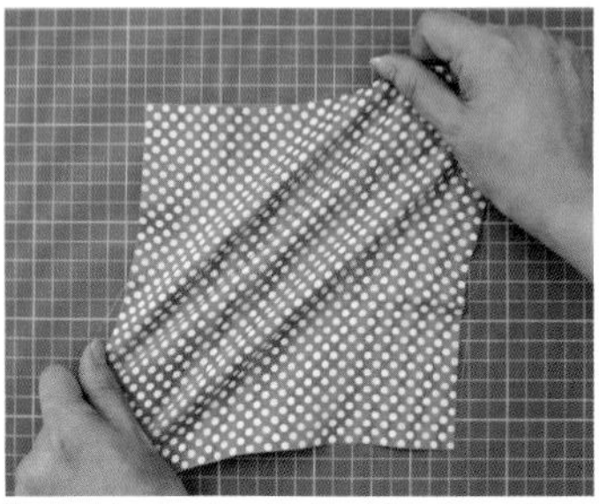

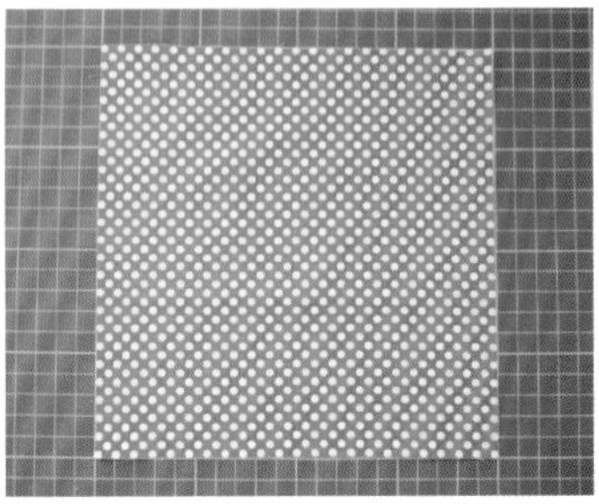

剪布前若發現布紋歪斜，可以將布料反向拉伸後再整燙，就可以讓布紋平整。

裁剪帆布前的注意事項：

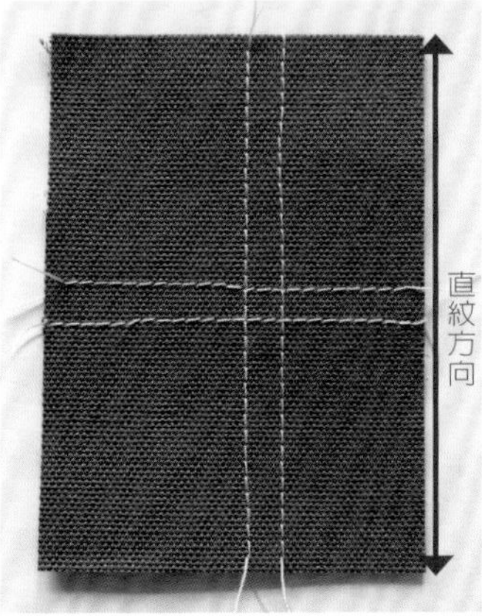

　　硬挺又不容易變形，且沒有正反面之分的 8 號帆布是很好的製包素材之一，在裁剪時容易為了節省布料，而忽略直橫紋方向；帆布和一般棉布或棉麻布不同的地方在於：帆布在車縫直線時，直紋方向可以輕易的車出直順的針目，車縫在橫紋方向的直線較容易出現縫線針目偏移或歪扭的情況，所以在裁切前可以依壓線的位置來決定帆布裁片的方向，作品完成後會更完美（書中帆布所有的裁布圖僅依一般布料的方式呈現，請自行調整）。

基本技法

Ⓐ 一字口袋

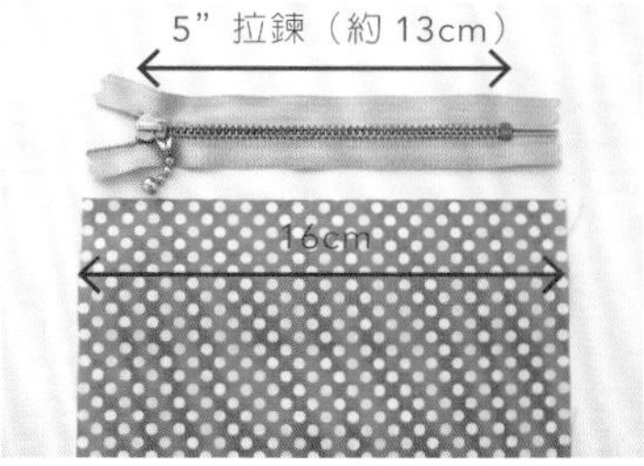

01 口袋裡布的寬度約為拉鍊長度 +3cm 就足夠。

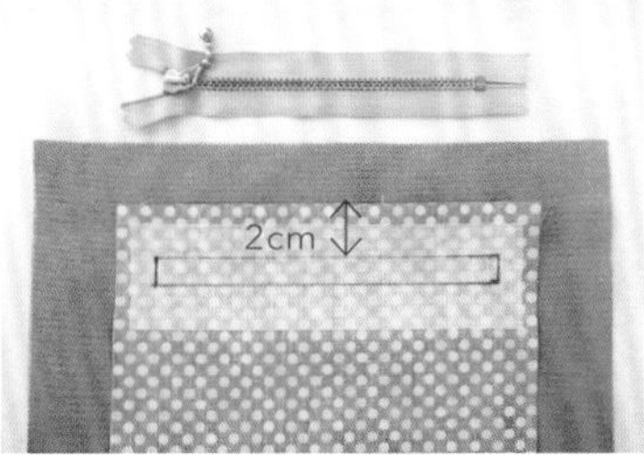

02 在口袋裡布反面車縫處貼上薄襯（增加棉布強度），畫上寬度 1cm 的方格。

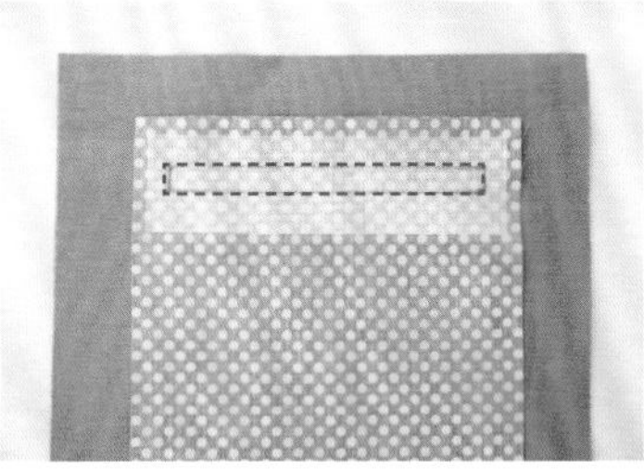

03 口袋裡布和裡袋身正面相對，沿記號線車縫一圈。

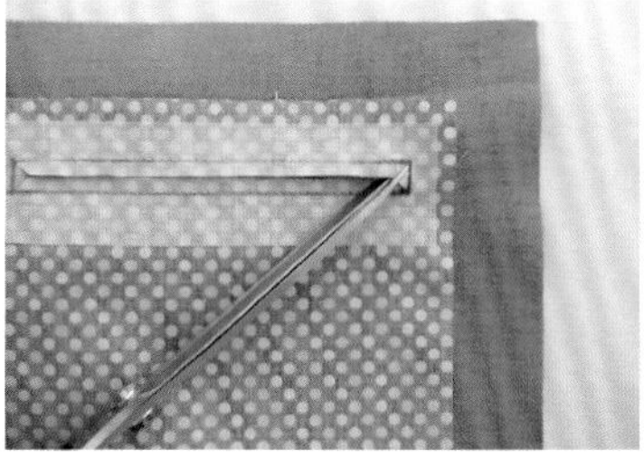

04 從中間剪開後，兩端以 Y 字形剪開（剪到縫線交界處，但不能剪到縫線）。

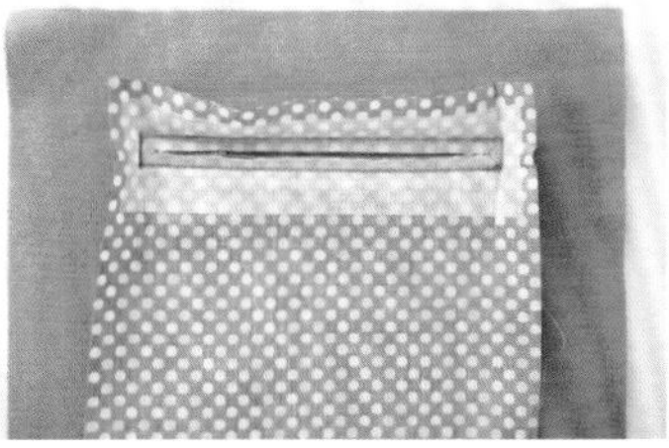

05 四邊先沿車縫線向內摺整燙。

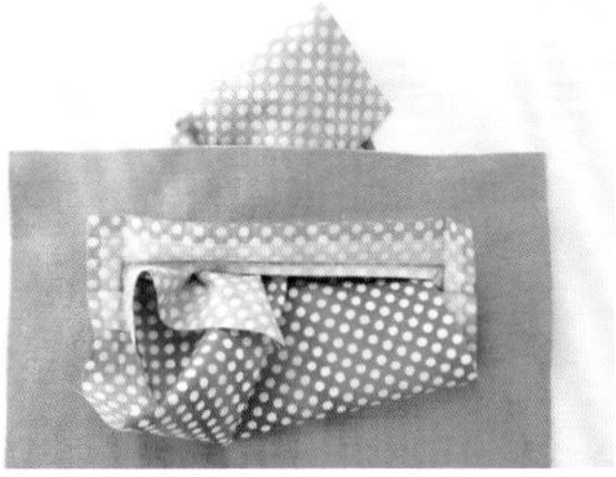

06 口袋裡布塞入剪開的洞口翻到另一面。

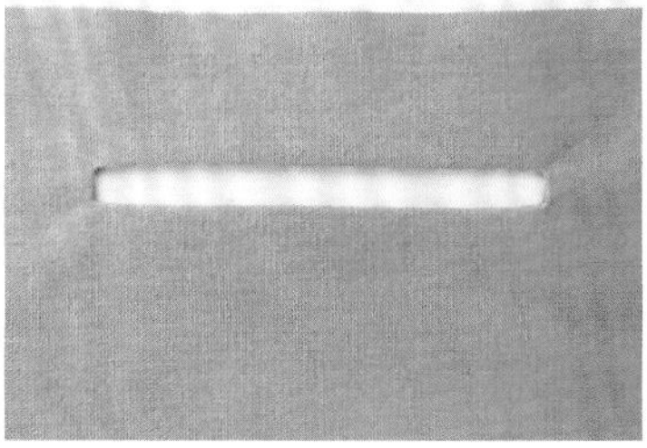

07 使用熨斗整燙定型。

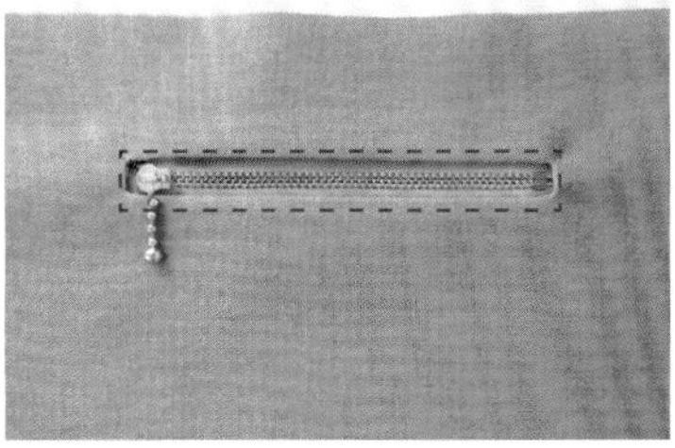

08 使用布用雙面膠將拉鍊固定在適當的位置，沿邊車縫一圈。

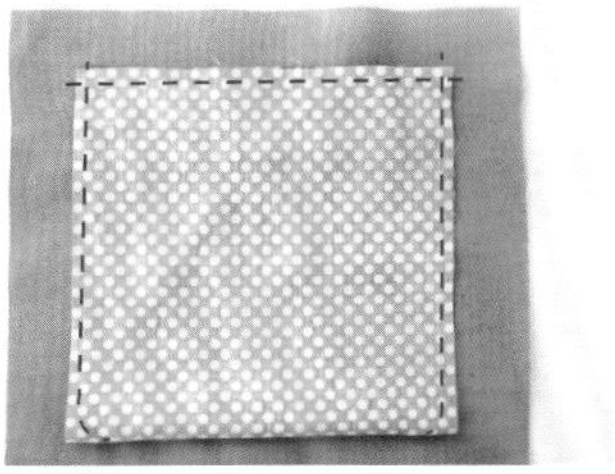

09 口袋裡布對摺車縫三邊後，即完成。

B 貼式口袋

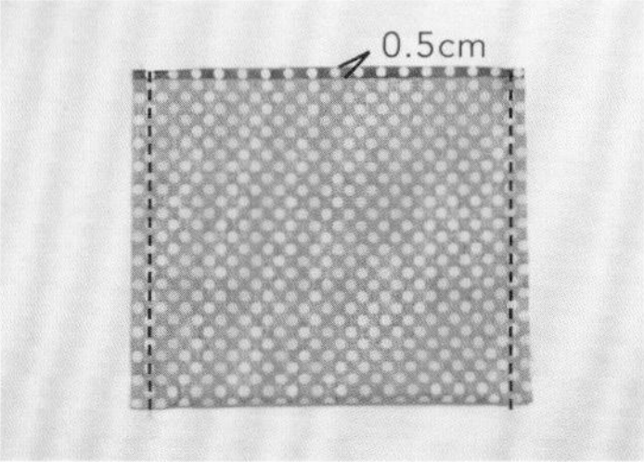

01 口袋裡布單邊留 0.5cm 對折，車縫兩邊。

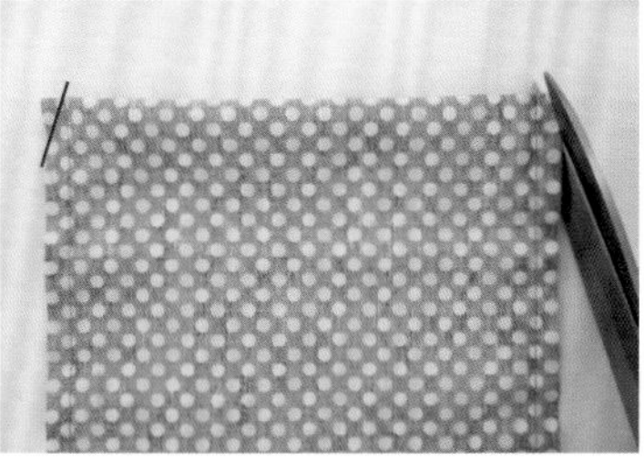

02 兩邊修剪底角後翻至正面整燙。

03 整燙後，可以在上方（對折處）車壓固定裝飾線。

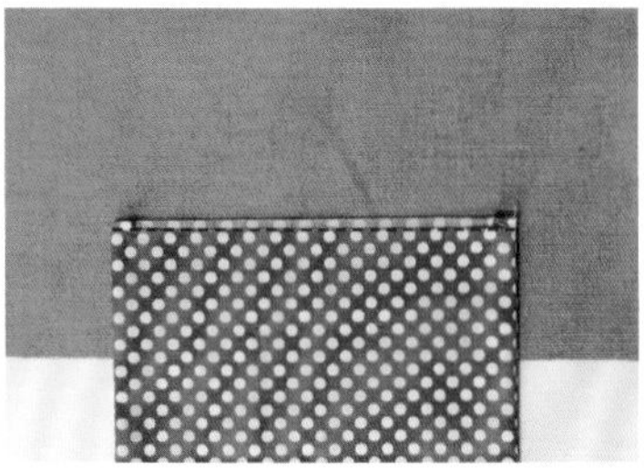

04 將口袋布放上裡袋身，車縫在 0.5cm 處（兩邊縫線不要超出口袋範圍）。

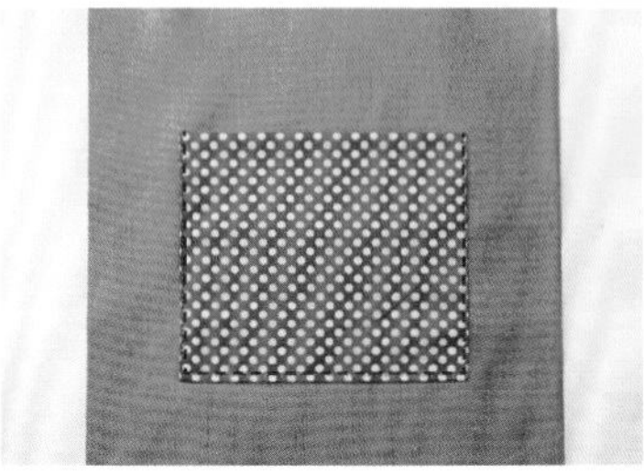

05 向上翻後，車縫三邊固定即完成（頭尾兩端要回針數次，加強固定）。

組裝配件

適當的加入一些五金配件元素，不僅增加實用性，也可以讓作品更有質感：各式固定釦、四合釦、雞眼釦等，是最常用配件， 只要準備適當的工具，就能輕鬆地完成； 各式的五金除了可以和布料結合， 也可以跟皮革一起搭配使用，讓袋物更具變化性。

固定釦

工具：環狀台、平凹斬

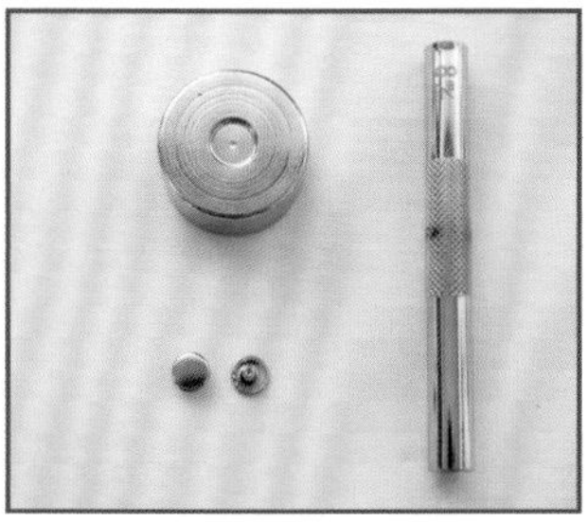

用法：

01 使用打洞器或錐子在記號處打洞。

02 將底釦放入環狀台，套入已打洞的布料。

03 釦上固定釦面釦，垂直放上平凹斬後，以鐵鎚敲打。

04 完成（若面釦凹陷，有可能是模具不合或敲打太大力）。

四合釦

工具：環狀台、公母釦斬

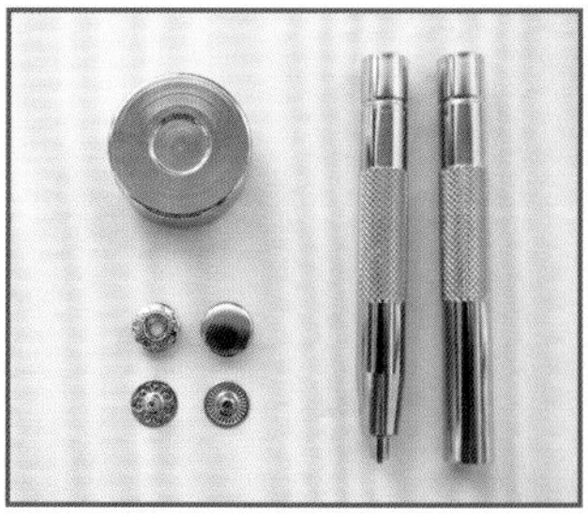

用法：

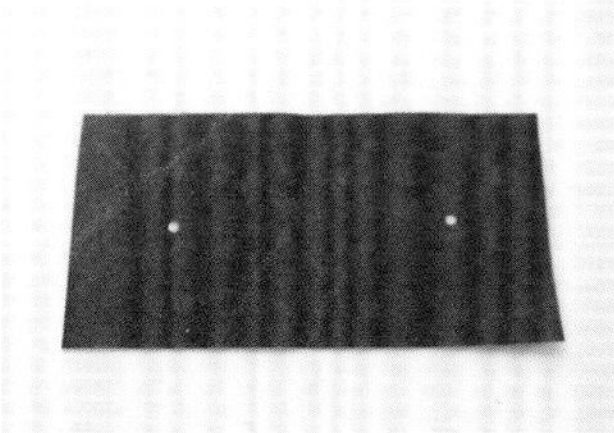

01 在需要的位置上打洞。

02 將母釦釦面置於環狀台內。

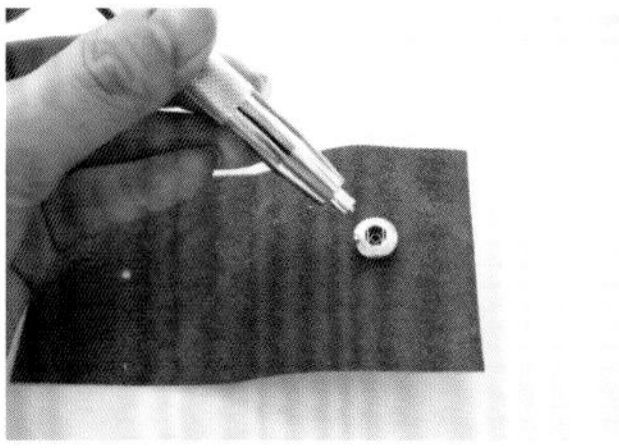

03 放上母釦底釦，將母釦斬對準形狀放入。

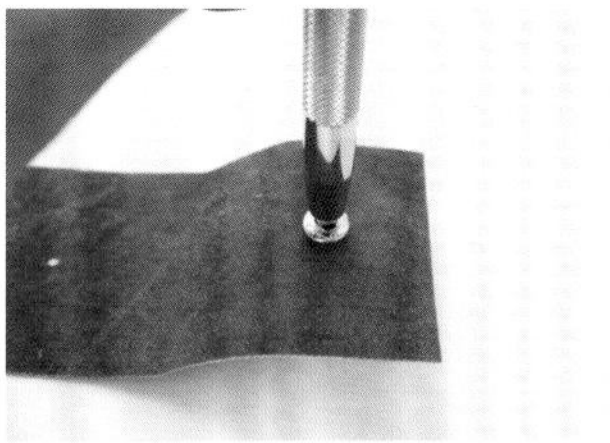

04 垂直放入釦內後，使用鐵槌敲打固定。

05 公釦的下釦置於環狀台內。

06 放上公釦的上釦，以公釦斬敲合。

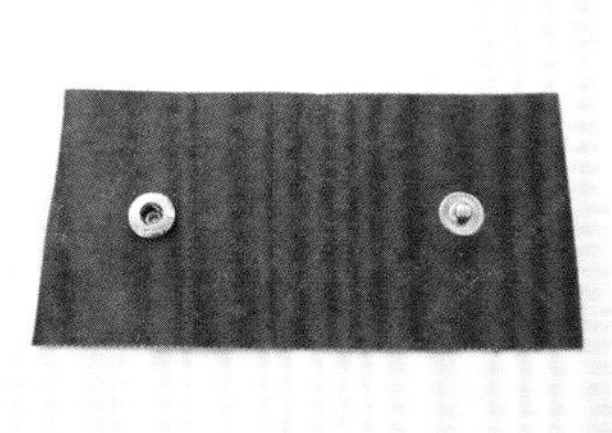

07 完成四合釦。

雞眼釦

工具：雞眼釦上下模

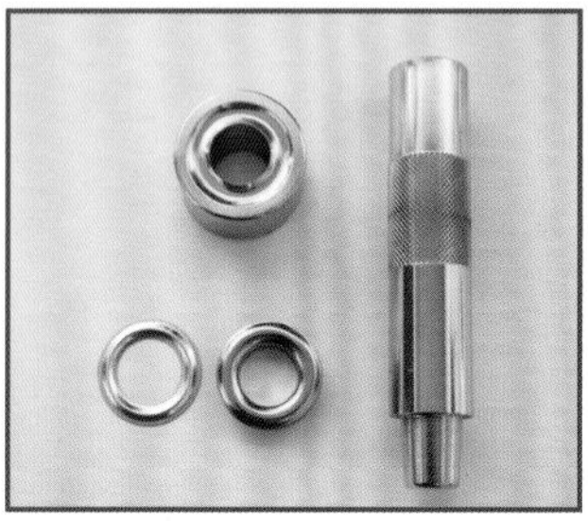

用法：

01 畫出要使用的雞眼釦墊片內徑記號後。

02 若沒有適當的圓斬打洞，可以利用打洞器先打出幾個小洞。

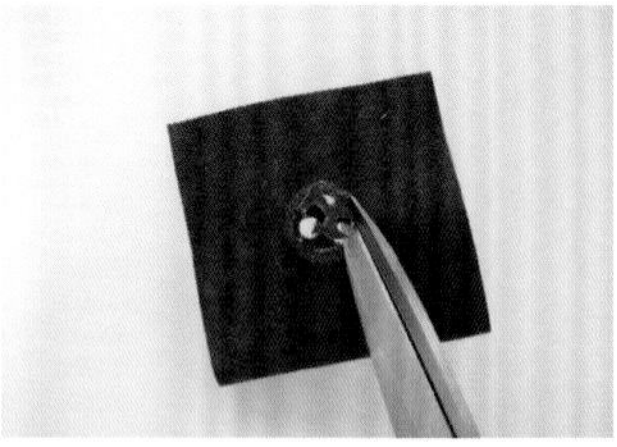

03 沿記號將內圓剪下。

04 將雞眼釦套入布料後，放置在下模底座上。

05 套上墊片，垂直放入上模，以鐵鎚敲打固定。

06 完成。

磁釦

工具：兩腳式磁釦

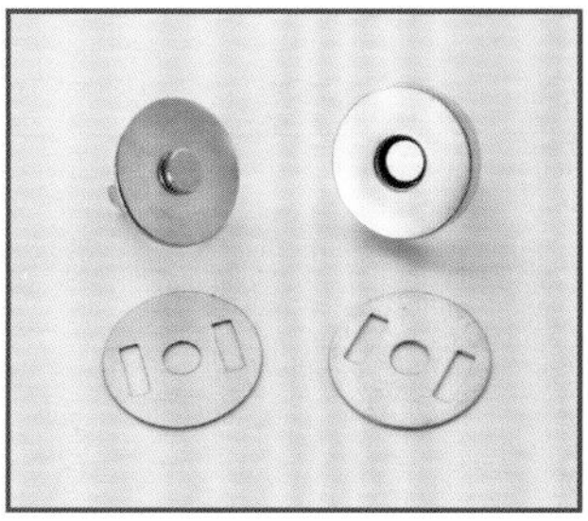

用法：

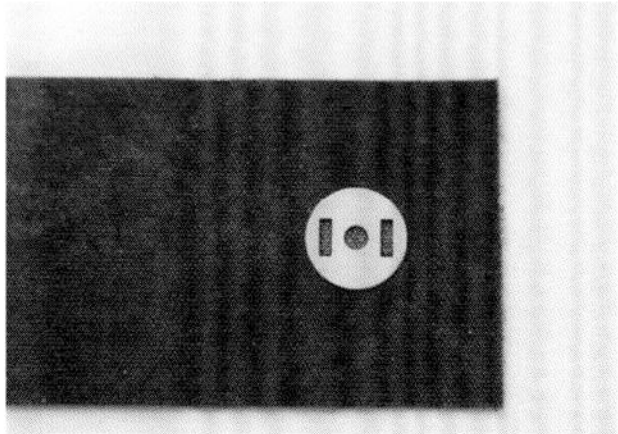

01 利用墊片畫出中心點和兩邊的直線。

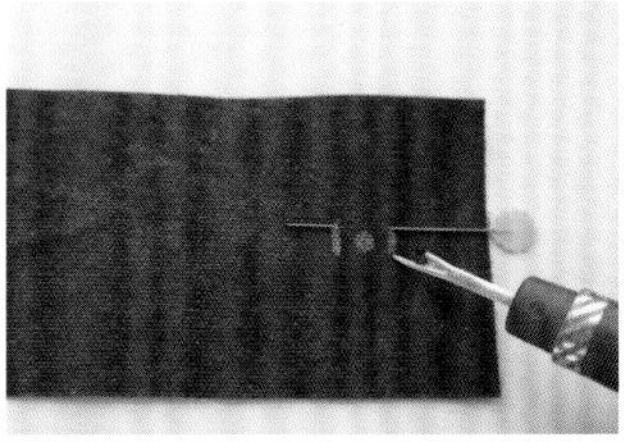

02 利用拆線器將 2 條直線割開（使用珠針固定上端，可避免洞開太大）；中心點可用打洞器打洞。

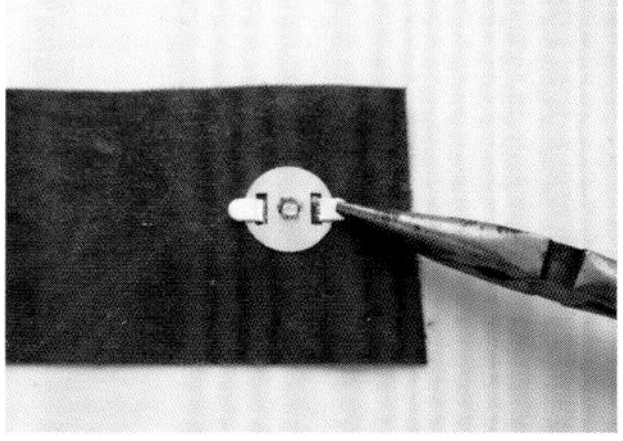

03 從正面插入磁釦，背面放入墊片，使用尖嘴鉗將腳釘往兩側壓平。

04 另一邊同做法，即可完成。

植鞣皮革

除了五金配件外，皮革也是用來增加袋物質感的好素材，凱莉最常使用的皮革是原皮色的植鞣皮革，半張植鞣皮革就可以製作不少配件和提把，除了非常的經濟實惠，也可以製作出屬於自己風格的袋物；未經染色的植鞣皮革顏色會隨著時間而逐漸變深，也愈具有光澤度和質感，越使用會越好看，非常推薦與袋物做搭配。

其實直接切割使用也可以，但處理過後的皮革會相對平整，也比較不容易沾上髒污和發霉。

凱莉通常會選擇 1.2mm 厚的植鞣皮革做成小配件或小包的提把（較易彎折），若要製成大包的提把，建議厚度要超過 1.8mm（以寬度 1.5cm 為例），會較能承受重量。

基本處理和運用

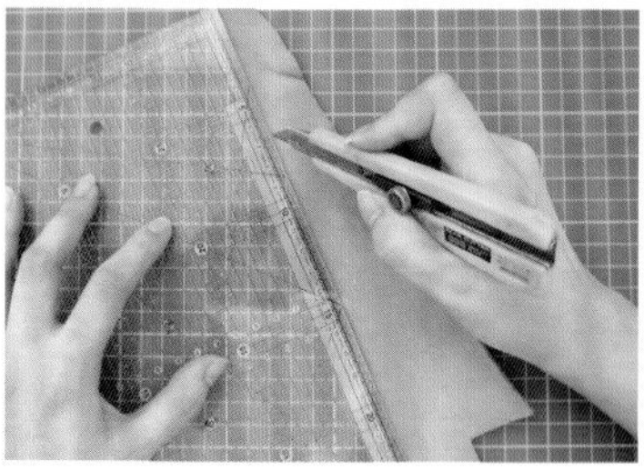

01 使用美工刀將需要的皮革長寬切割下來。

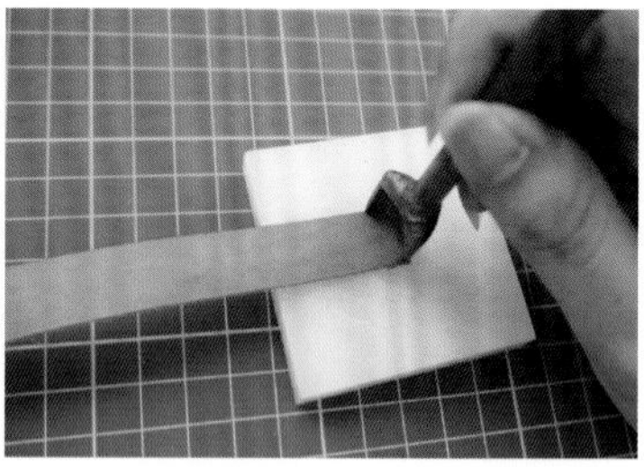

02 使用同寬度的半圓斬，垂直敲出弧度。

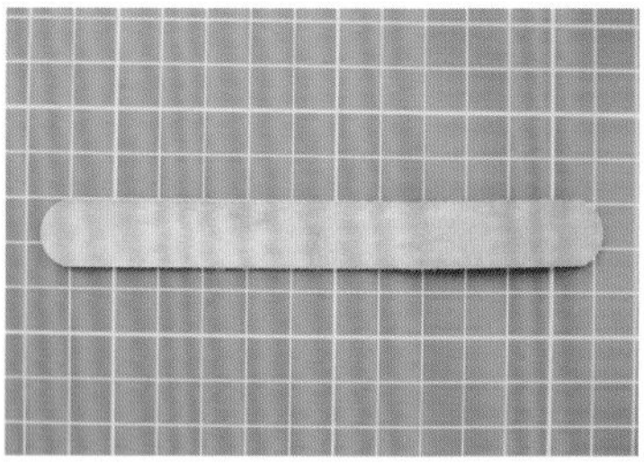

03 另一端同做法。

04 使用修邊器消除皮革背面的邊緣。

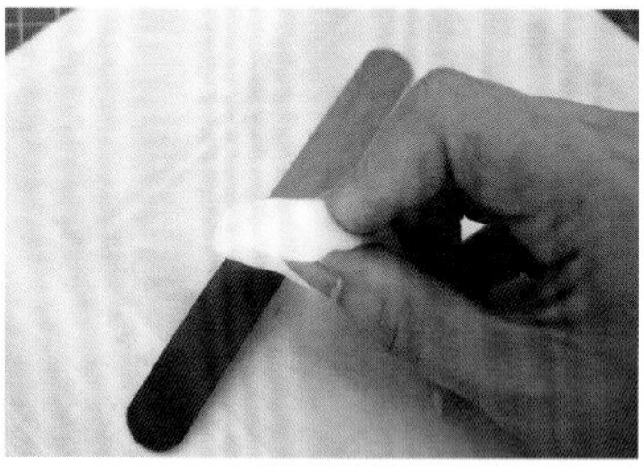

05 拿一化妝棉或刷子，沾上牛角油(皮面處理劑)均勻抹上皮革正面。

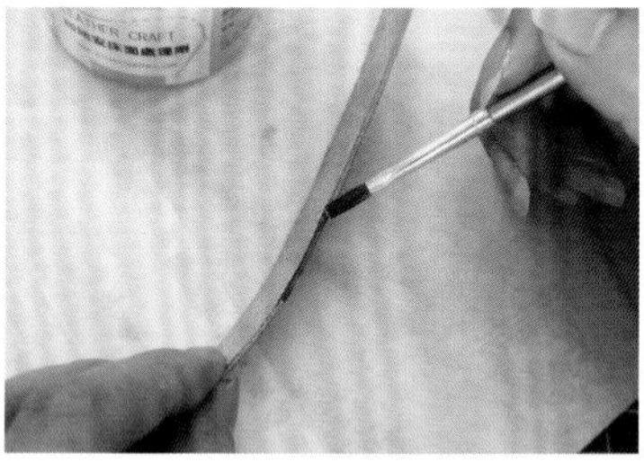

06 等皮革正面乾後，在邊緣先塗上床面處理劑。

07 皮革背面也均勻塗上。

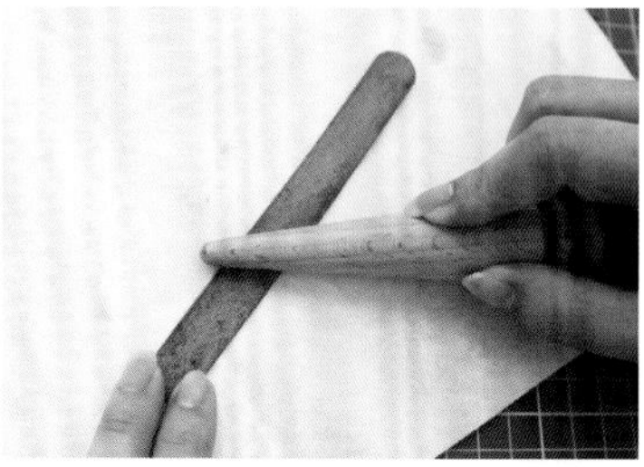

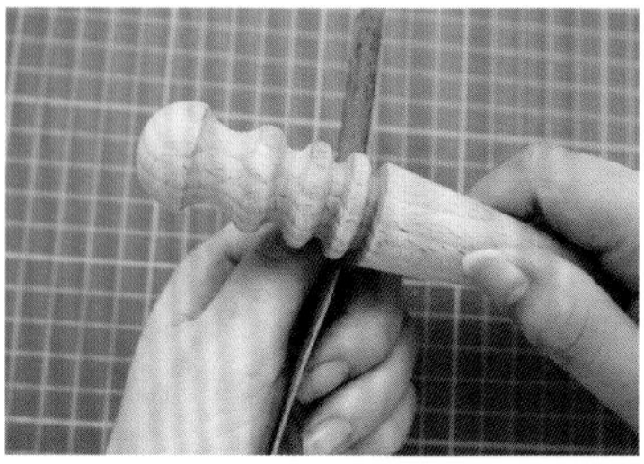

08 待快乾時，使用木製磨緣器於背面和邊緣的粗糙面來回打磨至平滑，即完成基本處理。

原子釦洞

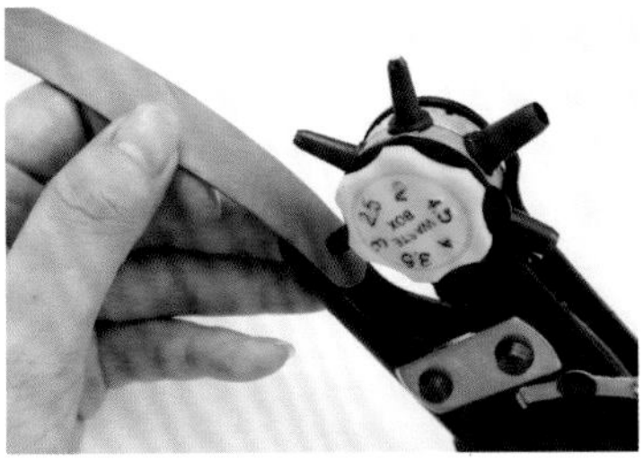

01 在需要的位置上做記號打洞。

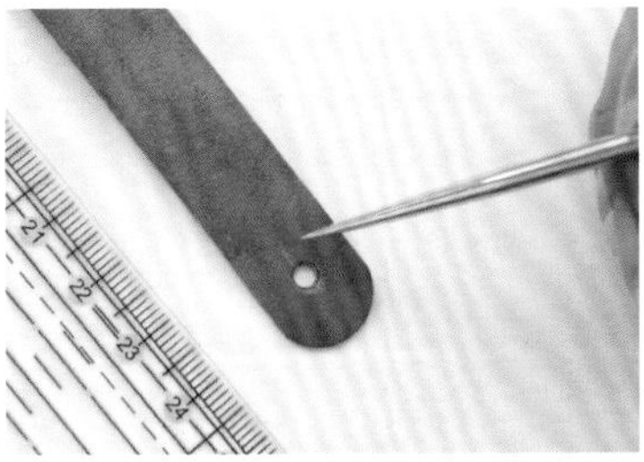

02 在中心位置上用錐子做約0.3cm的記號。

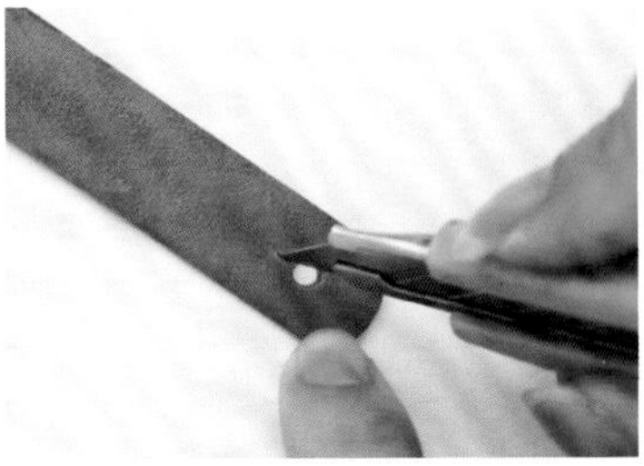

03 使用美工刀（或一字斬）割開。

04 將原子釦轉開。

05 在需要的位置上打小洞後，夾住布料鎖入。

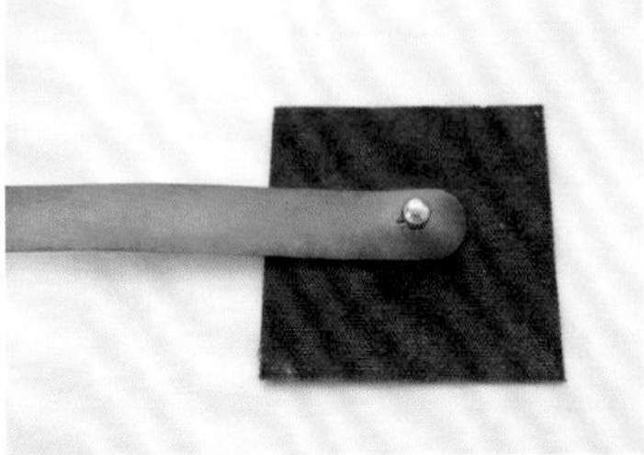

06 將打洞後的皮革套入即完成。

其他運用

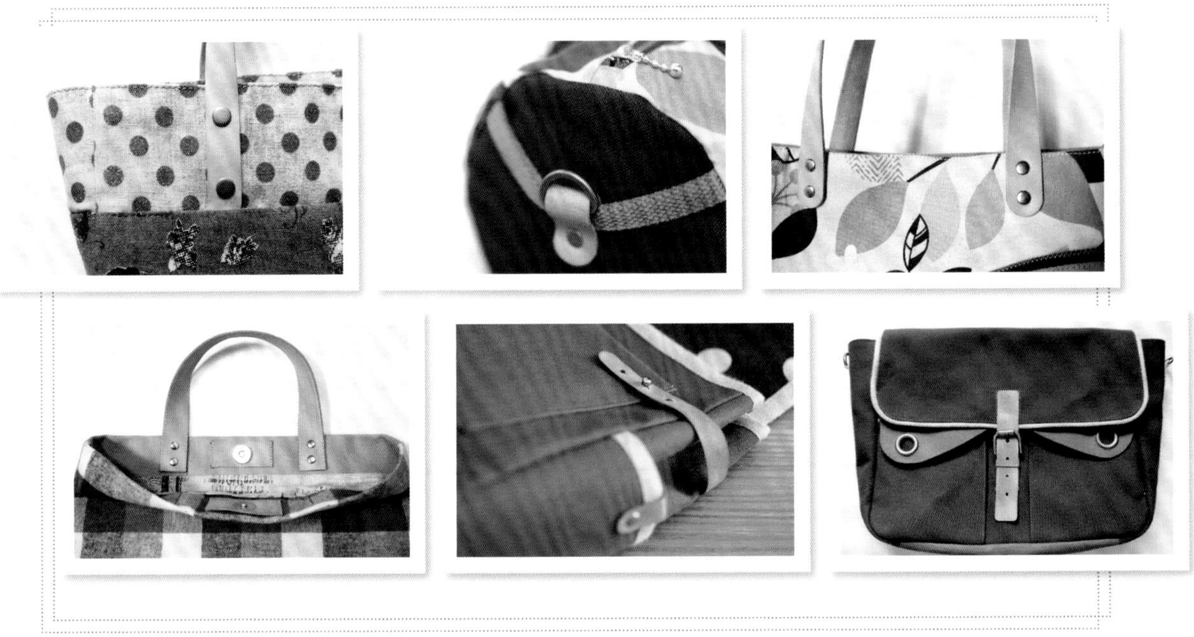

玩布生活 12

一眼愛上！凱莉的機縫手作包提案

作　　者	Kaili Craft 凱莉
總 編 輯	彭文富
編　　輯	張維文
攝　　影	王正毅
繪　　圖	南西
美術設計	徐小碧
紙型排版	菩薩蠻數位文化有限公司

出版者	飛天出版社
地址	新北市中和區中山路二段 530 號 6 樓之 1
電話	(02)2222-3531．傳真／ (02)2222-1270
臉書專頁	www.facebook.com/cottonlife.club
部落格	cottonlife.pixnet.net/blog
E-mail	cottonlife.service@gmail.com

■發行人	彭文富
■劃撥帳號	50141907
■戶名	飛天出版社
■總經銷	時報文化出版企業股份有限公司 電話 (02)2306-6842
■倉庫	桃園縣龜山鄉萬壽路二段 351 號

初版 3 刷 2016 年 1 月

ISBN 978-986-87814-9-8

定價 350 元

PRINTED IN TAIWAN

國家圖書館出版品預行編目 (CIP) 資料

一眼愛上！凱莉的機縫手作包提案 / 凱莉作
. -- 初版 . -- 新北市 : 飛天 , 2014.07
面；　公分 . -- (玩布生活；12)
ISBN 978-986-87814-9-8(平裝)

1. 手工藝 2. 手提袋

426.7　　103011236